ENTOMOLOGISCHE ABHANDLUNGEN

Herausgegeben vom

STAATLICHEN MUSEUM FÜR TIERKUNDE IN DRESDEN

Bd.41 H.1

In Kommission

AKADEMISCHE VERLAGSGESELLSCHAFT GEEST & PORTIG K.-G.

LEIPZIG

Staatliches Museum für Tierkunde in Dresden
DDR – 801 Dresden, Augustusstraße 2

ABHANDLUNGEN UND BERICHTE AUS DEM STAATLICHEN MUSEUM FÜR TIERKUNDE IN DRESDEN

Hinweise für unsere Autoren

Die Publikationen des Staatlichen Museums für Tierkunde in Dresden dienen der Veröffentlichung von Arbeiten aus dem Museum sowie solchen, die ganz oder teilweise Material des Museums behandeln oder über Materialien berichten, von denen Belegstücke in die Sammlung des Museums kommen.

Die Arbeiten sollen eine Thematik aus den Wissensgebieten Taxonomie, Phylogenie, Evolution, Morphologie, Anatomie, Biologie, Ökologie, Faunistik, Zoogeographie sowie den fachbezogenen Museumswissenschaften beinhalten. Arbeiten anderer Wissensgebiete sowie biographisch oder methodisch orientierte Arbeiten können aufgenommen werden, sofern sie zur Kenntnis der genannten Gebiete beitragen. Es werden nur Originalarbeiten veröffentlicht, die weder ganz noch teilweise bereits an anderer Stelle erschienen sind. Publikationen über Tiermaterial vom Gebiet der Deutschen Demokratischen Republik werden vorrangig behandelt.

Für Inhalt, sprachliche Gestaltung sowie Beachtung einer eventuellen Veröffentlichungsgenehmigung ihrer Arbeiten sind die Autoren selbst verantwortlich. Eine redaktionelle Bearbeitung der Manuskripte behält sich der Herausgeber vor. Die Autoren erhalten eine Eingangsbestätigung oder umfassendere Nachricht über die eingesandten Manuskripte. Nach Veröffentlichung ihrer Arbeiten erhalten die Autoren unentgeltlich 100 Sonderdrucke zugesandt; bei Veröffentlichungen, welche mehr als 200 Seiten umfassen, nur 50 Sonderdrucke. Von in den „Faunistischen Abhandlungen" erscheinenden Kurzmitteilungen werden 10 Belegexemplare ausgegeben. Diese Zahlen können aus technischen Gründen auch bei Veröffentlichungen von zwei oder mehr Autoren nicht erhöht werden.

Die Manuskripte können in deutscher, englischer oder französischer Sprache abgefaßt sein. Jede Arbeit (ausgenommen die für die „Reichenbachia" vorgesehenen Veröffentlichungen) muß eine kurze Zusammenfassung in der zur Abfassung des Manuskriptes verwendeten Sprache enthalten. Diese Zusammenfassung wird einschließlich des Titels der Arbeit bei deutschsprachigen Manuskripten in das Englische, bei fremdsprachigen Manuskripten in das Deutsche übertragen. Es ist erwünscht, daß die Autoren diese Übertragung selbst vornehmen.

Eine Rezension eingesandter Monographien wird auf Wunsch gern vorgenommen.

Spezielle Richtlinien über Manuskriptgestaltung, Ausführung der Illustrationen und Korrekturgang der Publikationen können auf Anforderung vom Herausgeber bezogen werden.

ENTOMOLOGISCHE ABHANDLUNGEN
STAATLICHES MUSEUM FÜR TIERKUNDE IN DRESDEN

Band 41 Ausgegeben: 20. Oktober 1976 Nr. 1

Beitrag zum Modell der Krautschicht-Stratozönose

Mit 12 Abbildungen

WILFRIED SCHÖNBORN
Jena

Inhalt

I. Einleitung

Das Stratum ist das größte Strukturelement in einem Biotop. Es ist enkaptisch aus anderen Elementen zusammengesetzt. So besteht ein Stratum in der Regel aus Horizonten, die Horizonte bestehen wiederum aus Merotopen. Die Merotope höherer Ordnung setzen sich aus solchen niederer Ordnung zusammen. Jedes Strukturelement hat seine spezifischen Besiedler, die auf Grund ihrer Größe und Bewegungsaktivität ihm zugeordnet sind. Jedes niedere Element geht aber mit seinen spezifischen Besiedlern in das nächsthöhere Element auf. So lassen sich die enkaptisch aufgebauten Strukturelemente als Strukturniveaus definieren (SCHÖNBORN 1968).

Die Bindung an ein Strukturniveau wird durch Größe und Aktivität der Arten bestimmt. Je größer die Arten sind und je höher ihre Bewegungsleistung ist, um so höher ist ihre Strukturniveaubindung. Eine Blattlaus ist infolge ihrer geringen Größe und Bewegungsleistung beispielsweise an den Blütenstiel einer Grasrispe „gebunden" (Merotop I. Ordnung = alpha-Niveau). Eine Krabbenspinne braucht bereits die gesamte Rispe als Lebensraum, da sie größer ist als eine Blattlaus und einen viel größeren Aktionsradius besitzt (Merotope II. Ordnung = beta-Niveau). Eine Schwebfliege hingegen benötigt schon den Rispenhorizont als Lebensraum, da sie eine sehr große Bewegungsleistung vollbringt (Horizont = gamma-Niveau). Ein Schwirl, ein typischer Krautschichtvogel, „paßt" in keinen Horizont mehr, er benötigt das Stratum als Gesamtheit für seinen Aktionsraum (Stratum = delta-Niveau).

Diese Gliederung erlaubt es, den genauen Ort einer jeden Art im Biotop anzugeben und quantitativ zu beschreiben. Es lassen sich die zönotischen Größen der Besiedler auf jedem Strukturniveau messen und vergleichen. Dies führt zu einer exakten Skalierung der Zönose und ihres Lebensraumes sowie zu einer Modellierung des Zönoseaufbaus. Die vorliegende Untersuchung bringt einen Beitrag zur Quantifizierung des enkaptischen Zönoseaufbaus.

Die Quantifizierung der topischen Beschaffenheit der Strukturniveaus ist weit schwieriger und soll hier nicht berücksichtigt werden (SCHÖNBORN 1968). Sie erst wird die vollständige Beschreibung der Zönose, ihre Entstehung und Bindung, erlauben, die deterministischer ausfallen wird als allgemein angenommen.

Im vorliegenden wurde versucht, die Strukturniveaubindung nicht nur auf Grund von Beobachtungen zu bestimmen, sondern auch mit Hilfe genauer Daten über die Bewegungsleistung der Tiere.

II. Untersuchungsareale

Die Untersuchungen wurden an drei verschiedenen Krautschichten durchgeführt.

W a l d w i e s e mit den dominierenden Gräsern Holcus lanatus L. (Wolliges Honiggras) und Agrostis tenuis Sibth. (Straußgras). Neuglobsow, Bezirk Potsdam, Juni 1971. Das Wetter war zur Zeit der Aufnahmearbeiten wechselhaft. Es wurde nur während sonniger,

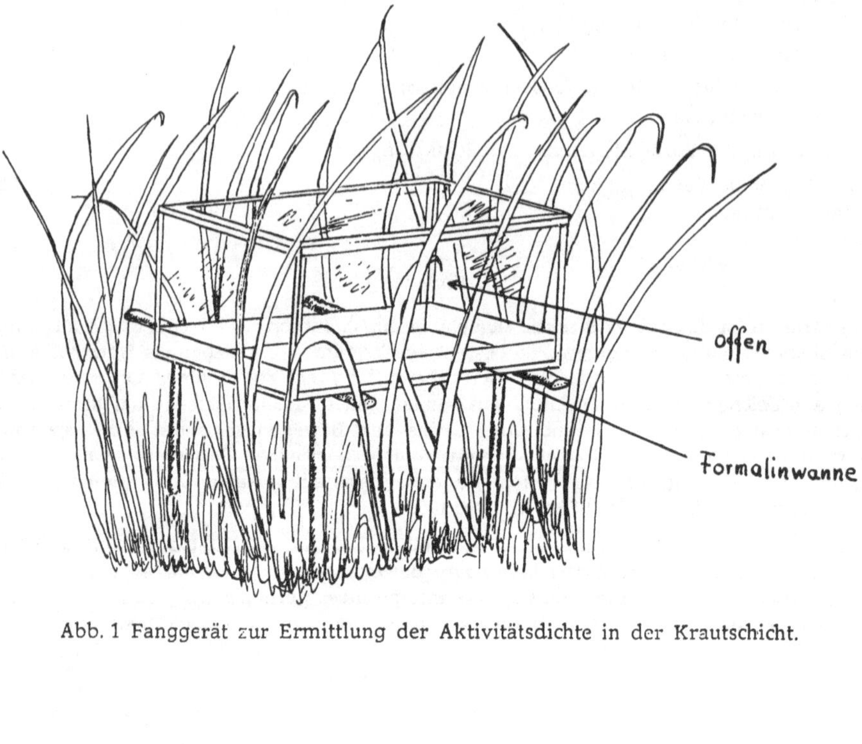

Abb. 1 Fanggerät zur Ermittlung der Aktivitätsdichte in der Krautschicht.

warmer und windstiller Zeiten gearbeitet (Außentemperaturen + 20° bis 25 °C). – Struktur: Unterer Horizont (Grashorizont). Der obere Horizont (Rispenhorizont) war noch nicht ausgebildet. Raumverschluß: 28 %. Die Grashalme sind Merotope II.

Waldlichtung, ausschließlich mit Deschampsia flexuosa (L.) (Drahtschmiele) bestanden. Plothen, Bezirk Gera (Thüringen), Juli 1971. Das Wetter war in der Zeit der Aufnahmearbeiten sonnig und warm (Außentemperaturen um + 25 °C). – Struktur: Unterer Horizont (Grashorizont) niedrig und stark „verfilzt". Raumverschluß 14 %. Oberer Horizont (Rispenhorizont) voll entwickelt. Zwischen dem oberen und unteren Horizont ist noch ein „Stengelhorizont" ausgebildet. Ob es sich auch hier um einen zönotisch abgrenzbaren dritten Horizont handelt, wurde nicht untersucht. Sein Raumverschluß betrug 3 %. Die Grashalme des unteren Horizontes sind Merotope II. Die Blüten und Blütenstiele des oberen Horizontes sind Merotope I, die Rispen Merotope II.

Waldlichtung. Die untersuchten Areale waren ausschließlich mit Holcus lanatus L. bestanden. Plothen, Bezirk Gera (Thüringen), Juli 1971. Die Aufnahmearbeiten fanden bei sonnigem, warmem und windstillem Wetter statt (Außentemperatur um + 25 °C). – Struktur: Es war nur der untere Horizont ausgebildet. Im Gegensatz zur Drahtschmiele handelt es sich bei Holcus lanatus um ein sehr weiches Gras. Der Raumverschluß betrug 15 %. Die Grashalme sind die Merotope II.

III. Methodik

1. Zönotische Bestandsaufnahme und Auswertung

An allen drei Krautschichtarealen wurde mit einem Quadratmeterrahmen gearbeitet. Der ausgelegte Rahmen wurde jedesmal mit einem Käscher von 30 cm Durchmesser leergefangen (50 Schläge nach dem Vorschlag von KROGERUS).

Der Fang eines jeden ausgekäscherten Rahmens wurde aus dem spitzzulaufenden Netz in ein Weithalsglas (in 70prozentigen Alkohol) entleert. In jeder Krautschicht wurden 30 Quadratmeter abgekäschert. Aus den Weithalsgläsern, deren Zahl denen der ausgekäscherten Rahmen entsprach, wurden die Tiere unter dem Stereomikroskop ausgelesen und wiederum nach Rahmenfängen getrennt in Tübchen für die Auswertung konserviert.

Es wurden ausgeführt:

Arten- (bzw. Gruppen-)Bestimmungen

Feststellung der Anzahl der Arten und Individuen

Ermittlung des Körpervolumens der Arten bzw. der Größenklassen: größte Höhe × größte Breite × Länge der Individuen

Ermittlung des Biovolumens: durchschnittliches Körpervolumen der Arten und Gruppen multipliziert mit ihrer Abundanz

Alle ermittelten Werte wurden ausschließlich auf die Besiedler der einzelnen Strukturniveaus umgerechnet (s. Kapitel IV). Der Arten- und Individuenzuwachs mit zunehmender Zahl der Rahmenfänge wurde in ein Koordinatensystem eingetragen, um das Minimalareal der Strukturniveau-Besiedler zu bestimmen (vgl. BALOGH und LOKSA 1956). Die Aufnahmearbeiten verliefen sehr gut im Holcus-lanatus-Horizont, schwierig dagegen in der Deschampsia-Schicht. Hier verhinderte die Höhe der Gräser, ihre relative Festigkeit und „Verknäuelung" ein Durchschlagen des Netzes bis zu den basalen Zonen. Auch füllte sich das Netz mit Blütenteilen an, was vor allem das Auslesen der Tiere erschwerte. Die agilen Arten lassen sich nur schwer mit dem Netz erbeuten. Ihr quantitativer Fang bereitet aber auch bei Anwendung anderer Methoden Schwierigkeiten (SCHÖNBORN 1968).

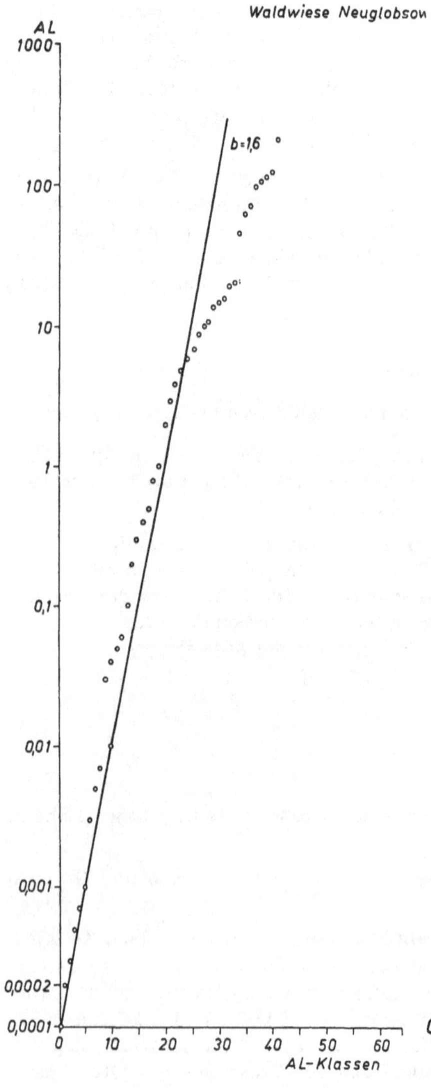

Abb. 2 Holcus-Agrostis-Wiese, Neuglobsow. Exponentielle Zunahme der Aktivitätsleistung (Al) in der Krautschicht-Stratozönose (Al in mpm/s).

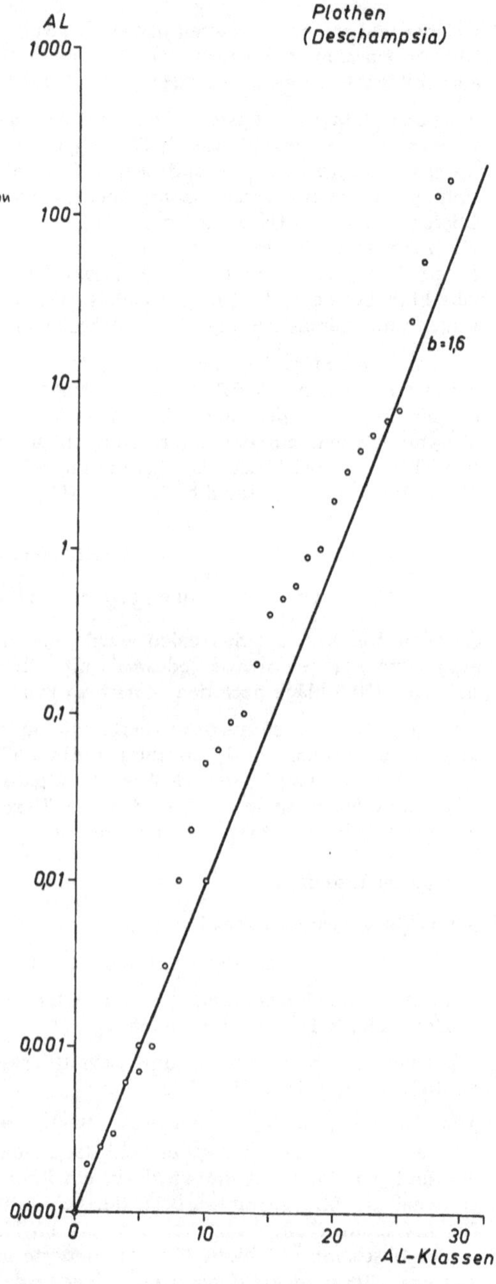

Abb. 3 Deschampsia-flexuosa-Waldwiese, Plothen. Exponentielle Zunahme der Aktivitätsleistung (Al) in der Stratozönose (Al in mpm/s).

2. Bestimmung der Bewegungsaktivität der Arten und Gruppen

Die ausschlaggebende Größe für die Strukturniveaubindung ist die Bewegungsaktivität. Ihr bekanntestes Maß ist die Aktivitätsdichte (HEYDEMANN 1956), die die Zahl der Individuen, die pro Zeiteinheit eine Probefläche berühren, angibt. Noch aussagekräftiger ist es, wenn an Stelle der Aktivitätsdichte die Aktivitätsbiomasse oder das Aktivitätsbiovolumen angegeben wird, da diese Maße auch die Körpergröße berücksichtigen. Je größer Aktivitätsdichte und Aktivitätsbiovolumen, um so höher ist die Strukturniveaubindung (SCHÖNBORN 1968). Die Aktivitätsmaße sind umgekehrt proportional den stationären Maßen (HEYDEMANN 1956, 1961).

In der vorliegenden Untersuchung wurde nur die Aktivitätsdichte gemessen (Angabe in $i/m^2 \cdot d$). Außerdem wurde ein weiteres Maß für die Bewegungsaktivität eingeführt, welches die Größe der Tiere berücksichtigt, aber nicht zönotisch, sondern gesondert für jede Art oder Gruppe bestimmt werden muß, die Aktivitätsleistung (Al). Sie erlaubt es, einer jeden Art in einer Zönose einen feststehenden Aktivitätswert zuzuordnen und sie somit genau im Struktursystem zu lokalisieren. Die Zusammenfassung gleicher Werte von Aktivitätsleistungen verschiedener Arten erlaubt dann die Abgrenzung von Artengemeinschaften mit Hilfe der Aktivitätsleistung. Sie wird daher im zönotischen Sinn gebraucht.

Die Aktivitätsleistung einer Art ist definiert als Produkt aus Bewegungsgeschwindigkeit c und Körpermasse M (oder stellvertretend hierfür Körpervolumen V).

$$Al = c \cdot M \text{ (mpm/s)}$$

Die Aktivitätsleistung läßt sich zunächst als Maximalwert ermitteln. Die Individuen einer Art werden in einer konkreten Zönose jedoch nicht immer ihre maximale Leistungsfähigkeit realisieren, sondern können zu verschiedenen Zeitpunkten verschiedene Aktivitätswerte zeigen. In Wirklichkeit ist die Aktivitätsleistung einer Zönose zu jedem Zeitpunkt eine andere. Bei einer statistischen Beschreibung der Zönose genügt die durchschnittliche Leistung der Individuen der Arten während einer bestimmten Zeit. Diese durchschnittliche Leistung ist heute noch nicht meßbar. Daher muß sich vorläufig noch mit Maximalwerten der Aktivitätsleistung begnügt werden, um die einzelnen Arten einer Zönose in eine fortlaufende Aktivitätsreihe einordnen zu können, die gleichzeitig die Bindung an die enkaptisch aufgebauten Strukturelemente anzeigt.

a) Die Messung der Aktivitätsdichte in der Krautschicht

Zur Messung der Aktivitätsdichte wurde ein Aquarium von 588 cm^2 Öffnungsweite seitlich in das Gras gestellt, so daß die Öffnung horizontal gerichtet war. Auf die aufliegende Seite wurde innen eine flache grüne Wanne gestellt, die lückenlos in das Aquarium hineinpaßte. Die Wanne wurde mit 3prozentigem Formalin gefüllt (Abb. 1). Die Aktivitätsdichte ist dann die Zahl der Individuen, die sich innerhalb von 24 Stunden in der Wanne fängt. Als Probefläche wurde die durch die Höhe der Formalinwanne reduzierte Öffnungsweite des Aquariums genommen. Sie betrug 420 cm^2. Alle Werte wurden in $i/m^2 \cdot d$ umgerechnet.

Die Schwierigkeiten der Messung der Aktivitätsdichte sind wiederholt in der Literatur diskutiert worden. Bei der geschilderten Methode sind es vor allem die großen und agilen Arten, die optisch dem Fanggerät ausweichen können und daher oft nicht mit erfaßt werden. Für einige Arten wirken die Lichteffekte am Glasrand des Aquariums anziehend, so daß ihr Fang in der Formalinfalle nicht ihre wirkliche Aktivitätsdichte widerspiegelt. Für die großen und agilen Arten darf die Meßfläche nicht zu klein sein. Sie muß mindestens die Größe der Seitenfläche eines gedachten Würfels haben, dessen Raum durchschnittlich von einem Individuum der agilsten Arten der zu messenden Zönose eingenommen wird (SCHÖNBORN 1968). Dieser Raum betrug im unteren Horizont der Holcus-Agrostis-Wiese etwa 4480 cm^3, die kritische Meßfläche ist also etwa 290 cm^2.

b) Die Messung der Aktivitätsleistung der Arten oder Gruppen der Krautschicht-Bewohner

Stellvertretend für das Gewicht der Individuen, die als Repräsentanten einer Art dienen, wurde in Anlehnung an BALOGH (1958) das Körpervolumen benutzt, berechnet aus größter Höhe, größter Breite und Länge der Tiere. Für die wirkliche Bestimmung des

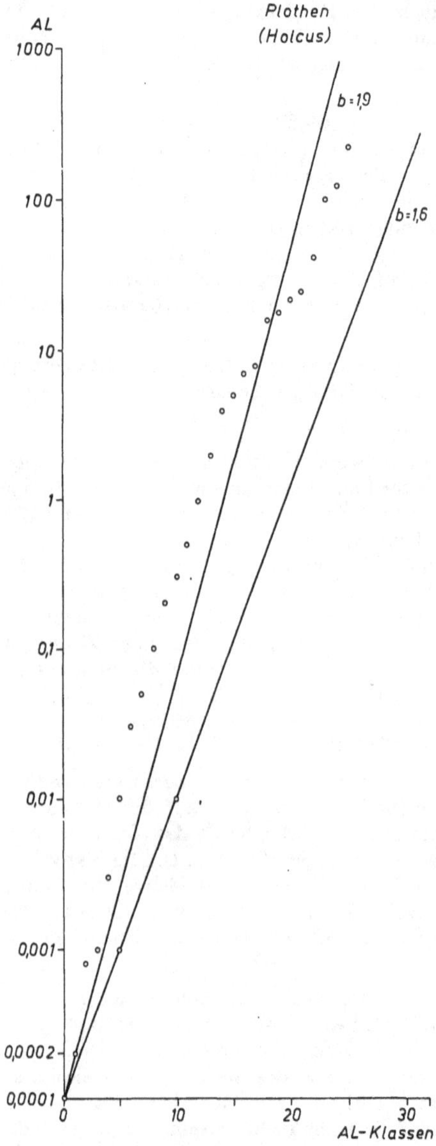

Abb. 4 Holcus-lanatus-Waldwiese. Exponentielle Zunahme der Aktivitätsleistung (Al) in der Stratozönose (Al in mpm/s).

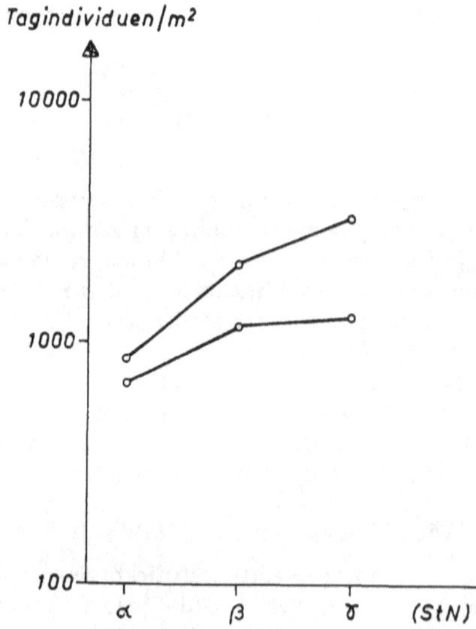

Abb. 5 Veränderung der Aktivitätsdichte mit Höhe der Strukturniveaus (Holcus-Agrostis-Wiese, Neuglobsow).

Gewichtes müßte der so gewonnene Wert noch mit einer Konstanten, welche die Abweichung der Gestalt vom Quader ausgleicht, und mit dem spezifischen Gewicht der Art multipliziert werden. Für die beiden letzteren Forderungen liegen jedoch keine ausreichenden Daten vor, so daß sich mit einem Volumen begnügt werden muß, welches nur annähernd das Gewicht widergibt. Dabei wird postuliert: 1 mm^3 entspricht ungefähr 1 mg. Da die vielen kleinen und winzigen Arten der Krautschicht der Wägung nur sehr schwer zugänglich sind, wurde prinzipiell auf Wägung verzichtet.

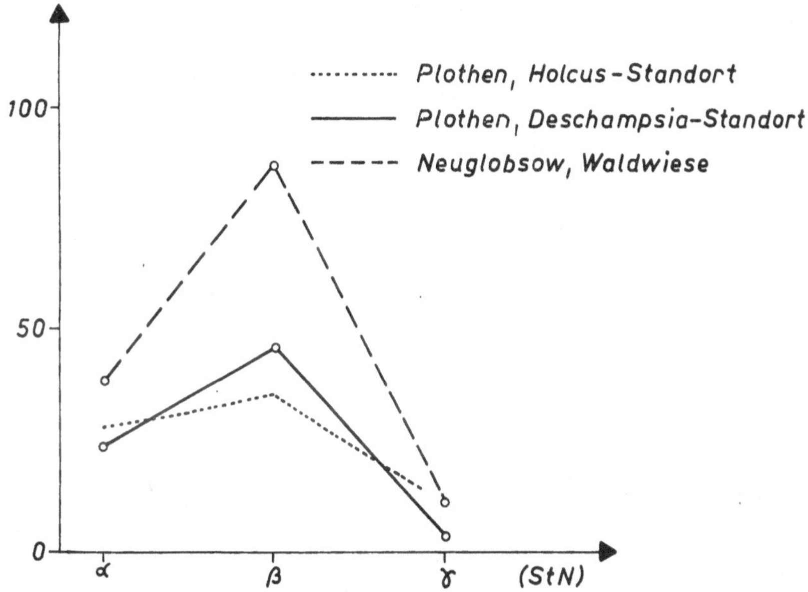

Abb. 6 Veränderung der Artenzahl mit Höhe der Strukturniveaus.

Schwierigkeiten bereitete auch die Messung der Bewegungsgeschwindigkeit der Arten. Für Läufer wurde auf einer Tischplatte die Weg-Sekunden-Leistung mit der Stoppuhr gemessen, desgleichen für Springer. Dabei wurden die Tiere so lange zum Springen veranlaßt, bis sie erschöpft waren. Die Zeit zwischen den einzelnen Sprüngen wurde von der Gesamtzeit abgezogen.

Die Geschwindigkeit der größeren und langsameren Fluginsekten (z. B. Zygopteren) wurde im Lebensraum der Tiere selbst gemessen. Dabei wurden an einem Grashalm sitzende Tiere zum Abfliegen veranlaßt und mit der Stoppuhr wurde eine gerade Flugstrecke gestoppt. Diese Messungen mußten teilweise bis zu fünfzigmal wiederholt werden, um einen verläßlichen Wert zu erhalten.

Große Schwierigkeiten bereitete die Messung der Geschwindigkeit relativ schneller Fluginsekten. In einem geräumigen Zimmer mit nur einem Fenster wurden die Insekten gestartet und ihre Flugzeiten vom Start bis zur Ankunft am Fenster mit der Stoppuhr gemessen. Für kleine Insekten wurde der Abstand vom Startort bis zum Fenster entsprechend geringer gewählt als für große Arten (DEMOLL 1918).

Die Bewegungsgeschwindigkeit konnte nicht von allen Arten ermittelt werden. Die an Individuen einer Art erzielten Ergebnisse wurden in mehreren Fällen auf die nahe verwandten Arten, sofern sie in Größe und im Bewegungstyp gleich oder doch vergleichbar waren, übertragen. Die Körpermaße wurden jedoch von allen Arten ermittelt. Das Maß der Aktivitätsleistung ist definitionsgemäß mpm/s. Da aber nur die Körpervolumen gemessen wurden, wird vorausgesetzt, daß die Leistung, die 1 mm^3 Körpervolumen in

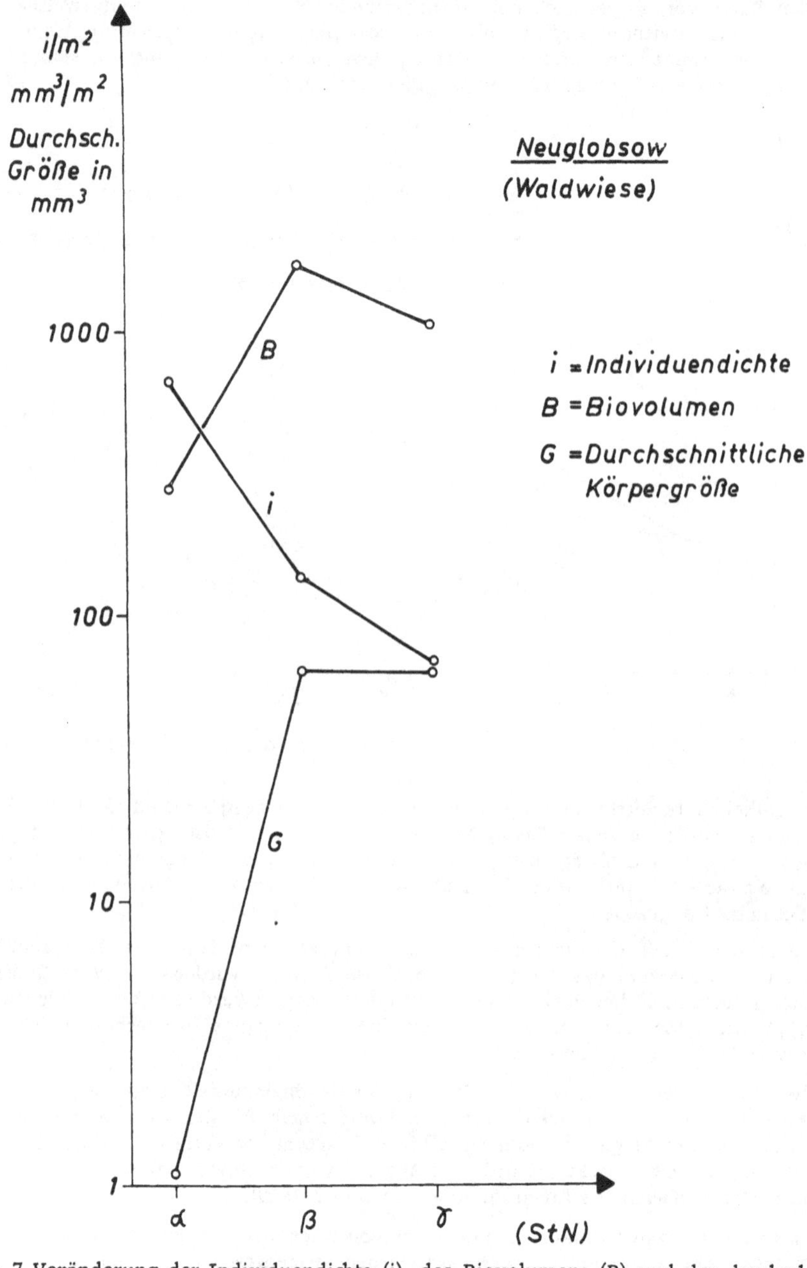

Abb. 7 Veränderung der Individuendichte (i), des Biovolumens (B) und der durchschnittlichen Körpergröße (G) mit Höhe der Strukturniveaus. Holcus-Agrostis-Wiese.

1 Sekunde 1 m weit bewegt, 1 mpm/s angenähert entspricht. Die Proportionalität zwischen Biovolumen und Biomasse wird in der Synökologie von vielen Autoren vorausgesetzt.

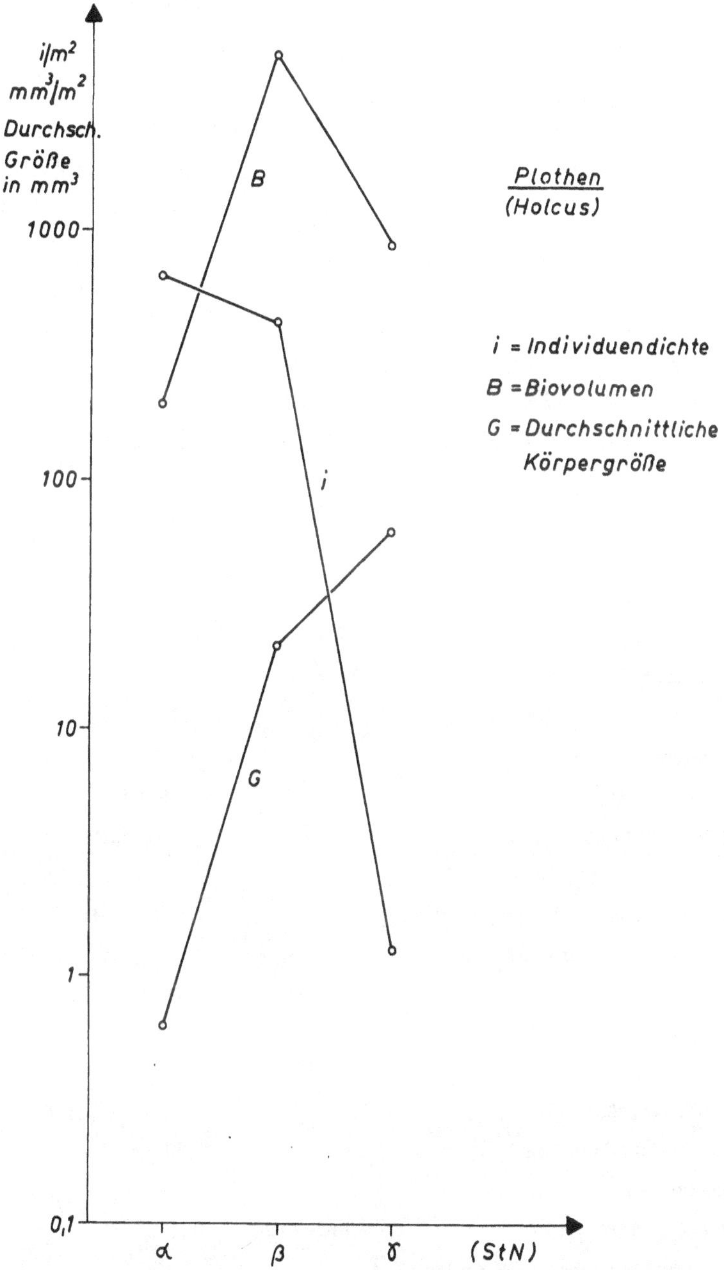

Abb. 8 Veränderung der Individuendichte (i), des Biovolumens (B) und der durchschnittlichen Körpergröße (G) mit Höhe der Strukturniveaus. Holcus-lanatus-Waldwiese.

IV. Die Bewegungsaktivität als Grundlage der Beschreibung des Aufbaus einer Zönose

1. Die Aktivitätsleistung

In jeder der untersuchten Krautschichten wurde die Aktivitätsleistung von fünfzig und mehr Arten gemessen. Die ausgewählten Arten repräsentieren etwa die in der Stratozönose vorkommenden Aktivitätsklassen. Die ermittelten Werte der Bewegungsgeschwindigkeiten sind in Tabelle 1 für die drei Standorte zusammengefaßt.

Tabelle 1. Angaben über die Bewegungsgeschwindigkeit der Arten und Gruppen. (Wurde bei Insekten mit Flugvermögen die Laufgeschwindigkeit ermittelt, so ist dies vermerkt.)

Art, Gruppe	Länge (L) Größe	Bewegungsgeschwindigkeit (m/s)
Collembolen:		
Sminthurus viridis (L.)	2 mm L	Sprung: 0,07; Lauf: 0,003
Bourletiella signata (NICOL.)	1,5 mm L	Sprung: 0,02; Lauf: 0,004
Orthopteren:		
Omocestus viridulus (L.)		0,60 (Sprung)
Ectobius lapponicus (L.)		0,30 (Lauf)
Odonaten:		
Lestes viridis (VANDERL.)		0,50
Thysanopteren:		
Franklinella intonsa (FABR.)		0,004 (Lauf)
Heteropteren:		
Nabis rugosus (L.)		0,07 (Lauf)
Stenodema laevigatum (L.)		0,07 (Lauf)
Homopteren:		
(*Chaitophoridae*, Blattläuse ungeflügelt)		0,001 (Lauf)
Macrosteles sexnotatus (FALL.)	2–4,5 mm L	0,20 (Lauf)
Cicadella viridis (L.)	bis 9 mm L	0,10 (Lauf)
Coleopteren:		
Lema cyanella (L.)		1,00
Adalia bipunctata (L.)		1,50; 0,01 (Lauf); 0,009 (Larve)
Leptura livida FABR.		1,50
Hymenopteren:		
Pimplinae (*Ichneumonidae*)	mittelgroß	0,12
Kleine Hymenopteren der Familien		
Proctotrupidae und *Chalcididae*		0,70

Art, Gruppe	Länge (L) Größe	Bewegungsgeschwindigkeit (m/s)
Dipteren:		
Nematoceren, vertreten durch		
Cecidomyidae, Sciaridae, Ceratopogonidae		0,50
Brachyceren, vertreten durch		
Phoridae und *Sepsidae*		0,70
Empididae		0,50
Ephydridae		1,50
Neothereva sp.		0,75
Anthomyidae und *Muscidae*		1,50 (einige Arten nur 0,45)
Neuropteren:		
Chrysopa-Larve		0,01
Lepidopteren:		
Crambus sp.		0,70
Raupen		Als Null angenommen
Opilionen:		
Phalangium cornutum L.		0,20
Araneiden:		
Xysticus sp.	Ceph. L. 1,8 mm	0,003
Tibellus oblongus (WALCK.)		0,03
Evarcha blancardi (SCOP.)		0,08
Pisaura listeri (SCOP.)	Ceph. L. 4,3 mm	0,03
Linyphia montana (L.)		0,02
Acari:		
Ixodes ricinus (L.)		0,007
Thrombidium sp.		0,004
Oribatiden		0,0005

Die ermittelten Werte der Aktivitätsleistungen wurden für jeden Standort der Größe nach numeriert. Hierdurch erhält man Aktivitätsklassen der Stratozönose. Die Werte wurden in ein halblogarithmisch geteiltes Koordinatensystem eingetragen, und zwar auf der logarithmisch geteilten Ordinate die Al-Werte und auf der arithmetisch geteilten Abszisse die dazugehörigen Klassennummern (beginnend mit Klasse 0). Für alle drei Standorte ergab sich eine Gerade. Die Al-Werte sind also Exponentialfunktionen ihrer Klassennummern. Die Aktivitätsleistung in der Zönose steigt quasi exponentiell an. Sie nimmt mit jeder Klasse durchschnittlich um den Faktor 1,6 zu. Größere Abweichungen von diesem Durchschnittswert gab es nur in der Holcus-lanatus-Wiese. Hier betrug der Faktor 1,9.

Den Zusammenhang der Werte drückt die Formel $y = a \cdot b^x$ aus. Es bedeuten: $y =$ Al; $a =$ Anfangswert der Klassen (Wert der Klasse 0); $b =$ Faktor, um den die Al zunimmt (angenähert 1,6); $x =$ Nummer der Klasse).

Beispiel für die Holcus-Agrostis-Wiese:

a	·	b^x	=	y
0,0001		$1{,}6^0$		0,0001
0,0001		$1{,}6^1$		0,0002
0,0001		$1{,}6^2$		0,0003
		....		
0,0001		$1{,}6^5$		0,001

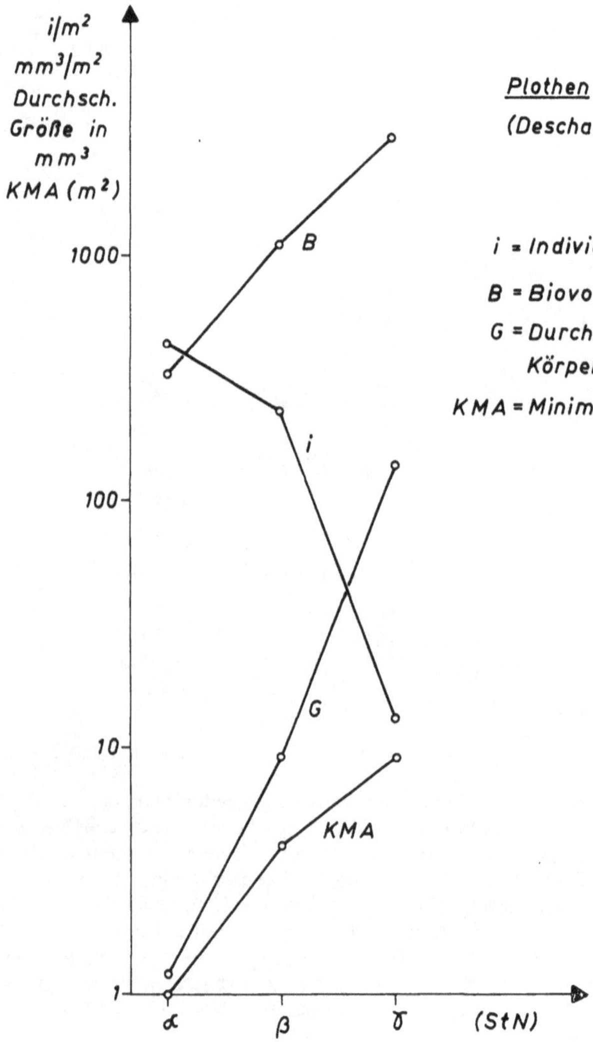

Abb. 9 Veränderung der Individuendichte (i), des Biovolumens (B), der durchschnittlichen Körpergröße (G) und des Minimalareals (KMA) mit Höhe der Strukturniveaus. Deschampsia-flexuosa-Waldwiese.

Die Al-Werte für die Standorte sind in den Abbildungen 2 . . . 4 dargestellt. Damit die Koordinaten nicht zu umfangreich werden, wurde einheitlich mit dem Wert 0,0001 mpm/s begonnen. Der niedrigste Wert der Holcus-Agrostis-Wiese betrug 0,00001 mpm/s, der in der Holcus-Lichtung 0,00005 mpm/s. In der Deschampsia-Lichtung fehlten die Oribatiden und einige andere Gruppen mit winzigen Arten, so daß hier a = 0,0001 mpm/s war.

Nimmt man eine ökologische Interpretation der Werte vor, so können sie als Abgrenzung der Strukturniveaubindungen dienen:

Alpha-Bindung: Bis zu 0,09 mpm/s. Die Arten sind an Merotope I (soweit vorhanden) gebunden. Fehlen Merotope I, so haben diese Arten ein anderes Verhältnis zur Struktur als die Beta-Arten.

Beta-Bindung: 0,1 . . . 10 mpm/s. Die Arten sind an Merotope II gebunden.

Gamma-Bindung: Größer als 10 mpm/s (geschätzt bis zu 150 000 mpm/s). Die Arten sind an Horizonte gebunden.

Arten mit Aktivitätsleistungen über den Gamma-Bereich hinaus benötigen das Stratum als Gesamtheit zum Lebensraum (Delta-Bindung). Hierzu gehören einige Vogel- und Säugerarten.

Von Alpha- bis Gamma-Bindung nimmt die Fähigkeit zu, gewisse Aktivitätsphasen extrastrationell zu verlagern. Bei sehr hoher Gamma-Bindung liegt dann die Hauptaktivität extrastrationell. Diesen Strukturbindungs-Gruppen lassen sich nun die zönotischen Größen zuordnen. Ihre Änderung mit Höhe der Strukturniveaubindung wird mathematischer Interpretation zugängig.

Die an den drei Standorten festgestellten systematischen Gruppen verteilen sich nach der Aktivitätsleistung wie folgt auf die Strukturniveaubindungen:

Alpha	Beta	Gamma
Collembolen	Heteropteren	*Saltatoria*
(Apterygota)	Zikaden (die Mehrzahl)	Odonaten
Thysanopteren	Kleine Coleopteren	Große Dipteren
Aphidoidea	Juv. Acridier	Große Hymenopteren
Winzige Larven	Kleine Dipteren	Große Coleopteren
Kleinste Dipteren	Kleine Hymenopteren	Lepidopteren
Kleinste Hymenopteren	Larven	Große Zikaden
Winzige Spinnen	Araneen	Opilionen
Milben		

2. Die Aktivitätsdichte

Anstelle der Aktivitätsleistung läßt sich nun auch die Aktivitätsdichte als Maßstab der Einordnung der Arten in das Strukturniveausystem verwenden. Theoretisch muß auch hier die Zunahme der Aktivitätsdichte in einer Zönose quasi exponentiell erfolgen. Die Messung der Aktivitätsdichte, mit Ausnahme die der Bodenläufer, ist sehr schwierig. Es ist daher zweckmäßig, die Aktivitätsdichte als zönotische Größe einer Artengemeinschaft zu verwenden; im vorliegenden Fall für die Artengemeinschaften mit gleicher Strukturniveaubindung. Diese Artengemeinschaften lassen sich dann miteinander vergleichen und exakt beschreiben. Die Abb. 5 gibt die gemessenen Werte, umgerechnet auf 1 m^2 für die Holcus-Agrostis-Wiese wider. Von Alpha bis Gamma steigt die Akivitätsdichte nichtlinear an. Beachtet man, daß die Werte für die Gamma-Formen sicherlich zu niedrig sind, da große Arten den Fallen besser ausweichen können als kleine, so lassen sich auch diese Kurven als exponentielle Zunahme der Aktivitätsdichte interpretieren (SCHÖNBORN 1968).

V. Die Veränderung der stationären zönotischen Größen mit Höhe der Strukturniveaus

An zönotischen Größen wurden ermittelt: Artenzahl, Individuendichte (Abundanz), Minimalareal, Biovolumen und durchschnittliche Körpergröße (in mm^3).

Die Artenzahl steigt von Alpha bis Beta steil an und fällt dann nach Gamma hin wieder ab (Abb. 6). Einen ähnlichen Kurvenverlauf fanden BONESS (1958), der die Artenzahl auf Größenklassen bezieht, die jedoch der Aktivitätsklassifizierung ungefähr parallel laufen, und SCHÖNBORN (1968).

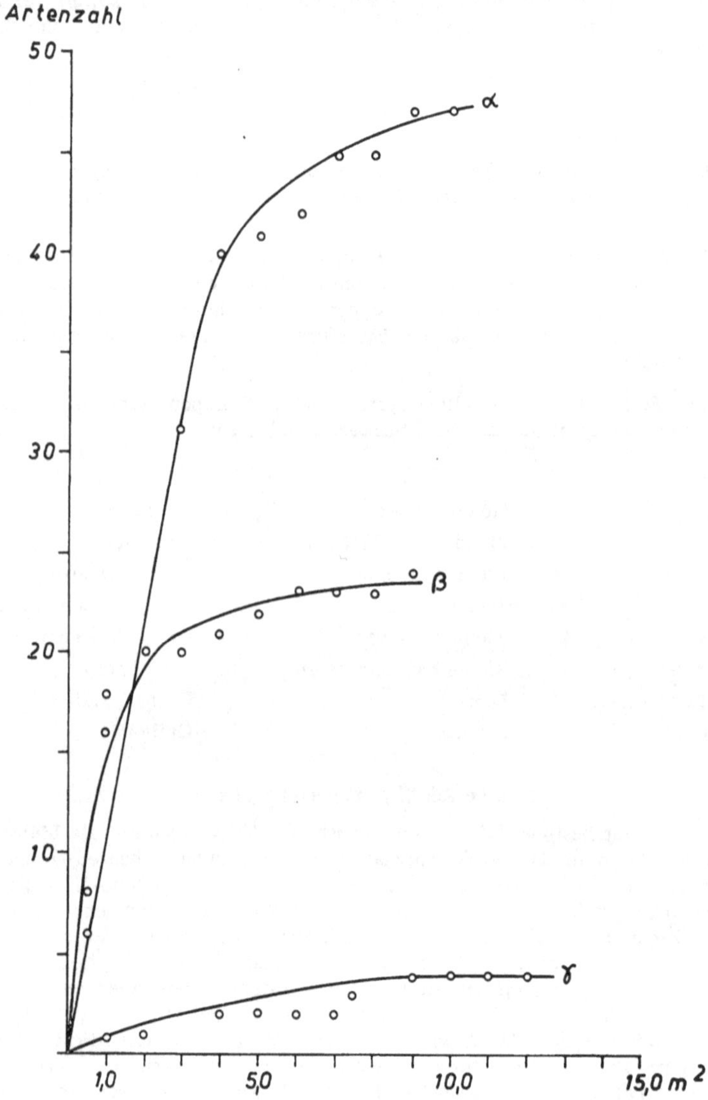

Abb. 10 Artenarealkurven für die drei Strukturniveaus. Deschampsia-flexuosa-Waldwiese.

Die Abundanz fällt von Alpha bis Gamma fast exponentiell ab. Hierbei ist zu berücksichtigen, daß sowohl die sehr kleinen als auch die sehr großen Arten vom Netz nicht vollständig quantitativ erfaßt werden. Die Abundanz der Alpha-Formen liegt sicherlich (vor allem auf der Deschampsia-Lichtung) höher als angegeben (Abb. 7–9).

Die Artenarealkurven für die Bestimmung der Minimalareale, auf denen also gerade noch der repräsentative Artenbestand anzutreffen ist, sind für die Stratozönose der Deschampsia-Lichtung ermittelt worden (Abb. 10). Die Individuendichte steigt für alle Strukturniveaubindungen mit Zunahme der Größe der Fangfläche linear an (Abb. 11). Die Flächengröße, bei der die Artenarealkurve deutlich abknickt, ist das Minimalareal. Es steigt von Alpha bis Gamma quasi exponentiell an (Abb. 9).

Das Biovolumen zeigt in zwei Fällen einen ähnlichen Kurvenverlauf, wie er für die Veränderung der Artenzahl nachgewiesen wurde, und nur in einem Fall steigt es exponentiell an (Deschampsia-Lichtung). Beide Kurventypen sind für die Krautschicht-Stratozönose bereits beschrieben worden (SCHÖNBORN 1968). BONESS (1958), der seine Biomassewerte für die Krautschicht-Stratozönose wieder auf Größenklassen der Zönose bezieht, erhielt ausschließlich in den mittleren Klassen einen Kurvengipfel. Dieser Kurventyp scheint für die Krautschicht-Stratozönose charakteristisch zu sein (Abb. 7–9).

Die durchschnittliche Körpergröße verändert sich von Alpha bis Gamma wieder mehr exponentiell. Abweichungen deuten mehr auf einen methodischen Fehler als auf einen realen Sachverhalt (Abb. 7–9).

Allgemein läßt sich sagen, daß sich die stationären zönotischen Größen mit Höhe des Strukturniveaus quasi exponentiell verändern. Nur die Artenzahl und das Biovolumen scheinen hier eine Ausnahme zu machen. Sie zeigen einen deutlichen Kurvengipfel im Beta-Niveau.

VI. Die Zahl der Formentypen auf den Strukturniveaus

Es wurden drei Formentypen der Gestalt (Kugelform, langgestreckte und ovale Form), fünf Formentypen der Fortbewegung (Springer mit und ohne Sprunggabel, Krabbler, Läufer, Flieger) und fünf Formentypen des Nahrungserwerbes (Kauer, Sauger, Lecker, Netzfänger, Endoparasit) unterschieden.

Die Tabelle 2 gibt den Prozentsatz der Arten an, die Träger der unterschiedenen Formentyp-Merkmale auf den drei Strukturniveaus sind. Vergleicht man die Zahl der Formentyp-Merkmale, die mit 5 % und mehr bei den Arten der drei Strukturniveaus vorkommen, so läßt sich im Gegensatz zu den bisher untersuchten Größen eine lineare Abnahme von Alpha bis Gamma feststellen (Abb. 12). Eine mögliche Interpretation dieser Erscheinung wurde von SCHÖNBORN (1968) gegeben.

VII. Allgemeine Betrachtungen

Die topische Skalierung der Biotopstruktur erlaubt auch eine mathematisch interpretierbare Zuordnung der zönotischen Größen. Grundlage der Zuordnung der Zönosemitglieder zu den Strukturniveaus ist die exponentielle Zunahme der Aktivitätsleistung. Die Aktivitätsleistung bestimmt auch das Verhältnis der Arten zur Biotopstruktur, welches wiederum zur quantitativen Beschreibung der Biotopstruktur selbst dienen kann. Hier wird auch der Schlüssel zum Verständnis der Phylogenie der Lebensgemeinschaften verborgen liegen. Bei weiterer Quantifizierung der Strukturniveaus verlieren die Biotope immer mehr von ihrer nur typologischen Charakteristik. Wir haben im Biotop eine dem organismischen Aufbau analoge Hierarchie vor uns, die mit quantitativen Begriffen beschrieben werden kann. Dies alles trägt zu einem objektiven Bild der Zönose bei und zeigt etwas von ihrem Determinismus, der hinter dem Komplex der Vielfalt verborgen zu liegen scheint.

Tabelle 2. Zahl der Arten (Durchschnittsangaben aus den drei Standorten) mit den unterschiedenen Formentypenmerkmalen (Angaben in %).

	KF	LF	OF	SmSp	SoSp	K	L	F	Ka	Le	S	N	E
Alpha	11,0	47,7	39,5	9,7	6,9	39,7	12,2	31,6	34,5	21,6	33,2	10,9	9,9
Beta	0	49,1	40,7	0	22,1	7,3	10,4	50,5	26,6	26,8	26,8	10,0	17,4
Gamma	0	72,2	41,6	0	26,4	0	3	69,6	70,4	35,5	17,9	0	9,0

Es bedeuten:

KF: Kugelform; LF: Langgestreckte Form; OF: Ovale Form; SmSp: mit Sprunggabel (Springer); SoSp: ohne Sprunggabel (Springer); K: Krabbler; L: Läufer; F: Flieger; Ka: Kauer; Le: Lecker; S: Sauger; N: Netzfänger; E: Endoparasit

Die enkaptische Stufenfolge vom Merotop über Horizont und Stratum bis zum Gesamtbiotop hat Ähnlichkeit mit der enkaptischen Stufenfolge von der Zelle über Gewebe, Organe bis zum Gesamtorganismus. Während der Organismus gestaltlich geschlossen ist, ist der Biotop mit seinen Elementen gestaltlich offen.

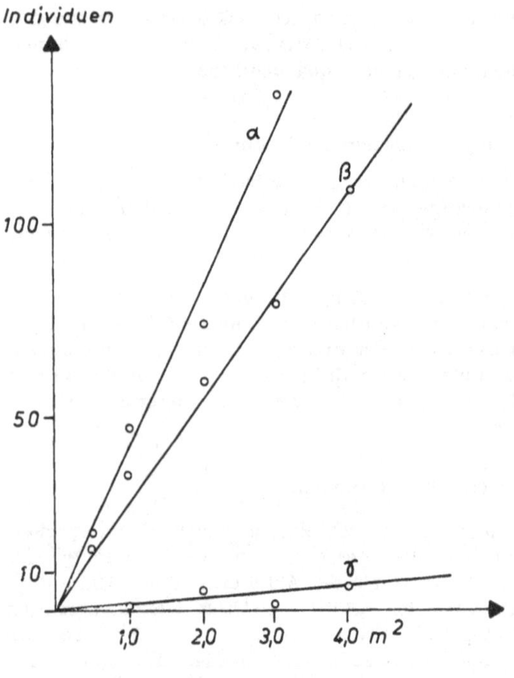

Abb. 11 Veränderung der Individuendichte mit Zunahme der Probenfläche auf den drei Strukturniveaus. Deschampsia-flexuosa-Waldwiese.

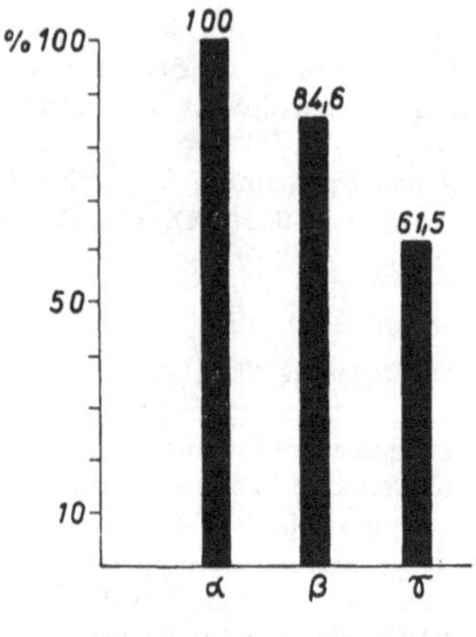

Abb. 12 Die unterschiedenen Formentypenmerkmale, die bei 5 % und mehr Arten der drei Strukturniveaus auftreten.

Zusammenfassung

Es wurden drei Krautschicht-Stratozönosen auf ihre zönotischen Größen untersucht: eine Holcus-Agrostis-Wiese, eine Deschampsia-flexuosa-Waldwiese und eine Holcus-lanatus-Waldwiese.

Die Aktivitätsleistungen (ausgedrückt in mpm/s) der Arten der Stratozönose ergeben eine quasi exponentiell ansteigende Reihe. Es konnte eine Dreiteilung dieser Reihe vorgenommen werden, die der Bindung der Arten an die Strukturelemente entspricht, die hier als Strukturniveaus definiert werden.

Die Arten mit der geringsten Aktivitätsleistung sind an die kleinsten Merotope (Merotope I. Ordnung = Alpha), die mit einer mittleren Aktivitätsleistung an größere Merotope (Merotope II. Ordnung = Beta) und die mit der höchsten Aktivitätsleistung an die Horizonte (= Gamma) gebunden. Arten, welche das Stratum als Gesamtheit zum Lebensraum benötigen, besitzen eine noch höhere Aktivitätsleistung (= Delta).

Von den zönotischen Größen wurden im einzelnen untersucht: Aktivitätsdichte, Artenzahl, Abundanz, Minimalareal, Biovolumen und die durchschnittliche Körpergröße. Ferner wurden Angaben über die Zahl der Formentypen innerhalb der Stratozönose gemacht. Alle Größen wurden vergleichend in Bezug auf die Strukturniveaus untersucht und unter einheitlichen Gesichtspunkten mathematisch interpretiert.

Summary

CONTRIBUTION TO THE MODEL OF THE FIELDLAYER-STRATOCOENOSE

The following coenotical values of three fieldlayer-stratocoenoses were investigated: a Holcus-Agrostis-meadow, a Deschampsia-flexuosa-forest-meadow and a Holcus-lanatus-forest-meadow.

In the stratocoenose, the power activity of the species (in mpm/s) is increasing nearly exponential. It is possible to arrange the exponential series threefold, which is corresponding to a connection of the species with the elements of structure, which were defined as structure-levels.

Species with the lowest power activity are living on smallest merotopes (merotope I. deg. = Alpha), such with intermediate power activity are connected with merotopes II. deg. (= Beta) and species, which have the highest power activity needs the whole horizon in the fieldlayer for their activity (Gamma). Species, which needs the stratum as totality, shows a very high power activity (= Delta).

The following coenotical values were investigated too: the density of activity, numbers of species and specimens, minimum area, biovolume and the mean of the bodysize; finally the numbers of life-forms. The values were studied compared to the structure-levels. Mathematical aspects of the coenotical structure are dicussed.

Literatur

BALOGH, J.: 1958: Lebensgemeinschaften der Landtiere. Berlin und Budapest, 560 S.

BALOGH, J., und I. LOKSA, 1956: Untersuchungen über die Zoozönose des Luzernefeldes – Acta Zool. Hung., 2, 17–114.

BONESS, M., 1958: Biozönotische Untersuchungen über die Tierwelt von Klee- und Luzernefeldern. Ein Beitrag zur Agrarökologie. – Z. Morph. u. Ökol. Tiere, 44, 309–373.

DEMOLL, R., 1918: Der Flug der Insekten und Vögel. Eine Gegenüberstellung. Jena, 67 S.

HEYDEMANN, B., 1956: Die Biotopstruktur als Raumwiderstand und Raumfülle für die Tierwelt. – Verh. Deutsch. Zool. Ges., Hamburg, 322–347.

HEYDEMANN, B., 1961: Untersuchungen über die Aktivitäts- und Besiedlungsdichte bei epigäischen Spinnen. – Verh. Deutsch. Zool. Ges., Saarbrücken, 538–556.

SCHÖNBORN, W., 1968: Der Aufbau einer Stratozönose. Untersuchungen über die Besiedlung der Krautschicht in den Wäldern um den Großen Stechlinsee. Habilitationsschrift der Math.-Nat. Fakultät der Martin-Luther-Universität Halle.

Anschrift des Autors:

Dr. Wilfried Schönborn, DDR-69 Jena, Friedrich-Engels-Straße 15

ENTOMOLOGISCHE ABHANDLUNGEN

STAATLICHES MUSEUM FÜR TIERKUNDE IN DRESDEN

Band 41 | Ausgegeben: 20. Oktober 1976 | Nr. 2

Vergleichende Untersuchungen der Ergebnisse verschiedener Fangverfahren an brachyceren Dipteren aus dem Naturschutzgebiet „Leutratal" bei Jena (Thür.)

Mit 2 Fotos und 8 Diagrammen

RUDOLF BÄHRMANN
Jena

Inhalt

1. Einleitung

Werden faunistische oder synökologische Studien an Insekten durchgeführt, ist es stets unumgänglich, daß geprüft wird, welche Sammelverfahren anzuwenden sind, um eine möglichst optimale Ausbeute an gefangenen Insekten zu erzielen. Die Wahl der Sammelmethoden hängt letztlich einmal von der zu bearbeitenden Tiergruppe, zum anderen aber auch von der Struktur des Habitats ab, in dem die Untersuchungen stattfinden sollen. Selten wird man bei der Erfassung der Entomofauna eines bestimmten Gebietes lediglich mit einer einzigen Sammelmethode auskommen, und sicherlich äußerte BONESS (1953) zu Recht, daß keine der bekannten Sammelmethoden tatsächlich den letzten Ansprüchen genügt. Dennoch muß man sich zu einer Methode bzw. zu einer Kombination mehrerer Sammelmethoden entschließen. Eine häufig angewendete Methode ist das Kescherverfahren. Der Vorteil dieses freilich mit vielen Mängeln behafteten Verfahrens besteht darin, daß die Methode unkompliziert ist und man bei genauer Arbeitsweise die oberen Teile der Krautschicht sicher, die unteren ebenfalls erfassen und die dort vorhandenen Insekten abstreifen kann, falls die Vegetation nicht zu dicht ist. Daß mit dem Kescherverfahren auch in quantitativer Hinsicht recht brauchbare Resultate zu erzielen sind, hat bereits BEALL (1935) nachgewiesen. Bei der Erfassung der Entomofauna des NSG „Leutratal" bei Jena in den Jahren 1971–1974 hat es sich allerdings gezeigt, daß es vorteilhaft ist, das Kescherverfahren durch andere Sammelmethoden zu ergänzen. Dies trifft vor allem für den Fang der Dipteren zu.

Um die für die Routinefänge – sie fanden ungefähr aller zwei Wochen statt – erforderliche Schlagzahl mit dem Kescher zu ermitteln, wurden für drei der insgesamt vier ausgewählten Probeflächen Artenarealkurven erstellt. Dazu dienten 30 Kescherfänge zu je 5 Doppelschlägen an drei windstillen Strahlungstagen (6. Mai, 6. Juli, 9. September 1971). Wie aus Abb. 1 geschlossen werden kann, sind aber selbst bei dieser großen Zahl der Fänge mit Sicherheit längst nicht alle Dipteren-Arten erfaßt worden. Dieses Ergebnis ließ für die Erfassung der Dipteren den Einsatz mehrerer Sammelverfahren besonders ratsam erscheinen. Zur Verwendung kamen daher neben der Keschermethode Bodenfallen, Biozönometer, Blütenbesucher wurden von einigen Pflanzenarten abgefangen, mit Farbschalen wurde gearbeitet, und in drei Probeflächen wurden die Gebüsche nach Insekten abgestreift. Einige der Sammelverfahren und die Darstellung der damit im einzelnen erzielten Ergebnisse fanden in Diplomarbeiten ihren Niederschlag, die im Wissenschaftsbereich Ökologie der Sektion Biologie der Friedrich-Schiller-Universität Jena angefertigt wurden. Es handelt sich dabei um die Arbeiten von WEIGEL & WENGERODT (1973), PETER (1974), SCHAARSCHMIDT (1974) und REDMANN (1975). Außerdem kamen Bodenfallen-Fänge zur Auswertung, die im Rahmen der ökologischen Untersuchungen der Arbeitsgruppe „Terrestrische Ökologie" 1971 im Leutratal von Herrn Dr. DUNGER, Görlitz, betreut worden waren. Die Dipteren-Ausbeuten der einzelnen Sammelergebnisse werden miteinander verglichen. Die Untersuchungen der Gebüschfauna mit in die hier wiedergegebene Zusammenstellung der Sammelergebnisse einzubeziehen, erschien deshalb lohnend, weil etliche Arten, die in den Rasenbiotopen angetroffen werden, offensichtlich aus den Gebüschzonen stammen und nur zeitweise oder auch regelmäßig in die Krautschicht der benachbarten Flächen eindringen. Um welche Arten es sich dabei handelt, kann genauer nur bestimmt werden, wenn eine Übersicht über die Gebüscharten vorliegt.[1])

---

[1]) Für die Mithilfe bei der Determination der Chloropiden danke ich Frau Diplombiologin H. WENDT, Berlin, der Agromyziden Herrn Diplombiologen H. ZOERNER, Dessau. Besonderen Dank schulde ich Herrn Dr. H. SCHUMANN, Berlin, dafür, daß ich zur Überprüfung der Determination des Dipteren-Materials die Dipteren-Sammlungen des Zoologischen Museums der Humboldt-Universität zu Berlin nutzen durfte.

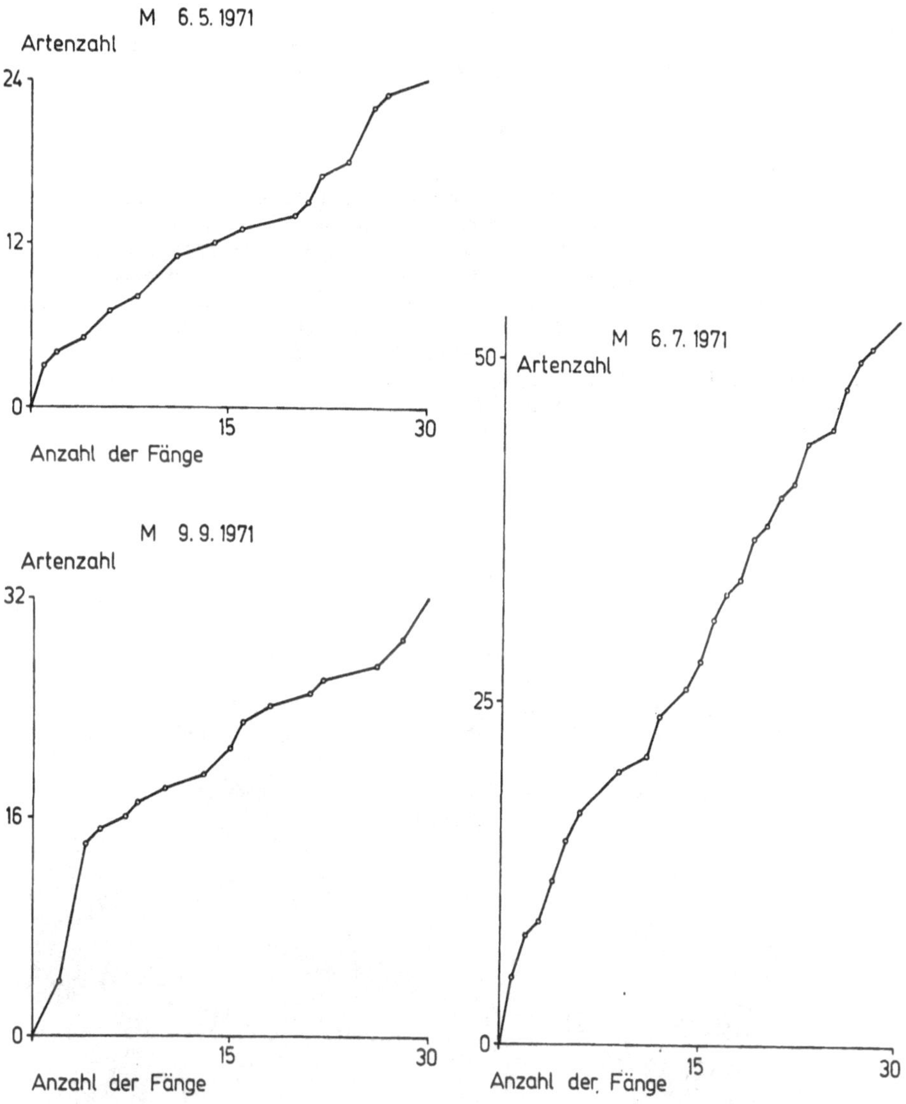

Abb. 1 Artenarealkurven von drei verschiedenen Fangterminen.

In der vorliegenden Untersuchung soll in erster Linie folgenden Fragen nachgegangen werden:

1. Mit welchen prozentualen Anteilen sind die Familien der brachyceren Dipteren in den verschiedenen Sammelergebnissen vertreten,

2. welche Arten werden hauptsächlich mit den verschiedenen Fangmethoden erbeutet und

3. welche Aussagen zur Ökologie einiger besonders bemerkenswerter Dipteren-Arten sind auf Grund der vorhandenen Ergebnisse möglich.

Die recht unterschiedlichen Sammelmethoden lassen zwar einen quantitativen Vergleich der Ausbeuten nicht zu, gestatten aber einige Schlußfolgerungen über die Spezifität der mit den unterschiedlichen Fangmethoden erlangten Ergebnisse.

2. Das Untersuchungsgebiet

Das Untersuchungsgebiet liegt am südexponierten Hang des in ost-westlicher Richtung verlaufenden Leutratales (Abb. 2). In einer Catena von der Talsohle, nahe des Baches im Talgrund – ungefähr 200 m über NN – bis in die Nähe der oberen Hangkante – ungefähr 300 m über NN – wurden vier Probeflächen festgelegt, in denen oder in deren unmittelbarer Umgebung die Untersuchungen stattfanden. Die unterste oder B-Fläche in der Nähe des schon erwähnten Baches liegt innerhalb eines typischen Arrhenatheretums, die nächstfolgende, die A-Fläche am mit Kalkschutt überrollten Rötsockel befindet sich in einem frischen Onobrychido-Brometum. Die folgende Probefläche (M-Fläche), ebenfalls noch auf dem Rötsockel gelegen, stellt ein typisches Onobrychido-Brometum dar. Die oberste Probefläche oder S-Fläche in der Nähe der oberen Hangkante am Muschelkalksteilhang gehört zu einem Seslerietum (man vergleiche auch KNAPP 1973).

3. Methoden

3.1. Das Kescherverfahren

Zur Erfassung der epigäischen Entomofauna des NSG „Leutratal" wurde eine spezielle Keschermethode entwickelt, die sich recht gut bewährt hat. Diese Methode gestattet es, in kurzer Zeit eine genügend große Probenzahl zu entnehmen und sicher bis zur Präparation bzw. Determination der Tiere aufzubewahren. Das Verfahren umfaßt drei Arbeitsgänge: 1. Das Keschern, 2. das Abtöten und vorläufige Aufbewahren des Tiermaterials und schließlich 3. das Auslesen, Ordnen und Konservieren bzw. Präparieren der Insekten. Eine genaue Beschreibung dieser Methode erfolgt an anderer Stelle (WITSACK, in

Abb. 2 Die Trockenrasen des Untersuchungsgebietes (A: frisches Onobrychido-Brometum - M: typisches Onobrychido-Brometum - S: Seslerietum).

Abb. 3 Ansicht eines Biozönometers mit Blick auf den kreuzweise eingenähten, fast ganz geschlossenen Reißverschluß.

Vorbereitung). Die Kescherfänge wurden mit Rundbügeln (Durchmesser 30 cm) durchgeführt, und zwar bei einer Netzbeutellänge von etwa 60 cm und einer Stiellänge von etwa 50 cm. Beim Keschern wurde vor allen Dingen darauf geachtet, daß die Kescher dicht über dem Boden und senkrecht zur Erdoberfläche hin und her geschlagen wurden. Auf jeden Schlag mit einer Amplitude von ungefähr 1 m erfolgte ein Schlag in der entgegengesetzten Richtung. Ein Fang besteht aus 10 solchen Doppelschlägen, die bei langsamer Vorwärtsbewegung zur Ausführung kommen. An einundderselben Stelle erfolgte auf einen sogenannten a-Fang noch ein b-Fang. Diejenigen Insekten, die durch den a-Fang erst in Bewegung gebracht werden konnten, ließen sich dann mit dem sogleich nachfolgenden b-Fang teilweise recht gut erfassen. Auf jeder der vier Probeflächen wurden im ungefähren Abstand von 14 Tagen bei möglichst sonnigem und windstillem Wetter je fünf Probefänge entnommen, die aus einem a- und einem b-Fang bestehen.

3.2. Bodenfallen

Angewendet wurden die Einsatzbodenfallen nach DUNGER (1963) aus PVC-Material. Die Fallenhöhe beträgt 11 cm, der Innendurchmesser 4,5 cm. Als Tötungsflüssigkeit diente 3–4prozentiges Formalin. In den Probeflächen B, A und S kamen je fünf Fallen im Abstand von annähernd 2 m hangparallel zur Aufstellung. In M wurden 2 x 5 Fallen eingegraben. Die Leerung der Bodenfallen erfolgte in der Regel aller zwei Wochen.

3.3. Biozönometer

Bei den vorliegenden Untersuchungen wurde mit der Biozönometer-Methode nach ANDRZEJEWSKA & KAJAK (1966) gearbeitet. Die Biozönometer (BZ) bestehen aus feiner Dederongaze und besitzen die Abmessungen 71 x 71 x 80 cm (Abb. 3). Die BZ überdecken also eine Grundfläche von $^1/_2$ m^2. Die Kanten sind zur Verfestigung aus starkem Leinen hergestellt. Seine endgültige Form erhält das BZ durch vier in Schlaufen – an den Längskanten gelegen – eingeführte Holzstangen, die beim Aufstellen des BZ in den Boden eingetrieben werden. Der Bearbeiter muß mit dem Oberkörper in das BZ kriechen, und zwar durch die Öffnung, die mit vier kreuzförmig angebrachten Reißverschlüssen (man vergl. Abb. 3) nach dem Hineinkriechen des Bearbeiters soweit verschlossen werden, daß keine Insekten entweichen können. Die auffliegenden Insekten werden mit einem Exhaustor abgefangen. Die BZ-Fänge wurden 1972 vom Mai bis Oktober in 14tägigem Abstand in den Probeflächen A, M und S vorgenommen. In jeder Probefläche kamen an einem Fangtag zwei BZ je Probefläche zur Aufstellung. Vier Kescherfänge zu je 10 Doppeischlägen dienten als Vergleichsfänge.

3.4. Das Absuchen der Blüten dominanter Pflanzenarten

Auch diese Fänge wurden zweimal im Monat, und zwar in der Vegetationsperiode 1973 und noch einmal im Frühjahr 1974 in A, M und S an 13 dominanten Pflanzenarten des Untersuchungsgebietes ausgeführt. Die Sammeltechnik mußte je nach Blütenform und Blütendichte von Fall zu Fall etwas modifiziert werden. In die Untersuchungen einbezogen wurden folgende Pflanzenarten:

Anthericum ramosum; an einem Tag mehr als 2000 Blüten 5 x mit Exhaustor befangen.

Bupleurum falcatum; an zwei Tagen ungefähr 2000 Blüten in A, M und S 6 x befangen.

Centaurea scabiosa; an zwei Tagen 50 Blütenstände in M 6 x befangen.

Centaurea jacea angustifolia; an zwei Tagen 400 Blütenstände in M 13 x befangen.

Cornus mas; Fänge an drei Tagen in A, M und S; Fangzeit: 9 h.

Crataegus sp.; Fänge zu verschiedenen Tageszeiten an einem Tag.

Euphorbia cyparissias; Fänge an einem Tag in M, 2 h.

Hippocrepis comosa; Fänge an einem Tag, 400 Blütenstände in A, M und S in 3 h befangen.

Inula hirta; an einem Tag 800 Blüten in M befangen.

Leucanthemum vulgare; in zwei Tagen 900 Blüten in A und M 4 x befangen.

Primula veris; Fänge an einem Tag über 4 h in A und M.

Prunus spinosa; Fänge an drei Tagen über 6 h in M.

Viburnum lantana; Fänge an einem Tag über 4 h in A, M und S.

3.5. Farbschalenfänge

Der Einsatz der Farbschalen soll nur anhangsweise erwähnt werden. Am 5. und 18. Mai 1971 kamen je 3 gelbe und 3 rote Kunststoff-Farbschalen mit den Abmessungen 200 x 160 x 50 mm in den drei Probeflächen A, M und S zum Einsatz. Die Schalen wurden frühmorgens 7.00 Uhr aufgestellt und abends 19.00 Uhr geleert.

3.6. Kescherfänge an den Gebüschen

Abgekeschert wurden die Gebüschreihen in der Nähe der Probefläche A, am oberen Rand der M-Fläche sowie am oberen und unteren Rand der S-Fläche. Die Fänge erfolgten an drei bis vier Sammelpunkten je Fläche, die so lagen, daß unterschiedliche Expositionen ausgenutzt werden konnten. Die für die Untersuchungen ausgewählten Gebüsche bestanden im wesentlichen aus folgenden Arten: Cornus sanguineus, Crataegus sp., Viburnum lantana, Prunus spinosa, weniger häufig Rhamnus carthartica, Lonicera caprifolium. Die Fangzeit je Fangplatz gibt REDMANN (1975) mit 15–30 min an. Die Fänge wurden einmal pro Monat durchgeführt. Zur Anwendung kamen auch hierbei Kescher mit einem Durchmesser von 30 cm. Die Gebüsche wurden mit dem Kescher abgestreift und abgeklopft, und zwar in einer Höhe von 0,50–1,50 m über dem Erdboden.

4. Ergebnisse

4.1. Die Dipteren-Familien

Insgesamt wurden 23 060 Dipteren gefangen, die sich auf 45 verschiedene Familien verteilen. Zunächst soll untersucht werden, welche Dipteren-Familien bei den einzelnen Sammelverfahren besonders in Erscheinung treten.

4.1.1. Das Kescherverfahren

Bei einer Übersicht über diejenigen Familien, die > 4 % der Arten und > 4 % der gesamten Individuenzahlen sämtlicher Familien je Probefläche stellen, wird deutlich, daß 5 Dipteren-Familien besondere Bedeutung zukommt, und zwar den Chloropiden, Sphaeroceriden, Agromyziden, den Empididen und den Ephydriden (Tab. 1). Die Chloropiden sind die einzige Familie, von der jährlich je Probefläche > 4 % der Arten und Individuen gekeschert wurden. Außerdem sind die Halmfliegen in jeder Probefläche im Durchschnitt mit den meisten Individuen vertreten (Tab. 2). Den Chloropiden kommen dann in der Rangfolge die Sphaeroceriden am nächsten. Auch sie bilden einen recht hohen Prozentsatz aller Dipteren. Während bei der folgenden Familie, den Agromyziden, der Artenreichtum in jeder Probefläche beachtlich ist, liegen die Individuenzahlen nur in A und M regelmäßig über dem in Tab. 1 angegebenen Prozentsatz. Noch stärker ausgeprägt ist diese Erscheinung bei den Empididen und den Ephydriden. Bei den nachfolgenden Familien überschreiten dann nur die Arten- oder die Individuenzahlen die 4 %-Grenze, was u. U. auch nur in einzelnen Jahren geschehen kann. Bei den Phoriden wurden die einzelnen Arten nicht determiniert, deshalb können hier auch nur die Individuenzahlen berücksichtigt werden. Wie zu erwarten war und z. B. von KROGERUS (1948) schon ausführlich geschildert wurde, können die Abundanzänderungen innerhalb der Probeflächen von Jahr zu Jahr erhebliche Schwankungen zeigen. Die 5 artenreichsten Familien sind nur in M jährlich dieselben, während es in den anderen Probeflächen durch Abundanzänderungen stärkere Verschiebungen gibt. Natürlich tauchen auch in M Familien auf, die in anderen Jahren ohne Belang sind. Diese Abundanzverschiebungen finden einmal wohl ihre Erklärung in der jährlich schwankenden Artenfülle, die bei den Dipteren in den Rasenbiotopen beobachtet werden konnte, zum anderen hängen sie aber auch mit der nur bedingt befriedigenden Keschermethode zusammen. Andere Faktoren, die die Populations- und damit auch die Abundanzdynamik beeinflussen können, sind nicht untersucht und sollen daher hier nicht weiter behandelt werden.

4.1.2. Die Biozönometerfänge

Die prozentualen Anteile der wichtigsten Familien an den Biozönometerfängen sind denen der Kescherfänge insgesamt außerordentlich ähnlich (Abb. 4). Die ranghöchsten Familien werden bei beiden Methoden durch die Chloropiden und die Sphaeroceriden gestellt. Auch Drosophiliden, Empididen und Phoriden wurden mit beiden Fangverfahren ungefähr in gleicher relativer Häufigkeit erbeutet. Ephydriden und Phoriden spielen aber bei den Biozönometerfängen eine größere Rolle als bei der Kescherausbeute, was wohl mit der mehr oder weniger starken Bindung an den Boden bei den Vertretern beider Familien zusammenhängt. Nach dem Aufsetzen der Biozönometer (BZ) werden diese Tiere besonders unruhig, laufen an der Gazewandung der BZ empor und können dann mit dem Exhaustor abgefangen werden. Beim Keschern entgeht dem Sammler mit Sicherheit ein verhältnismäßig hoher Prozentsatz an Ephydriden und Phoriden durch die versteckte Lebensweise dieser Tiere. Bei der Ausbeute an Musciden und Anthomyiiden sind die BZ-Fänge bei der großen Beweglichkeit dieser Tiere ebenfalls etwas genauer als die Kescherfänge, wenngleich beim Aufsetzen der BZ ebenfalls noch ein erheblicher Anteil dieser Fliegen entweichen dürfte. Dennoch ist bemerkenswert, daß der Anteil der Anthomyiiden und Musciden in den BZ-Fängen in A und M 3,7 %, in den Kescherfängen aber nur 0,9 % ausmacht. Die Unterschiede bei den Fangergebnissen in den einzelnen Probeflächen sind der Tab. 3 zu entnehmen.

KF Σ BAMS

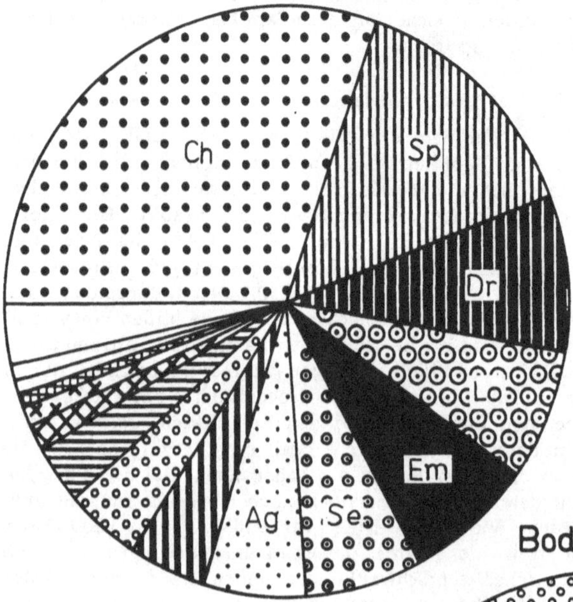

Bodenfallen

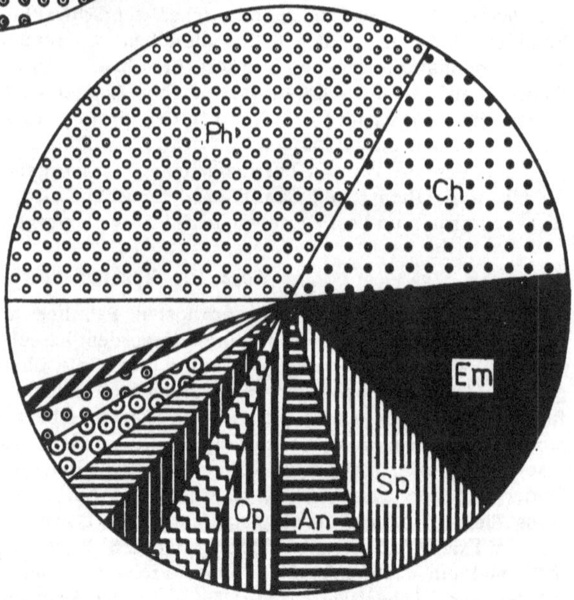

Abb. 4 Prozentuale Familienanteile der Dipteren bei den verschiedenen Fangverfahren (KF: Kescherfänge). Die wichtigsten Dipteren-Familien sind zusätzlich zu den graphischen Symbolen noch durch die ersten beiden Buchstaben der Familiennamen gekennzeichnet.

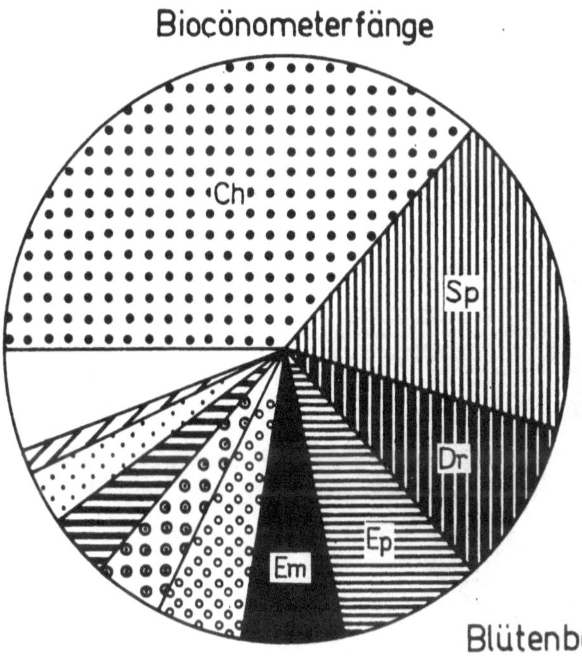

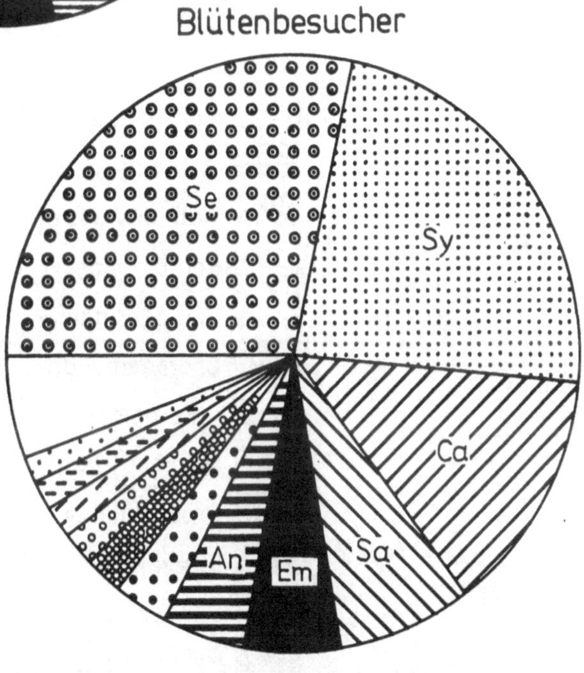

Ag: *Agromyzidae* – An: *Anthomyiidae* – Ca: *Calliphoridae* – Ch: *Chloropidae* – Dr: *Drosophilidae* – Em: *Empididae* – Ep: *Ephydridae* – La: *Lauxaniidae* – Lo: *Lonchopteridae* – Op: *Opomyzidae* – Ph: *Phoridae* – Sa: *Sarcophagidae* – Se: *Sepsidae* – Sp: *Sphaeroceridae* – Sy: *Syrphidae*

Gebüschfänge 1974

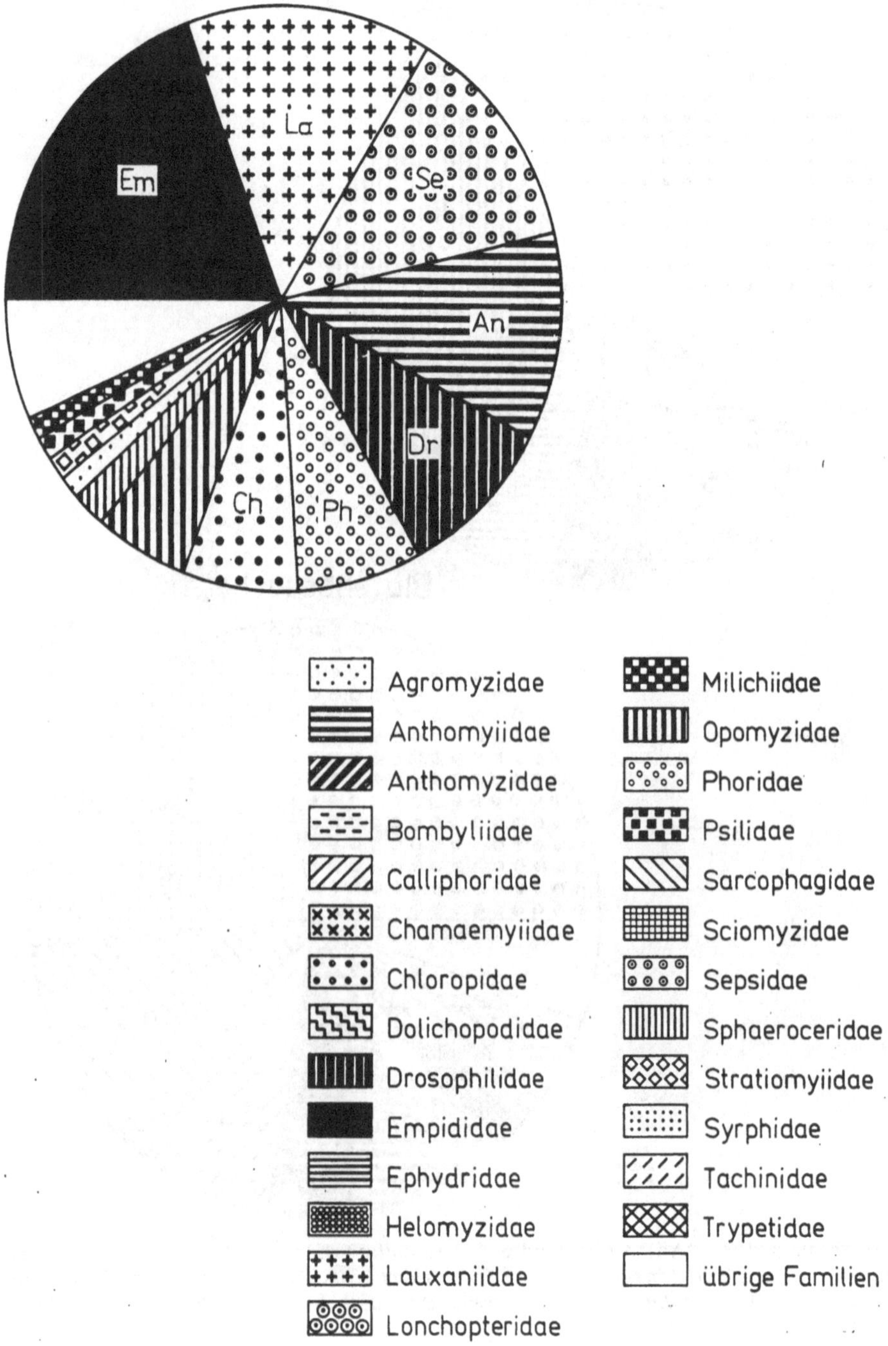

4.1.3. Die Bodenfallen

Deutlicher als die Unterschiede zwischen Biozönometer- und Kescherfängen sind diejenigen zwischen den Ausbeuten der Kescherfänge und der Bodenfallen. In den Fallen dominieren die Phoriden mit 33,3 %, während sie bei den Kescherfängen nur 4,3 % der Individuenzahl ausmachen (Tab. 4). Weniger als 50 % der Phoriden erbringen die Chloropiden in den Fallen, darauf folgen die Empididen mit einer ähnlich großen Individuenzahl. Weiter in den Hintergrund treten dann die Sphaeroceriden mit 7,8 % der Gesamtindividuenzahl. Auf Anthomyiiden und Musciden in den Fallen muß besonders aufmerksam gemacht werden. Sie kommen hier 6 x häufiger vor als in den Kescherproben. Dasselbe gilt auch für die Anthomyziden. Vergleicht man die Fallenfänge der vier Probeflächen untereinander, zeigt sich, daß die Phoriden überall an erster Stelle stehen. Die Phoriden lassen sich offensichtlich auf Grund ihrer Lebensweise mit Bodenfallen recht gut erfassen. Die Sphaeroceriden, die bei den Kescherfängen in der Probefläche B den zweiten Rang einnehmen, stehen auch im Ergebnis der Fallenfänge an zweiter Stelle (Tab. 4), während sie in den Fallenfängen der Flächen A und M im Unterschied zu den Keschererergebnissen weiter zurücktreten. Weiterhin gehören die Lonchopteriden, Chloropiden, Sepsiden und Drosophiliden sowohl bei den Kescher- als auch bei den Fallenfängen zu denjenigen Familien, die die meisten Individuen stellen. Die Anthomyiiden und Musciden, die in den Fallenfängen der Catena-Flächen überall einen höheren Rang einnehmen als in der Kescherausbeute, werden vor allem durch Arten vertreten, die im Winterhalbjahr öfter in den Bodenfallen gefangen werden konnten, z. B. *Delia pullula* und *Hylemyia nigrimana*.

4.1.4. Das Absammeln der Blütenbesucher

Ein ganz anderes Bild vermittelt die prozentuale Zusammensetzung der Dipteren-Familien, die beim Absammeln von den Blüten dominanter Pflanzenarten im Leutratal erbeutet werden konnten. Die Zusammenstellung der Familien unterscheidet sich grundsätzlich von den bisher bekannt gewordenen Bildern (Abb. 4). Wie aus dieser Abbildung ersichtlich wird, stehen bei den Blütenbesuchern die Sepsiden an erster Stelle. Ihnen folgen die Syrphiden. Danach kommen die beim Keschern nur durch rezedente Vertreter bekannt gewordenen Familien der Calliphoriden und Sarcophagiden. Zu den ersten 15 Familien zählen ferner die Helomyziden und Bombyliiden, deren Angehörige mit den bisher besprochenen Verfahren überhaupt nicht oder nur sehr vereinzelt erbeutet werden konnten. Der relativ hohe Prozentsatz, mit dem die Sepsiden unter den Blütenbesuchern auftreten, ergibt sich hauptsächlich durch das zahlreiche Vorkommen dieser Tiere auf den im Frühjahr blühenden Gebüschen, insbesondere an Cornus mas. Auch die Empididen, die unter den Blütenbesuchern einen vorderen Rang einnehmen, wurden in der Hauptsache auf den im Frühling blühenden Sträuchern wie Prunus spinosa und Crataegus sp. erbeutet.

4.1.5. Die Dipteren der Gebüsche

Die an den Gebüschen vorgenommenen Untersuchungen liefern vorerst nicht mehr als Hinweise auf die Zusammensetzung der Gebüschfauna, die aber bereits interessante Abweichungen in der qualitativen Zusammensetzung der Dipteren-Fauna von der der Rasenbiotope erkennen lassen. Ist diese Tatsache zunächst nicht weiter erstaunlich, dürften doch einige Beobachtungen über die Differenzen zwischen Rasenbiotopen einerseits und den Gebüschen andererseits bemerkenswert sein, zum Beispiel, was die Prädatoren angeht. Wie bekannt ist, kann man Vertreter der Gattung *Platypalpus* in den verschiedenen pflanzlichen Strata häufig in größerer Zahl antreffen. Zu den ranghöchsten Arten dieser Gattung gehören in den Rasenbiotopen *P. niveocapillatus*, *P. niveiseta* und *P. articulatus*, die jedoch in der Gebüschfauna keine Rolle spielen. Umgekehrt konnte bei den Gebüschfängen des öfteren *P. exilis* gekeschert werden, der in den Rasenbiotopen weitgehend fehlt. Die prozentuale Familienzusammensetzung weicht verständlicherweise, ähnlich wie diejenige der Blütenbesucher, beträchtlich von derjenigen der zuerst besprochenen Fangverfahren ab (Abb. 4). Neben den Empididen tritt hier eine Familie mit in den Vordergrund, deren Vertreter bei den bisher besprochenen Fangverfahren nur eine untergeordnete Rolle spielen, die Lauxaniiden. Erwähnenswert ist auch, mit welcher relativen Häufigkeit Anthomyiiden und Musciden hervortreten. Charakteristisch für die Gebüschzonen des Untersuchungsgebietes scheint ferner das Auftreten der Stratiomyiiden, der Psiliden und der Milichiiden zu sein, die zwar jeweils nur 1–2 % der gesamten Dipterenmenge bilden, in den Rasenbiotopen aber, wenn überhaupt, in noch geringeren Prozentanteilen gefangen wurden. Die Zusammensetzung der Dipteren-Fauna an den Gebüschen unterscheidet sich – soviel läßt sich bereits sagen – deutlich von derjenigen der Rasenbiotope. Verbindende Arten finden sich in den Familien der Drosophiliden und Sepsiden, wahrscheinlich auch noch in weiteren Familien, was genauer untersucht werden müßte.

4.2. Artenspektren bei den verschiedenen Sammelergebnissen und Beobachtungen zur Ökologie einer Dipteren-Arten

Die in Tab. 5 wiedergegebene Zusammenstellung der Arten- und Individuenzahlen verdeutlicht recht gut, daß die mit den Bodenfallen, dem Absuchen der Blüten und der Biozönometermethode gewonnenen Ergebnisse als eine wertvolle Ergänzung der Keschergebnisse angesehen werden können. Direkte Vergleiche zwischen den Arten- und Individuenzahlen, die auf den verschiedenen Sammelmethoden basieren, sind freilich durch die völlig voneinander abweichenden Sammelverfahren, aber auch bedingt durch die unterschiedliche Häufigkeit der mit den einzelnen Methoden genommenen Proben, nicht möglich. Wie nun schon beim Vergleich der prozentualen Familienanteile an der Zusammensetzung der Einzelergebnisse beträchtliche Unterschiede zwischen den Ergebnissen der verschiedenen Verfahren deutlich wurden, bietet eine vergleichende Übersicht über die Artenzusammensetzung, die sich aus dem Einsatz der unterschiedlichen Sammelmethoden ergibt, ein noch eindrucksvolleres Bild zur Bewertung der verschiedenen Sammelmethoden. Von den durch das Kescherverfahren erbeuteten 510 Arten sollen hier nur diejenigen wiedergegeben werden, die wenigstens einmal während des gesamten Untersuchungszeitraumes dominant aufgetreten sind (Tab. 6). Damit kommen zugleich die wichtigsten Kescherarten zur Darstellung. Die mit den vom Kescherverfahren abweichenden Sammelmethoden erbeuteten Arten werden, soweit sie in den Kescherausbeuten kaum oder gar nicht enthalten sind, eine etwas ausführlichere Darstellung erfahren. Tab. 7 zeigt, daß bei den verschiedenen Sammelverfahren ziemlich gut übereinstimmend jeweils ungefähr 20 Arten $> 1\,\%$ der gesamten Individuenausbeute repräsentieren. Drei Viertel der in Tab. 7 aufgeführten Kescherarten sind auch in den Bodenfallen enthalten. Von den Kescherarten fehlen in den Bodenfallen zwei Chloropiden-, zwei Empididen- und eine *Sepsis*-Art. Beide Chloropiden-Arten werden allerdings in den Fallenergebnissen durch andere Arten derselben Gattungen vertreten, und zwar durch *Conioscinella brachyptera* und *Oscinella frit* (vergl. Tab. 7). Beide Arten nehmen vordere Plätze bei der Rangfolge der Bodenfallenarten ein. Daß *Oscinella nigerrima* und *Conioscinella minutissima* in den Bodenfallen gänzlich fehlen, könnte als Hinweis auf eine von den verwandten und mit den Bodenfallen gefangenen Arten abweichende Nischenbindung verstanden werden. Die von MOHRIG (1967) erst ab dritter Maidekade gefangene *Conioscinella brachyptera* ließ sich im Untersuchungsgebiet 1972 in der M-Fläche schon zwischen dem 5. und 18. 4., 1971 und 1973 in der ersten Maidekade nachweisen. Vielleicht hängt das zeitige Auftreten der *C. brachyptera* im Leutratal mit der klimatisch günstigen Lage der Probefläche zusammen. Von den Empididen ist *Stilpon nubila* ausschließlich mit den Bodenfallen gefangen worden, und zwar in den drei Trockenrasenflächen A, M und S. Vorzugsweise scheint diese Art jedoch an M gebunden zu sein. Daß von der Sphaeroceriden-Gattung *Leptocera* mehrere Arten in den Fallenfängen auftreten (Tab. 7, 8), liegt sehr wahrscheinlich an der bodennahen Lebensweise der Arten dieser Gattung. Besondere Erwähnung verdienen die folgenden zwei *Leptocera*-Arten: *L. pullula* und *L. nivalis*. *L. pullula* wurde 1971 ausschließlich, 1973 in überwiegender Zahl mit den Bodenfallen gefangen. Inwieweit die *Leptocera*-Arten von der in den Fallen enthaltenen Formalinflüssigkeit angelockt werden, ist nicht bekannt. Sicherlich besteht hierfür aber die Möglichkeit, vor allem bei solchen Arten, die wie *L. pullula* in den Nestern von Kleinsäugern leben (RICHARDS 1930). Damit fände auch das verhältnismäßig häufige Auftreten von *L. pullula* in den Bodenfallen eine Erklärung. Bestätigt werden kann die Mitteilung DUDAs (1938), wonach die Männchen von *L. pullula* seltener gefangen werden als die Weibchen. Ob die Weibchen tatsächlich häufiger sind als die männlichen Tiere, ist eine andere Frage, die hier nicht beantwortet werden kann. *L. nivalis* wurde nur einmal in der Bachfläche (1 Weibchen) erbeutet. Das Tier fand sich in der ersten Maidekade 1973 in einer der dort aufgestellten Bodenfallen. Die meisten der in den Bodenfallen gefangenen Anthomyiiden- und Musciden-Arten traten nur sporadisch auf. Ausgenommen davon sind: *Delia pullula, Hylemyia nigrimana, H. strigosa* und *Phorbia curvicauda*. *D. pullula* ist offensichtlich überwiegend an die Trockenrasen gebunden, was auch für die in Norddeutschland beobachteten Populationen dieser Art gilt (KARL 1928). Winteraktiv sind von den in den Bodenfallen erbeuteten Anthomyiiden *Hylemyia variata, H. nigrimana, H. strigosa* sowie *Delia florilega* und *D. pullula*. Über die Anthomyiiden-Arten, die nur in den Bodenfallen gefangen werden konnten, gibt Tab. 8 Auskunft. Von den Ephydriden sind nur zwei Arten zu nennen, die sich ausschließlich in den Fallenfängen fanden: *Hydrina punctonervosa* und *Nostima semialata*. Leider liegen beide Arten auch nur in einzelnen Exemplaren vor, so daß Angaben zur Ökologie nicht möglich sind. *H. punctonervosa* stammt aus der M-Fläche, die Exemplare von *N. semialata* aus der Probefläche A sowie den Bodenfallen, die oberhalb der Probefläche S im angrenzenden Wald aufgestellt waren. Von den fünf mit den Bodenfallen gefangenen Helomyziden-Arten konnte nur eine Art zugleich auch gekeschert werden. Von den Fallenarten hervorzuheben sind die beiden *Suilla*-Arten (Tab. 7), die sicherlich aus dem angrenzenden Wald in die S-Fläche eingedrungen sind. Hinweise für diese Vermutung geben weitere Fänge, die in den Gebüschzonen und bewaldeten Bereichen des Leutratales durchgeführt werden konnten. Zum Abschluß sei noch die Familie der Anthomyziden erwähnt. Sie ist im Untersuchungsgebiet nur durch die Art *Anthomyza sabulosa* vertreten. Diese Anthomyzide wurde 1972 und 1973 in je einem Exemplar in der Probefläche B gekeschert, in mehreren Exemplaren aber nur in den Probeflächen A und M erbeutet, und zwar 1971 und 1973 zwischen Mai und August, 1972 hingegen sogar noch am 25. 10. An diesem Tag konnten in A und M je zwei Tiere gekeschert werden. Insgesamt liegen 6 gekescherte und 13 in Bodenfallen erbeutete Individuen vor. Ob die niedrige Anzahl der gefangenen Exemplare von *A. sabulosa* Ausdruck für eine geringe Abundanz oder, was auch denkbar wäre, nur ein Zeichen für eine geringe Aktivität der Art ist, bleibt zunächst ungewiß.

Die zusätzlich zum Kescherverfahren eingesetzten Bodenfallen konnten Hinweise für die Verbreitung einiger Arten im Untersuchungsgebiet erbringen, die allein mit der Keschermethode nicht hätten gewonnen werden können. Unter diesen Arten kommt den brachypteren Dipteren eine besondere Bedeutung zu. Es handelt sich um *Conioscinella brachyptera, Anthomyza sabulosa, Nostima semialata* und *Leptocera nivalis*. Diese Arten wurden auf Grund ihrer Lebensweise (HACKMAN 1964) mit dem Kescher verständlicherweise nur vereinzelt oder gar nicht erfaßt. Sie konnten in der Hauptsache mit den Bodenfallen nachgewiesen werden. Das trifft ebenfalls für die Tanzfliege *Stilpon nubila* zu, die vielleicht, abgesehen von der Art des Nahrungserwerbes, eine ähnliche Lebensweise führt wie die erbeuteten brachypteren Arten. Ganz sicher muß sie ebenso wie diese Arten bei ihrer äußerst geringen Größe in dichtem Pflanzenwuchs leben, um nicht vom Wind verfrachtet zu werden.

Weiterhin wertvoll sind die Fallenfänge verschiedener Arten der Sphaeroceriden, Ephydriden und Anthomyiiden als Ergänzung zu den Ergebnissen der Kescherfänge. Auch die Winteraktivität etlicher Arten konnte nur durch den Einsatz der Bodenfallen ermittelt werden.

20 Spezies der mittels Biozönometer erbeuteten 620 Individuen wurden determiniert. Zu ihnen gehören 67 % aller Individuen (Tab. 10). Merklich individuenreicher als in den vergleichsweise vorgenommenen Kescherfängen finden sich in den Biozönometern *Leptocera ochripes*, *L. fenestralis*, *Drapetis aterrima* und *Hydrina sexmaculata*, also Arten, die am Boden oder in Bodennähe leben. Sie werden mit den Biozönometern in der Regel sicher exakter erfaßt als durch das bloße Abkeschern der Krautschicht. Interessant ist andererseits, daß die mit den *Leptocera*-Arten verwandte *Olina geniculata*, aber auch die Ephydride *Hyadina guttata* bei den vergleichsweise durchgeführten Kescherfängen deutlich häufiger erbeutet werden konnten als mit den Biozönometern.

Von den auf blühenden Pflanzen gefangenen brachyceren Dipteren sind viele Arten ebenfalls auch gekeschert worden. Daß eine beträchtliche Anzahl an Kescherarten auch bei den Blütenbesuchern in Erscheinung treten, liegt wohl an der großen Probenzahl der Kescherfänge im Vergleich zu den erbeuteten Dipteren auf Blüten (Tab. 5). Gering ist die Anzahl der blütenbesuchenden Arten, die zugleich in den Bodenfallen und beim Abstreifen der Gebüsche gefangen werden konnten. Gemeinsame Blüten- und Gebüscharten gehören fast nur zu den Familien der Syrphiden und Sepsiden. Verschiedene Syrphiden-Arten lassen sich häufig außer auf Blüten auch auf gut besonnten Teilen von Sträuchern beobachten, wie z. B. *Syritta pipiens* oder *Epistrophe balteata*. Auch von den Sepsiden ist bekannt, daß sie sich, abgesehen vom Aufenthalt auf Blüten, häufig an Gebüschen einfinden (OLDROYD 1964). Wurden in den Bodenfallen von den *Sepsis*-Arten nur Weibchen gefangen, die wohl am Boden die Eiablage vornehmen wollten, traten an den Gebüschen und Blüten Männchen zum Teil stärker in Erscheinung.

Die größte Individuenzahl der blütenbesuchenden Dipteren wird von der Familie der Syrphiden gestellt. Außerdem sind die Syrphiden die einzige Familie, deren Vertreter auf sämtlichen untersuchten Pflanzenarten angetroffen werden konnten, wenngleich sie, wie die meisten der übrigen Dipteren-Gruppen, Pflanzenarten mit Scheibenblumen und mehr oder weniger offen liegendem Nektar nach den Beobachtungen SCHAARSCHMIDTs (1974) bevorzugen. Dies geht z. B. daraus hervor, daß sie auf Euphorbia cyparissias, Viburnum lantana und Crataegus sp. zu finden sind, während sie auf den gleichzeitig blühenden Primula veris und Hippocrepis comosa fast fehlen (Tab. 9). Dabei spielt zusätzlich zur Blütenform und der Art und Weise des Nektarangebotes sicherlich auch noch die chemische Lockwirkung der Blüten eine Rolle, die Artunterschiede aufweisen dürfte. In Anbetracht der Lebensweise der Schwebfliegen ist es nicht verwunderlich, daß eine verhältnismäßig große Artenzahl überhaupt nur auf blühenden Pflanzen angetroffen werden konnte (Tab. 8). In dieser Hinsicht stehen die Musciden und Anthomyiiden den Syrphiden nur wenig nach. Auch sie sind verhältnismäßig zahlreich auf einem breiten Spektrum der untersuchten Pflanzenarten zu finden. Hervorzuheben ist vor allem der häufige Besuch der *Delia*-Arten auf Anthericum ramosum. Bei den erbeuteten Chloropiden-Arten handelt es sich in vielen Fällen um Überwinterer, die im Frühjahr die ersten blühenden Pflanzen aufsuchen, wobei im Untersuchungsgebiet Cornus mas eine wichtige Rolle zu spielen scheint. Die Blüten von C. mas werden allerdings keineswegs nur von überwinternden Chloropiden, sondern außerdem auch noch von einer Reihe von Arten aus anderen Familien aufgesucht. Zum Beispiel handelt es sich bei den an den Blüten von Cornus mas beobachteten Helomyziden wohl ebenfalls um Imaginalüberwinterer. Dasselbe trifft für die hier gefangenen Calliphoriden und Sepsiden zu. Die Milichiiden wurden nur auf ausgesprochenen Fliegenblumen gefunden, so z. B auf Prunus spinosa, Crataegus sp. und auch wiederum auf Cornus mas. *Desmometopa sordidum* konnte überhaupt nur auf den Blüten des Weißdorns gesammelt werden.

Von den in Abb. 4 aufgeführten Dipteren-Familien sind schließlich auch die Empididen noch erwähnenswert. Den größten Individuenanteil dieser Familie stellt die Gattung *Empis* mit 10 Arten, die nach LINDNER (1957) der Gruppe der blütenbesuchenden Empididen zuzuordnen sind. Auch die Arten der Gattung *Rhamphomyia* gehören in diese ökologische Gruppe, die im Untersuchungsgebiet vor allem an Prunus spinosa und Crataegus sp. anzutreffen war. Interessant erscheint der Fund eines Weibchens von *Hilara longevittata* auf Viburnum lantana. Nach COLLIN (1961) kann man die Weibchen dieser *Hilara*-Art in England auf Doldenblüten finden, die sie möglicherweise für eine Art Reifungsfraß aufsuchen. Die hier mitgeteilte Beobachtung über den Beflug von Viburnum lantana ist ebenfalls in dieser Richtung zu deuten. Die übrigen, räuberischen Empididen-Arten der Gattung *Platypalpus* und *Drapetis* stellen sich nur gelegentlich auf Scheibenblüten ein. Es wäre denkbar, daß sie dort weder Pollen noch Nektar aufnehmen, sondern die Blüten, ähnlich wie die Blattflächen verschiedener Pflanzenarten, als Jagdplatz zum Beuteerwerb aufsuchen.

Die unterschiedliche Attraktivität der verschiedenen Blüten für die sie besuchenden Dipteren läßt sich nur schwer beurteilen. Man muß aus den vorliegenden Ergebnissen dennoch zu dem Schluß kommen, daß Scheibenblumen von den Dipteren im Leutratal weit häufiger aufgesucht werden als Stielteller- oder gar Röhrenblüten. Von den mit Scheibenblumen ausgestatteten Pflanzen besuchen die Dipteren besonders häufig Bupleurum falcatum und Cornus mas. Sie scheinen eine besonders große Attraktivität zu besitzen (vergleiche auch KUGLER 1970).

Die Individuenzahl der ranghöchsten Familie *(Sepsidae)* an Cornus mas nimmt von der Probefläche A über M bis S erheblich zu. Die Häufigkeitsunterschiede könnten mit der Lage der Überwinterungsplätze dieser Dipteren-Arten oder der unterschiedlichen Erwärmung in der Umgebung der Cornus-Büsche auf den Probeflächen zusammenhängen. Es ist durchaus denkbar, daß im Bereich der M- und S-Fläche auf Grund der Hangneigung und der damit verbundenen schnelleren Erwärmung des Erdbodens mehr Dipteren überwintern als in der Nähe der Talsohle und somit im Gebiet der A-Fläche.

Erwähnt sei auch, daß bei den ranghöchsten Familien, den Sepsiden und den Calliphoriden, die Zahl der gefangenen Männchen diejenige der Weibchen erheblich übertrifft. Das Geschlechterverhältnis beträgt bei den Sepsiden ungefähr 3:1 (♂/♀), bei den Calliphoriden annähernd 2,5:1. Ob die Männchen ihr Winterquartier früher verlassen als die Weibchen und daher auf den im zeitigen Frühjahr blühenden Sträuchern von Cornus mas in stärkerem Maße auftreten als die Weibchen oder ob die Blüten von C. mas die Männchen stärker anlocken als die Weibchen, ist unbekannt.

Die verhältnismäßig große Anzahl der Dipteren-Arten, die im Untersuchungsgebiet nur durch die Fänge an Blüten nachgewiesen werden konnten (Tab. 8), läßt die Vermutung zu, daß sich diese Zahl durch weitere Untersuchungen sicherlich auch noch erhöhen ließe. Wie die Beobachtungen gezeigt haben, bevorzugen die blütenbesuchenden Dipteren bestimmte Blumenformen. Diese Tatsache darf aber nicht nur von der Attraktivität solcher Pflanzenarten aus beurteilt werden, die man als Fliegenblumen bezeichnet. Zu bedenken ist, daß Pflanzen wie Cornus mas oder Prunus spinosa oft die Hauptlieferanten an Pollen und Nektar zu einer Zeit darstellen, in der die Zahl der blühenden Pflanzenarten insgesamt noch gering ist und sich der Blütenbesuch der Dipteren dann auf die vorhandenen blühenden Arten konzentriert. Andererseits ist bei der Beurteilung der prozentualen Verteilung hauptsächlich blütenbesuchender Dipteren auf die untersuchten Pflanzenarten (Tab. 9) auch die Saisondynamik der einzelnen Dipteren-Arten zu berücksichtigen. Wenn aber zwei nahe miteinander verwandte Pflanzenarten ungefähr gleichzeitig blühen, wie die beiden im Leutratal beobachteten Centaurea-Arten, und wenn bestimmte Dipteren-Arten, wie *Eristalis horticola* und *Eristalomyia tenax*, nur an einer der beiden angetroffen werden können, verdient das besonders hervorgehoben zu werden. Nur am Rande erwähnt werden sollen die Ergebnisse der Farbschalenfänge vom 5. und 18. Mai 1971. Die geringen Ausbeuten dieser stichprobenartig durchgeführten Kontrollen (insgesamt 189 Individuen) sind freilich wenig aussagekräftig. Dennoch sei auf die unterschiedliche Fängigkeit der gelben und roten Schalen hingewiesen (Tab. 11). Auffällig ist, daß die Sphaeroceriden häufiger in den roten als in den gelben Schalen zu finden waren. Dieses Ergebnis wurde mit den gleichen Kunststoffschalen auch bei anderen Untersuchungen erzielt (unveröffentlicht). Aus Tabelle 8 ist zu entnehmen, daß 6 Dipteren-Arten ausschließlich mit den Farbschalen erbeutet worden sind.

5. Diskussion

Bei der Strukturanalyse der Entomofauna im NSG „Leutratal" hat es sich als sehr vorteilhaft erwiesen, wenn man danach trachtet, die Dipteren nicht nur mit der Keschermethode, sondern durch eine Anzahl weiterer, möglichst verschieden gestalteter Fangverfahren zu erfassen. Die außerordentlich heterogenen ökologischen Ansprüche, die von den Dipteren an ihre Umwelt gestellt werden, machen es erforderlich, die Fangverfahren der Lebensweise der unterschiedlichen Lebensformtypen anzupassen, um auch tatsächlich repräsentative Fangergebnisse erwarten zu können. Durch die Kombination der hier erprobten Fangverfahren konnte dieser Forderung einigermaßen entsprochen werden.

Mit den Fangverfahren, die zusätzlich zur Keschermethode angewendet wurden, ließen sich 93 brachycere Dipteren-Arten erbeuten, die beim Keschern entweder gar nicht oder nur sehr sporadisch erfaßt worden waren. Ganz gewiß müßten die verschiedenen Fangverfahren noch über eine längere Zeit zum Einsatz kommen, um die bisher erzielten Ergebnisse weiter sichern zu können. Die wichtigen dominanten Arten dürften durch die Kombination der verschiedenen Fangverfahren aber auch nach den bisherigen Untersuchungen schon bekannt geworden sein.

Der Vergleich der verschiedenen Fangergebnisse (Abb. 4) bringt recht gut zum Ausdruck, daß zwischen dem Kescherverfahren und den Biozönometerfängen hinsichtlich des prozentualen Anteiles, mit dem die einzelnen Familien vertreten sind, recht enge Beziehungen bestehen. Viele der in den Biozönometern gefangenen Dipteren werden auch durch das Keschern erreicht. Bei beiden Verfahren gehören mehr als 50 % der erbeuteten Tiere den Chloropiden, Sphaeroceriden und den Drosophiliden an. Bei der Ausbeute der Bodenfallen zählen die Chloropiden ebenfalls zu den ersten drei Familien, die insgesamt über 50 % aller Individuen umfassen. Die Zahl der Halmfliegen spielt aber keine so große Rolle mehr wie in den Kescher- und Biozönometerfängen. Die übrigen, weniger häufigen Familien der Fallenausbeute zeigen eine Zusammensetzung, die von derjenigen der Kescher- und Biozönometerfänge recht verschieden ist, was auch für die blütenbesuchenden Dipteren zutrifft. In der unterschiedlichen Zusammensetzung der Familienanteile an den Gesamtfängen kommen bereits einige wesentliche ökologische Aspekte zum Ausdruck, die eine weitere Untersuchung der zu ihnen gehörenden, in den Fängen auffallenden und ökologisch interessanten Arten nahelegen.

Wie Tab. 7 zeigt, sind die meisten der mit den verschiedenen Fangverfahren erbeuteten ranghöchsten Arten immer zugleich auch gekeschert worden. Dabei muß allerdings bedacht werden, daß die Gesamtzahl der gekescherten Arten weit größer ist als diejenige der mit den übrigen Verfahren gefangenen Tiere (Tab. 5). Um so mehr Interesse verdienen die Arten, die nicht gekeschert, sondern nur mit den anderen Fangverfahren erbeutet wurden (Tab. 8). Für die (wenn auch geringfügige) Farbschalenausbeute dürfte es bemerkenswert sein, daß von den 6 der nicht zugleich gekescherten Arten zwei zu den Tachiniden *(Exorista fimbriata, Ceromasia nigripes)* und eine zu den mit den Tachiniden verwandten Rhinophoriden *(Stevenia species)* gehören. In diesem Zusammenhang muß darauf hingewiesen werden, daß die Tachiniden, aber auch die anderen Verwandtschaftsgruppen der Calyptrata insgesamt nur höchst unvollkommen erfaßt sind. Um einen genaueren Einblick in die Artenzusammensetzung der Calyptrata im Untersuchungsgebiet zu erhalten, müßten verschiedene Fallentypen kombiniert zum Einsatz kommen.

Daß bei den ausschließlich auf Blüten gefangenen Dipteren Syrphiden, Anthomyiiden und Musciden einen relativ hohen Anteil stellen, ist auf die Lebensweise dieser Tiere zurückzuführen. Viele Angehörige dieser Familien sind Blütenbesucher und außerdem wegen ihrer hohen Agilität mit dem Kescher kaum oder gar nicht zu erbeuten.

Die nur mit den Bodenfallen gefangenen Arten bieten ein recht heterogenes Bild. Hierin kommt zum Ausdruck, daß die Dipteren, die sich am Boden oder in Bodennähe aufhalten und aus Angehörigen recht verschiedener systematischer Gruppen bestehen, keineswegs einem einheitlichen Lebensformtyp angehören. Dies trifft aber auch in mancher Hinsicht auf die von den Gebüschen gestreiften Arten zu, wenn man bedenkt, daß sich auf den Gebüschen neben Räubern und Säftesaugern auch parasitisch lebende Dipteren aufhalten, also ebenfalls wieder Vertreter verschiedener Konsumentengruppen. Keine von ihnen nimmt eine deutliche Vorrangstellung ein, wie das bei den Blütenbesuchern unter den Dipteren der Fall ist, von denen die meisten Arten tatsächlich nur einen Konsumententyp repräsentieren.

Zusammenfassung

Vierjährige in ungefähr 14tägigen Abständen durchgeführte Kescherfänge in vier Rasenbiotopen des Naturschutzgebietes „Leutratal“ bei Jena (Thüringen) wurden durch die folgenden Fangverfahren ergänzt: Einsatz von Boden- oder Barberfallen, Aufstellen von Biozönometern und stichprobenartigen Einsatz von Kunststoff-Farbschalen (gelb, rot). Außerdem wurden von den Blüten 13 dominanter Pflanzenarten des Untersuchungsgebietes während einer Vegetationsperiode Blütenbesucher abgesammelt und – wiederum stichprobenartig – die Dipterenfauna der Gebüsche am Rand der Rasenbiotope kontrolliert. Die Sammelergebnisse werden miteinander verglichen.

Obgleich im Unterschied zum Kescherverfahren, bei dem 20 204 Dipteren-Individuen erbeutet werden konnten, mit dèn übrigen Sammelmethoden insgesamt nur 2856 Tiere gefangen wurden, erbrachten die außer dem Kescher-Ergebnis (510 Arten) mit den übrigen Fangmethoden erzielten Resultate noch zusätzlich 93 Arten, die beim Keschern nicht erfaßt worden waren.

Untersucht wird, welchen prozentualen Anteil die einzelnen Dipteren-Familien an der Zusammensetzung der jeweils mit den einzelnen Sammelmethoden erzielten Gesamtfänge haben. Von den insgesamt erbeuteten 603 verschiedenen Dipteren-Arten finden diejenigen Erwähnung, die beim Keschern während des gesamten Untersuchungszeitraumes mindestens einmal dominant aufgetreten sind und die bei den verschiedenen anderen Sammelverfahren wenigstens 1 % der gesamten Individuenzahl ausmachen. Dabei handelt es sich immer ungefähr um 20 Arten. Weiterhin wird eine Übersicht über die 93 Arten gegeben, die mit den zusätzlich zum Keschern angewendeten Sammelverfahren, nie aber durch das Keschern selbst, erbeutet werden konnten.

Enge Beziehungen bestehen zwischen den Ergebnissen der Kescher- und Biozönometerfänge. In beiden Fällen bilden die Chloropiden, Sphaeroceriden und Drosophiliden $>$ 50 % der Gesamtausbeute, während unter den Blütenbesuchern die Sepsiden, Syrphiden und Calliphoriden, bei der Ausbeute der Bodenfallen die Phoriden, aber auch wieder die Chloropiden und die Empididen zu den ranghöchsten Familien zählen.

Besonders die mit Hilfe des Kescherverfahrens und der Bodenfallen gewonnenen Ergebnisse erlauben Schlußfolgerungen über die Nischenbindung einzelner Dipteren-Arten.

Summary

COMPARATIVE INVESTIGATIONS OF THE RESULTS OF DIFFERENT COLLECTING METHODS ON DIPTERA BRACHYCERA FROM THE NATURE PROTECTION AREA "LEUTRATAL" NEAR JENA (THURINGIA)

Throughout four years in four different grassland communities of the nature protection area "Leutratal" near Jena the arthropod fauna was investigated by using of the sweeping method chiefly. In addition to this method the following other methods have been used: ground traps, biocoenometres (according to ANDRZEJEWSKA & KAJAK 1966), and colour traps (yellow and red). The colour traps were used only in one year during two days. Moreover flies were caught on blossoms of 13 dominant plant species of three xerothermic grassland communities. Also the dipterous fauna of the shrubs near the grasslands was taken into consideration.

By the sweeping method 510 species with 20 204 specimens were caught, compared to it 2856 individuals by the other methods.

93 species were caught only by other methods than sweeping.

Furthermore the investigations concern the distribution of the total number of the flies in the different families obtained by the different collecting methods. Comparisons are given on the representative species in the four investigated grassland communities. Near relations were observed between both the sweeping and the biocoenometre methods. In both cases representative groups are the *Chloropidae, Sphaeroceridae,* and *Drosophilidae* with $> 50\,\%$ of the total number of individuals. In flower-visiting flies there are important the *Sepsidae, Syrphidae,* and *Calliphoridae.*

In some cases conclusions could be made out about niche-relations of several species.

Literatur

ANDRZEJEWSKA, L. und A. KAJAK, 1966: Metodyka entomologicznych badan ilościowych na łąkach. – Ekol. Pol., Ser. B, **12**: 241–261.

BEALL, G., 1935: Study of arthropod populations by the method of sweeping. – Ecology, **16**: 216–225.

BONESS, M., 1953: Die Fauna der Wiesen unter besonderer Berücksichtigung der Mahd. – Z. Morph. Ökol. Tiere, **42**: 225–277.

COLLIN, J. E., 1961: *Empididae.* In: British Flies, **VI**, T. I–III. Cambridge.

DUDA, O., 1938: *Sphaeroceridae.* In: LINDNER, E., Die Fliegen der palaearktischen Region, **VI**, 57. Stuttgart.

HACKMAN, W., 1964: On reduction and loss of wings in Diptera. – Not. ent. (Helsingfors), **45**: 73–93.

KARL, O., 1928: Zweiflügler oder Diptera II. *Muscidae.* In: DAHL, F., Die Tierwelt Deutschlands, 13. Jena.

KNAPP, H. D., 1973: Der Einfluß des Menschen auf die Vegetationsverhältnisse im Leutratal bei Jena. – Arch. Naturschutz u. Landschaftsforsch., **13**: 141–162.

KROGERUS, H., 1948: Ökologische Untersuchungen über Uferinsekten. – Acta zool. fenn., **53**: 1–157.

KUGLER, H., 1970: Blütenökologie. 2. Aufl., Jena.

LINDNER, E., 1957: Tanzfliegen. – Kosmos, **53**: 261–264.

MOHRIG, W., 1967: Beitrag zur Ökologie und Verbreitung brachypterer Dipteren in norddeutschen Biotopen. – Deut. Ent. Z., N. F., **14**: 169–184.

OLDROYD, H., 1964: The natural history of flies. London.

PETER, H.-U., 1974: Bodenzoologische Untersuchungen im Naturschutzgebiet „Leutratal" bei Jena. Diplomarbeit, Jena.

REDMANN, J., 1975: Ein Beitrag zur ökofaunistischen Erfassung der Gebüschfauna des NSG „Leutratal" bei Jena. Diplomarbeit, Jena.

RICHARDS, O. W., 1930: The British species of *Sphaeroceridae (Borboridae, Diptera)*. – Proc. zool. Soc. London, **88**: 261–345.

SCHAARSCHMIDT, H., 1974: Untersuchungen zur Erfassung dominanter, blütenbesuchender Insektenarten an ausgewählten blühenden Pflanzen im NSG „Leutratal" unter Berücksichtigung der Phänologie dieser Blütenpflanzen. Diplomarbeit, Jena.

WEIGEL, G., und F. WENGERODT, 1973: Methodische Untersuchungen zur quantitativen Erfassung der epigäischen Fauna in Rasenbiotopen des Naturschutzgebietes Leutratal. Diplomarbeit, Jena.

WITSACK, W. (in Vorbereitung): Eine quantitative Keschermethode zur Erfassung der epigäischen Arthropoden-Fauna.

Anschrift des Autors:

Dr. R. Bährmann, Sektion Biologie – Ökologie der Friedrich-Schiller-Universität Jena, DDR – 69 Jena, Fraunhoferstraße 6. (Leiter des Wissenschaftsbereiches Ökologie: Prof. Dr. H. J. Müller)

Anhang (Tab. 1–11) siehe folgende Seiten 38–47

Probefläche	B			A				M				S			
Jahr	72	73	74	71	72	73	74	71	72	73	74	71	72	73	74
Chloropidae	x	x	x	x	x	x	x	x	x	x	x	x	x	x	x
	o	o	o	o	o	o	o	o	o	o	o	o	o	o	o
Sphaeroceridae	x	x	x	x	x		x	x	x	x	x			x	x
	o	o	o	o	o	o	o	o	o	o	o	o	o	o	o
Agromyzidae		x		x	x	x	x	x	x	x	x				
	o	o	o	o	o	o	o	o	o	o	o	o	o	o	o
Empididae	x	x	x							x	x	x	x	x	x
	o	o	o	o	o	o	o	o	o	o	o	o	o	o	o
Ephydridae								x	x						x
	o	o	o	o	o	o	o	o	o	o	o	o	o	o	o
Sepsidae	x	x	x				x		x		x		x		x
	o	o					o		o				o	o	o
Phoridae						x	x	x		x	x		x	x	x
Drosophilidae	x		x		x		x		x		x				
Chamaemyiidae												x		x	x
															o
Lonchopteridae	x	x	x		x										
Opomyzidae						x	x			x	x				
Trypetidae									o		o				
Anthomyiidae					o	o									
Muscidae							o								o
Lauxaniidae	o														
Pipunculidae											o				

Tab. 1. Dipterenfamilien, von denen mindestens 1 x > 4 % der Gesamtzahl der pro Jahr und Fläche erbeuteten Individuen (x) und Arten (o) gekeschert wurden. *Phoridae:* keine Arten determiniert)

A	%
Chloropidae	43,9
Drosophilidae	17,4
Ephydridae	10,1
Sphaeroceridae	10,1
Agromyzidae	4,1
Phoridae	3,1
Anthomyiidae, Muscidae	2,5
Sepsidae	1,6
Anthomyzidae	0,9
Empididae	0,9
Lauxaniidae	0,9
Summe n = 317	

M	%
Sphaeroceridae	32,8
Chloropidae	30,5
Sepsidae	7,9
Empididae	6,6
Ephydridae	5,3
Phoridae	4,0
Anthomyiidae, Muscidae	3,5
Agromyzidae	2,7
Drosophilidae	1,8
Chamaemyiidae	0,9
Tachinidae	0,9
Ulidiidae	0,9
Summe n = 226	

S	%
Empididae	24,7
Chloropidae	23,4
Phoridae	15,6
Anthomyiidae, Muscidae	9,1
Ephydridae	7,8
Sphaeroceridae	6,5
Sepsidae	3,9
Calliphoridae	3,9
Agromyzidae	1,3
Dolichopodidae	1,3
Summe n = 77 Individuen	

Tab. 3. Rangfolge der wichtigsten Familien in den Biozönometerfängen dreier Probeflächen.

B	%
Chloropidae	20,3
Sphaeroceridae	17,4
Lonchopteridae	13,2
Drosophilidae	10,0
Sepsidac	9,3
Empididae	8,3
Agromyzidae	4,0
Phoridae	3,3
Ephydridae	2,9
Opomyzidae	2,7
Trypetidae	2,0
Rhagionidae	1,1
Sciomyzidae	1,1
Anthomyiidae	0,9
Dolichopodidae	0,7
Summe n = 9501	

A	%
Chloropidae	43,9
Drosophilidae	10,9
Sphaeroceridae	9,0
Opomyzidae	8,0
Agromyzidae	6,8
Phoridae	4,3
Ephydridae	2,9
Sepsidae	2,8
Empididae	2,6
Lonchopteridae	2,2
Chamaemyiidae	1,1
Ulidiidae	1,0
Anthomyiidae	0,9
Lauxaniidae	0,7
Sciomyzidae	0,5
Summe n = 4386	

M	%
Chloropidae	27,4
Sphaeroceridae	14,5
Sepsidae	9,7
Empididae	9,6
Opomyzidae	7,5
Agromyzidae	7,3
Phoridae	7,0
Ephydridae	4,3
Drosophilidae	3,6
Trypetidae	1,5
Lauxaniidae	1,2
Pipunculidae	0,9
Chamaemyiidae	0,9
Anthomyiidae	0,6
Milichiidae	0,5
Summe n = 2330	

S	%
Chloropidae	50,0
Empididae	12,6
Chamaemyiidae	7,3
Phoridae	6,2
Sphaeroceridae	5,2
Ephydridae	4,2
Sepsidae	3,7
Sciomyzidae	2,6
Agromyzidae	2,5
Dolichopodidae	1,2
Opomyzidae	1,1
Trypetidae	0,9
Drosophilidae	0,9
Anthomyiidae	0,7
Pipunculidae	0,4
Summe n = 1152 Individuen	

Tab. 2. Rangfolge der wichtigsten Familien bei der Kescherausbeute der vier Probeflächen.

B	%
Phoridae	29,6
Sphaeroceridae	18,5
Lonchopteridae	14,8
Chloropidae	10,2
Sepsidae	7,4
Drosophilidae	4,6
Opomyzidae	2,8
Anthomyiidae, Muscidae	2,8
Calliphoridae	1,9
Ephydridae	1,9
Empididae	1,9
Helomyzidae	1,9
Summe n = 108	

M	%
Phoridae	36,7
Empididae	27,2
Chloropidae	16,0
Dolichopodidae	4,4
Ephydridae	4,4
Sphaeroceridae	3,6
Anthomyiidae, Muscidae	3,2
Helomyzidae	1,2
Anthomyzidae	1,6
Drosophilidae	0,8
Summe n = 250	

A	%
Phoridae	26,2
Chloropidae	21,8
Opomyzidae	12,7
Sphaeroceridae	10,2
Drosophilidae	7,0
Anthomyiidae, Muscidae	5,1
Dolichopodidae	4,5
Empididae	2,5
Anthomyzidae	1,9
Ephydridae	1,9
Summe n = 157	

S	%
Phoridae	53,0
Anthomyiidae, Muscidae	25,0
Empididae	9,0
Chloropidae	8,0
Sarcophagidae	2,5
Sciomyzidae	2,5
Summe n = 53 Individuen	

Tab. 4. Rangfolge der wichtigsten Familien bei der Ausbeute der Bodenfallen der vier Probeflächen.

	Kescher-fänge	Boden-fallen-ausbeute	Biozöno-meter-fänge	Blüten-besucher	Gebüsch-fänge	Farb-schalen-fänge	Kescher-vergleichs-fänge zu den Biozöno-meter-fängen
Individuenzahl	18 662	578	620	836	633	189	1542
Artenzahl	510	108	–	113	119	57	–
Zahl der Arten, die in den Kescherfängen nie enthalten waren		21	–	42	33	7	

Tab. 5. Anzahl der insgesamt erbeuteten Individuen und Arten bei Anwendung der verschiedenen Fangverfahren.

	Summe der Individuen in B	A	M	S
Rhagionidae:				
Symphoromyia immaculata (MG.)	70	14	5	1
Empididae:				
Platypalpus niveocapillatus CHVÁLA	97	39	130	2
Platypalpus niveiseta (ZTT.)	3	25	32	1
Drapetis aterrima CURTIS	11	15	28	65
Empis aestiva LW.	2	1	4	18
Empis caudatula LW.		23	3	
Bicellaria spuria (FLL.)	224	3		
Lonchopteridae:				
Lonchoptera furcata FLL.	1176	86	10	
Psilidae:				
Psila nigra (FLL.)	10	16	2	
Ulidiidae:				
Ulidia erythrophthalma MG.		68	6	3
Trypetidae:				
Oxyna flavipennis LW.	148			
Sepsidae:				
Themira annulipes (MG.)	267	1		
Sepsis cynipsea (L.)	26	34	80	11
Sepsis fulgens HFFMSGG.	473	30	55	16
Sepsis violacea MG.	55	60	78	7
Sciomyzidae:				
Pherbellia limbata (MG.)		2		15
Chamaemyiidae:				
Chamaemyia juncorum (FLL.)	1	50	11	47
Chamaemyia polystigma MG.	2	6	11	46
Agromyzidae:				
Agromyza frontella (RD.)	21	40	5	
Liriomyza cicerina (RD.)	5	89	42	8
Opomyzidae:				
Geomyza tripunctata FLL.	94	244	138	12
Geomyza venusta MG.	54	108	47	
Sphaeroceridae:				
Leptocera curvinervis (STENH.)	856	31	7	2
Leptocera fenestralis (FLL.)	43	71	58	1
Leptocera ochripes (MG.)	293	222	247	34
Ephydridae:				
Psilopa marginella FLL.		14	24	2
Psilopa nitidula FLL.	26	54	39	8
Drosophilidae:				
Scaptomyza flaveola (MG.)	130	2	3	
Parascaptomyza pallida (ZTT.)	798	447	87	5

	Summe der Individuen in			
	B	A	M	S
Chloropidae:				
Polyodaspis sulcicollis (MG.)		1	2	17
Conioscinella minutissima (STRBL.)	2	195	116	6
Trachysiphonella pumilio (ZTT.)	3	561	165	70
Trachysiphonella pumilio v. *flavella* (ZTT.)	1	45	61	275
Oscinella frit (L.)	558	129	111	122
Oscinella hortensis COLLIN	459	22	14	7
Meromyza saltatrix (L.)	23	25	18	
Meromyza femorata MCQ.	36	127	3	1
Meromyza variegata MG.	65	751	150	1
Oscinis pannonica (STROBL) *v. hercyniae* DD.	1	1	24	43
Oscinis ringens (LW.)	4	73	4	

Tab. 6. Übersicht über die mindestens in einem der Untersuchungsjahre dominant aufgetretenen Kescherarten (dominant: > 16 % der Individuen, die bei einem Fang pro Fläche erbeutet wurden).

Kescherfänge	%	n	Ge	Bl	Bf
Parascaptomyza pallida (ZTT.)	7,1	1332	4,4	–	2,7
Lonchoptera furcata FLL.	6,8	1272	0,2	–	2,5
Meromyza variegata MG.	5,2	967	–	–	0,4
Oscinella frit (L.)	4,9	920	0,5	–	4,7
Leptocera curvinervis (STENH.)	4,8	896	–	–	0,8
Trachysiphonella pumilio (ZTT.)	4,3	799	0,8	–	1,2
Leptocera ochripes (MG.)	4,3	796	–	–	0,5
Sepsis fulgens HFFMSGG.	3,1	574	4,9	8,6	0,5
Oscinella hortensis COLLIN	3,0	557	–	–	0,4
Geomyza tripunctata FLL.	2,6	488	3,0	0,1	0,8
Trachysiphonella p. flavella (ZTT.)	2,0	382	–	1,0	0,2
Conioscinella minutissima (STRBL.)	1,7	320	–	–	–
Themira annulipes (MG.)	1,4	268	–	–	0,4
Platypalpus niveocapillatus CHVÁLA	1,4	268	0,5	–	–
Oscinella pusilla (MG.)	1,4	256	–	–	0,2
Bicellaria spuria (FLL.)	1,2	227	–	–	–
Platypalpus articulatus MCQ.	1,2	215	0,2	–	–
Geomyza venusta MG.	1,1	209	–	–	4,2
Sepsis violacea MG.	1,1	200	3,5	3,3	–
Oscinella nigerrima (MCQ.)	1,1	199	–	–	–

Fallenfänge (Bodenfallen)	%	n	Ge	Bl	Ke
Stilpon nubila COLLIN	11,6	69	–	–	+
Conioscinella brachyptera (ZTT.)	10,7	64	–	–	+
Oscinella frit (L.)	4,7	28	0,5	–	4,9
Geomyza venusta MG.	4,2	25	–	–	1,1
Delia pullula ZTT.	3,0	18	–	–	+
Leptocera pullula (ZTT.)	2,8	17	–	–	+
Suilla umbratica MG.	2,8	17	–	0,1	–
Conioscinella frontella (FLL.)	2,7	16	0,2	–	0,6
Parascaptomyza pallida (ZTT.)	2,7	16	4,4	–	7,1
Lonchoptera furcata FLL.	2,5	15	0,2	–	6,8
Psilopa nitidula FLL.	2,5	15	–	–	+
Anthomyza sabulosa HAL.	2,2	13	–	–	+
Oligochaetus micaceus (LW.)	2,0	12	–	–	+
Medetera truncorum MG.	1,8	11	–	–	+
Phorbia curvicauda (ZTT.)	1,7	10	0,5	0,1	+
Suilla affinis (MG.)	1,7	10	0,2	–	+
Tricimba cincta (MG.)	1,5	9	2,7	–	+
Hylemyia nigrimana (MG.)	1,3	8	–	0,1	+
Trachysiphonella pumilio (ZTT.)	1,2	7	0,8	–	4,3
Hylemyia variata (FLL.)	1,0	6	0,2	–	+
Leptocera crassimana (HAL.)	1,0	6	–	–	+
Psilopa marginella FLL.	1,0	6	–	–	+
Tephrochlamys rufiventris (MG.)	1,0	6	–	0,1	+

Blütenbesucher	%	n	Ge	Bf	Ke
Pollenia rudis (F.)	10,8	91	–	–	+
Sepsis fulgens HFFMSGG.	8,6	72	4,9	0,5	3,1
Sepsis punctum (F.)	7,8	65	0,3	0,5	+
Sepsis cynipsea (L.)	7,5	63	3,8	–	+
Syritta pipiens (L.)	5,4	45	0,2	–	+
Sphaerophoria menthastri (L.)	4,5	38	–	–	+
Sepsis violacea MG.	3,3	28	3,5	–	1,1
Lucilia sp.	1,8	15	–	0,7	+
Sphaerophoria scripta (L.)	1,6	13	–	–	–
Epistrophe balteata (DEG.)	1,6	13	0,2	–	–
Heringia virens (F.)	1,4	12	–	–	+
Eristalomyia tenax (L.)	1,4	12	–	–	–
Bombilius sp.	1,4	12	–	–	+
Elachiptera cornuta (FLL.)	1,4	12	–	0,2	+
Eristalis horticola (DEG.)	1,3	11	–	–	–
Scopeuma stercorarium (L.)	1,2	10	–	–	+
Lampetia rufa MG.	1,1	9	–	–	+
Themira putris (L.)	1,1	9	–	–	+
Trachysiphonella p. flavella (ZTT.)	1,0	8	–	0,2	2,0
Helomyza sp.	1,0	8	–	–	+

Gebüschfänge	%	n	Bl	Bf	Ke
Halidayella aenea (FLL.)	11,2	71	–	–	+
Sepsis fulgens HFFMSGG.	4,9	31	8,2	0,2	3,1
Parascaptomyza pallida (ZTT.)	4,4	28	–	2,7	7,1
Sepsis cynipsea (L.)	3,8	24	7,5	–	+
Sepsis violacea MG.	3,5	22	3,3	–	1,1
Platypalpus exilis (MG.)	3,2	20	–	–	–
Geomyza tripunctata FLL.	3,0	19	0,1	0,8	2,6
Fannia sp.	2,8	18	–	–	+
Tricimba cincta (MG.)	2,7	17	–	1,5	+
Scaptomyza graminum (FLL.)	2,5	16	–	–	+
Platypalpus minutus (MG.)	2,5	16	–	–	+
Pachygaster atra (PZ.)	1,7	11	–	–	+
Elaphropeza ephippiata (FLL.)	1,6	10	–	–	+
Scaptomyza flaveola (MG.)	1,6	10	–	0,4	0,7
Fannia serena (FLL.)	1,6	10	–	–	+
Fannia armata (MG.)	1,4	9	–	–	+
Platypalpus agilellus (COLLIN)	1,3	8	–	–	–
Empis sp.	1,1	7	+	–	+
Platypalpus annulipes (MG.)	1,1	7	–	–	+

Tab. 7. Rangfolge der mit den verschiedenen Sammelverfahren erbeuteten Dipteren-Arten, die insgesamt mindestens mit einer Häufigkeit von 1 % der Gesamtindividuenzahl vorliegen.

Ge: Gebüschfänge – Bf: Ausbeute der Bodenfallen – Bl: Blütenbesucher – Ke: Kescherfänge – n: Individuenzahl – +: Fangzahlen < 1 %.

	Brachycere Dipteren- Arten		Individuen	
	n	%	n	%
Bupleurum falcatum	34	30,2	167	20,0
Cornus mas	26	23,0	374	44,7
Crataegus sp.	24	21,3	57	6,8
Anthericum ramosum	22	19,6	52	6,2
Prunus spinosa	21	18,6	47	5,6
Euphorbia cyparissias	17	15,1	42	5,0
Inula hirta	12	10,6	34	4,1
Viburnum lantana	10	8,8	19	2,3
Leucanthemum vulgare	9	8,0	16	1,9
Centaurea jacea angustifolia	3	2,6	17	2,0
Primula veris	2	1,8	8	1,0
Hippocrepis comosa	2	1,8	3	0,4
Centaurea scabiosa	0	0	0	0

Tab. 9. Prozentuale Verteilung der an den Blüten 13 ausgewählter Pflanzenarten erbeuteten Dipteren.

	Bf	Bl	Ge	F
Acroceridae:				
Ogcodes pallipes LATR.			1	
Agromyzidae:				
Ophiomyia sp.		6		
Anthomyiidae:				
Egle muscaria (F.)		1		
Anthomyia pluvialis (L.)	1			
Delia florilega (ZTT.)	1			
Delia exigua (MEADE)		3		
Delia sp.		1		
Delia antiqua (MG.)		6		
Delia cardui (MG.)			1	
Phorbia grisea (RINGD.)			1	
Asilidae:				
Tolmerus pyragra (ZELLER)	1			
Chamaemyiidae:				
Leucopomyia alticeps CZ.			1	
Chloropidae:				
Conioscinella frontella v. *flavifrons* DD.			1	
Pseudogaurax niger (CZ.)			1	
Dexiidae:				
Myiobia fuscana R.-D.		2		
Dolichopodidae:				
Neurigona quadrifasciata (F.)	2			
Chrysotus gramineus (FLL.)			3	
Drosophilidae:				
Drosophila funebris (F.)	1			
Empididae:				
Empis pusio EGGER	1			
Empis pennaria FLL.		1	2	
Empis scaura LW.		2		
Empis nuntia MG.		2	2	
Empis albinervis MG.			3	
Empis sp.		1		
Rhamphomyia longipes MG.			1	
Microphorus anomalus (MG.)			1	
Trichina elongata HAL.			1	
Platypalpus atratus (WAHLB.)	1			
Tachypeza nubila (MG.)	1			
Ephydridae:				
Nostima semialata COLLIN	1			
Hydrina punctonervosa (FLL.)	1		1	
Helomyzidae:				
Helomyza sp.		9	2	
Eccoptomera obscura (MG.)	1			
Suilla umbratica MG.	16	1		
Suilla affinis (MG.)	11	1	1	
Suilla pallida (FLL.)	1			
Lauxaniidae:				
Sapromyza quadriseta PAND.			1	
Lonchaeidae:				
Lonchaea sp.			1	
Milichiidae:				
Phyllomyza formicae SCHMITZ			1	
Phyllomyza equitans HDL.		1		
Phyllomyza flavitarsis (MG.)		2	1	

	Bf	Bl	Ge	F
Muscidae:				
Pyrellia cadaverina (L.)			1	
Helina consimilis (FLL.)			1	
Helina pubescens (STEIN)			1	
Helina lucorum (FLL.)	2			
Hydrotaea irritans (FLL.)			1	
Hydrotaea armipes (FLL.)		1		
Lasiops semicinereus (WIED.)		2		
Phaonia pallida (F.)	2		3	
Phaonia erratica (FLL.)	1			
Phaonia signata (MG.)	1			
Hebecnema umbricata (MG.)	1			
Azelia zetterstedti RD.		8		
Alloeostylus simplex (WIED.)	1			
Ortalidae:				
Herina germinationis ROSSI			1	
Psilidae:				
Psila humeralis ZTT.			1	
Chyliza scutellata (F.)			1	
Rhinophoridae:				
Stevenia sp.				1
Sepsidae:				
Saltella spondylii (SCHRK.)				1
Themira nigricornis R.-D.	1			
Sphaeroceridae:				
Leptocera nivalis (HAL.)	1			
Leptocera bifrons STENH.				2
Sphaerocera monilis HAL.			1	
Stratiomyiidae:				
Sargus rufipes WAHLB.	1			
Syrphidae:				
Baccha elongata (F.)	2			
Chilosia proxima ZTT.		1		
Chilosia antiqua MG.		1		
Chilosia albitarsis MG.		1		
Chrysotoxum vernale LW.		1		
Epistrophe macularis (ZTT.)				1
Epistrophe melanostoma (ZTT.)		1		
Epistrophe cinctella (ZTT.)		2		
Eristalis horticola (DEG.)		11		
Eumerus strigatus (FLL.)		4		
Lathyrophthalmus aeneus (SCOP.)		1		
Melanostoma scalare (F.)		2		
Syrphus euchromus (KOW.)		1		
Myiatropa florea (L.)		1		
Melanostoma ambiguum (FLL.)		2		
Platychirus scambus STAEG.		3		
Syrphus nitidicollis MG.		1		
Syrphus corollae F.		3		
Syrphus luniger MG.		4		
Syrphus torvus OSTEN-SACKEN		1		
Syrphus annulipes ZTT.		1		
Syrphus ribesii (L.)			1	
Tubifera trivittata F.		1	1	
Tachinidae:				
Exorista fimbriata MG.				1
Ceromasia nigripes (FLL.)				2
Tachina rustica FLL.		5		
Nemorilla floralis (FLL.)		1		
Campylochaeta praecox (MG.)		1		
Trypetidae:				
Tephritis formosa LW.			1	

Tab. 8. Brachycere Dipteren-Arten, die mit Bodenfallen (Bf), als Blütenbesucher (Bl), an den Gebüschen (Ge) und mit Farbschalen (F) gefangen wurden, die aber nie in den Kescherfängen enthalten waren.

	B		K	
	n	%	n	%
Sepsis cynipsea (L.)	2	6	31	94
Oscinis pannonica v. *hercyniae* DD.	1	8	11	92
Olina geniculata MCQ.	2	10	17	90
Chamaemyia sp.	2	12	14	88
Trachysiphonella pumilio (ZTT.)	12	12	85	88
Lonchoptera furcata FLL.	2	12	15	88
Oligochaetus micaceus (LW.)	2	15	11	85
Oscinella frit (L.)	66	16	335	84
Oscinella hortensis COLLIN	11	16	57	84
Sepsis sp.	7	19	29	81
Meromyza variegata MG.	88	21	324	79
Conioscinella minutissima (STRBL.)	9	25	27	75
Hyadina guttata (FLL.)	7	27	19	73
Parascaptomyza pallida (ZTT.)	58	43	78	57
Sepsis violacea MG.	11	61	7	39
Drapetis aterrima CURTIS	26	62	16	38
Leptocera ochripes (MG.)	61	69	27	31
Leptocera vitripennis (ZTT.)	7	78	2	22
Hydrina sexmaculata BECK.	15	83	3	17
Leptocera fenestralis (FLL.)	31	86	5	14

Tab. 10. Gegenüberstellung von Biozönometer- (B) und vergleichsweise dazu durchgeführten Kescherfängen (K) in den Probeflächen A, M und S 1973. In den Vergleich einbezogen werden 20 besonders erwähnenswerte Arten, die 67 % der gesamten Individuenmenge darstellen.

	A		M		S		Σ n	
	G	R	G	R	G	R	G	R
Sphaeroceridae	5	13	2	8			7	21
Phoridae	4	1	11	2	5	2	20	5
Anthomyiidae	6		2	1	9	1	17	2
Calliphoridae	5		8		4	1	17	1
Agromyzidae	9		3		4		16	
Sarcophagidae	2		6	1	6		14	1
Empididae	3		3	1	6	1	12	2
Chloropidae	1	5		3	2		3	8
Psilidae	10	1					10	1
Tachinidae, Rhinophoridae		2	6				6	2
Syrphidae			7		1		8	
Ephydridae	1	2	4				5	2
Scatophagidae	1		1	1	3		5	1
Sepsidae	1						1	
Muscidae	1						1	
Stratiomyiidae				1				1

Tab. 11. Farbschalenvergleich.
G: gelbe Kunststoffschalen – R: rote Kunststoffschalen – A, M, S: Probeflächen im Untersuchungsgebiet.

ENTOMOLOGISCHE ABHANDLUNGEN

STAATLICHES MUSEUM FÜR TIERKUNDE IN DRESDEN

Band 41 | Ausgegeben: 25. November 1976 | Nr. 3

Neotropische Scolytoidea XIII

(Coleoptera)

323. Beitrag zur Morphologie und Systematik der *Scolytoidea*

KARL E. SCHEDL

Lienz, Osttirol, Österreich

Im vergangenen Jahr vermittelte Herr M. ALVARENGA neuerlich interessante Ausbeuten eigener Aufsammlungen bzw. solcher ihm befreundeter brasilianischer Entomologen, und Dr. J. SCHÖNHERR sandte das Material, welches er während seines Aufenthaltes an der Forstlichen Fakultät der Universität in Paraná sammeln konnte. Gleichzeitig konnten die Reste noch offener Arten aus Brasilien überprüft werden, wodurch sich nunmehr eine umfangreiche Berichterstattung notwendig macht. Diese wird wie üblich in zwei Teile zerlegt, in die Aufzählung neuer und interessanter Fundorte und in die Beschreibung neuer Arten. Damit wäre alles vorhandene Material, auch ältere Funde, auf den heutigen Stand gebracht.

Neue und interessante Fundorte

SCOLYTIDAE

Scolytus angustatus BROWNE:
Manaus, Amazonas, VI. 1972, ROPPA & OLIVEIRA. – V. Vera, M. Grosso, Lon. 55°36', Lat. 12°46', X. 1973, M. ALVARENGA.

Scolytus submarginatus SCHEDL:
Piracicaba, São Paulo, Juli 19, 1973, ex Caviuna (Brazilian rosewood) = Dalbergia miscolcbium (Leguminosae); August 11, 1973, ex Eucalyptus sp., E. BERTI FILHO.

Scolytus thoracicus CHAP.:
Fortaleza, R. G., VIII. 1951, F. PLAUMANN.

Camptocerus aeneipennis F.:
Linhares, E. Santo, IX. 1972, ROPPA & ALVARENGA. – Jataí, Goiás, X. 1972, M. ALVARENGA. – Pedro Canário, C. da Barra, ES, X. 1972, OLIVEIRA & ROPPA. – Goyaz Jatahy, ROLLE, U.

Camptocerus aquilus WOOD:
Serra Lombard (Limão)- Amapá, 17. VII. 1961, J. BECHYNÉ.

Camptocerus inoblitus SCHEDL:
Nova Teutonia, Sta. Catharina, VI. 1972, F. PLAUMANN.

Camptocerus major, EGG.:
Represa Rio Grande, Guanabara, I. 1972, F. M. OLIVEIRA.

Camptocerus orientalis EGG.:
Jataí, Goiás, X. 1972, F. M. OLIVEIRA.

Camptocerus tectus EGG.:
Raum von Belem, Rio Branquinho, Lager Tapiri, Umg. Manaus, 22. VII. 1961, Lichtfang, Dr. E. J. FITTKAN.

Camptocerus vestitus EGG.:
Jataí Goiás, XI. 1971, F. M. OLIVEIRA.

Cnemonyx flavicornis CHAP.:
Tapuruquara, Rio Negro, AM, 5.–11. II. 1963, J. BECHYNÉ.

Hexacolus notatus EGG.:
Nova Teutonia, Sta. Catharina, VI. 1972, F. PLAUMANN.

Hexacolus pseudobicolor EGG.:
Linhares, E. Santos, IX. 1972, ROPPA & ALVARENGA.

Hexacolus subparallelus EGG.:
Corcovado, Guanabara, IX. 1969, ALVARENGA & SEABRA.

Cnesinus ater SCHEDL:
Sta. Isabel do Pará, PA, 30. III. 1962, J. BECHYNÉ.

Cnesinus carbonarius SCHEDL:
Nova Teutonia, Sta. Catharina, VI. und VII. 1972, F. PLAUMANN.

Cnesinus dryographus SCHEDL:
Encruzilhada, 980 m, Bahia, XI. 1972, M. ALVARENGA.

Cnesinus hispidus EGG.:
Encruzilhada, 980 m, Bahia, XI. 1972, M. ALVARENGA.

Cnesinus laevicollis SCHEDL:
Pedra Azul, 700 m, M. Gerais, XI. 1972, SEABRA & OLIVEIRA.

Cnesinus plaumanni SCHEDL:
Encruzilhada, 980 m, XI. 1972, M. ALVARENGA.

Pagiocerus punctatus EGG.:
Rio Negro, PR, 15. X. 1972, ex Araucaria angustifolia, J. SCHÖNHERR.

Pycnarthrum gracile EICHH.:
Represa, Rio Grande, Guanabara, VIII. 1972, F. M. OLIVEIRA.

Pycnarthrum pallidum CHAP.:
Linhares, E. Bahia, IX. 1972, X. 1972, ROPPA & ALVARENGA.

Bothrosternus truncatus EICHH.:
Représa, Rio Grande, Guanabara, IX. 1972, F. M. OLIVEIRA.

Sternobothrus suturalis EGG.:
S. Caraça, 1450 m, S. Barbara, M. Gerais, II. 1969, F. M. OLIVEIRA. – Corcovado, Guanabara, XI. 1970, ALVARENGA & SEABRA. – Caruaru, Pernambuco, IV. 1972, M. ALVARENGA.

Phloeoborus asper ER.:
Linhares, E. Santo, IX. 1972, ROPPA & ALVARENGA.

Phloeoborus bodei EGG.:
Linhares, E. Santo, IX. 1972, ROPPA & ALVARENGA. – Encruzilhada, 980 m, Bahia, XI. 1972, M. ALVARENGA.

Phloeoborus rudis ER.:
Jataí, Goiás, X. 1972, F. M. OLIVEIRA. – Pedro Canário, C. da Barra, X. 1972, OLIVEIRA & ROPPA. – Encruzilhada, Bahia, XI. 1972, M. ALVARENGA. – Pedra Azul, M. Gerais, XI. 1972, SEABRA & OLIVEIRA.

Phloeotribus erosus SCHEDL:
Pedro Canário, C. de Barra, ES, X. 1972, OLIVEIRA & ROPPA.

Phloeotribus picipennis EGG.
Linhares, E. Santo, IX. 1972, ROPPA & ALVARENGA.

Phloeotribus setulosus EICHH.
Pedro Canário, C. da Barra, ES, X. 1972, OLIVEIRA & ROPPA.

Chramesus advena SCHEDL:
Encruzilhada, 980 m, Bahia, XI. 1972, M. ALVARENGA.

Chramesus asperulus SCHEDL:
Pedra Azul, 700 m, M. Gerais, XI. 1972, SEABRA & OLIVEIRA.

Chramesus brasiliensis SCHEDL:
Pedra Azul, 700 m, M. Gerais, XI. 1972, SEABRA & OLIVEIRA.

Pteleobius brasiliensis SCHEDL:
Rio Negro, PR, 31. I., 9. V. und 20. IX. 1973, ex Araucaria angustifolia, J. SCHÖNHERR. – Curitiba, PR, 15. III. 1973, am Fenster, J. SCHÖNHERR.

Pteleobius contractus CHAP.:
Nova Teutonia, Sta. Catharina, XII. 1970, F. PLAUMANN, – Camanducaia MG, 27. X. und 1. XII. 1972, ex Araucaria angustifolia, J. SCHÖNHERR . – Curitiba, PR, 15. III. 1973, am Fenster, J. SCHÖNHERR. – Rio Negro, PR, 11. IV. 1973, 20. IX. 1973, ex Araucaria angustifolia, J. SCHÖNHERR. – Telemaca-Borba, PR, 12. XI. 1973, ex Araucaria angustifolia, J. SCHÖNHERR.

Pteleobius minimus, SCHEDL:
Rio Negro, PR, 20. IX. 1972, 9. V. 1973, ex Araucaria angustifolia, J. SCHÖNHERR. – Camanducaia, MG, 1. XII. 1972, ex Araucaria angustifolia, J. SCHÖNHERR. – Telemaco-Borba, PR, 12. XI. 1973, ex Araucaria angustifolia, J. SCHÖNHERR.

Phrixosoma minor WOOD:
Ter. Amapá, Rio Felicis, 28. VIII. 1959, J. LANE. – Manaus, Amazonas, VI. 1972, ROPPA & OLIVEIRA.

Poecilips subimpressus EGG.:
Représa, Rio Grande, Guanabara, V. 1972, F. M. OLIVEIRA.

Coccotrypes brevipilosus EGG.:
Botafogo, Guanabara, I. 1971. – M. ALVARENGA.

Coccotrypes carpophagus HORNUNG:
Varginha, M. Gerais, II. 1972, M. ALVARENGA. – Rio de Janeiro, Est. do Rio, V. 1975., M. ALVARENGA.

Coccotrypes palmarum EGG.:
Marilene Seao, Paruguera-Acu, S. P.- 12. XI. 1972, in seeds of Palmiteivo, Euterpe edulis, C. J. ROSSETTO.

Coccotrypes surinamensis, SCHEDL:
Rio de Janeiro, Est. do Rio, V. 1975, M. ALVARENGA.

Dendrocranulus parallelus SCHEDL:
Nova Teutonia, Jan. 1956, F. PLAUMANN.

Dendrosinus vittifrons BLANDF.:
Représa, Rio Grande, Guanabara, I. 1972, F. M. OLIVEIRA.

Microborus aberrans WICHM.:
Linhares, E. Santo, IX. 1972, ROPPA & ALVARENGA.

Hypothenemus elephas EICHH.:
Pedra Azul, 700 m, M. Gerais, XI. 1972, SEABRA & OLIVEIRA. Erste Meldung aus der Neuen Welt, bisher nur aus Afrika und Madagaskar bekannt.

Hypothenemus eruditus WESTW.:

Représa Rio Grande, Guanabara, IX. 1972, F. M. OLIVEIRA. – Jataí, Goiás, X. 1972, F. M. OLIVEIRA. – Linhares, E. Santo, X. 1972, ROPPA & ALVARENGA. – Pedra Azul, 700 m, M. Gerais, XI. 1972, SEABRA & OLIVEIRA. – Encruzilhada, 980 m, Bahia, XI. 1972, M. ALVARENGA. – Agudos, SP, 13. IV. 1973, im Flug, J. SCHÖNHERR. – Açungui, PR, 15. V. 1973, ex Araucaria angustifolia, J. SCHÖNHERR. – Rio Negro, PR, 20. IX. 1973, ex Pinus elliotti, J. SCHÖNHERR. – Telemaco-Borba, PR, 12. XI. 1973, ex Araucaria angustifolia, J. SCHÖNHERR; 7. XII. 1973, im Harz von Pinus elliotti, J. SCHÖNHERR. – Floresta da Tijuca, Guanabara, I. 1974, C. A. CAMPOS SEABRA.

Stephanoderes aulmanni HAG.:

Botafogo, Guanabara, I. 1971, M. ALVARENGA. – S. Caraça, 1450 m, S. Barbara, M. Gerais, III. 1971, F. M. OLIVEIRA. – Parque Sooretâmâ, Linhares, E. Santo, IX. 1971, F. M. OLIVEIRA. – Représa Rio Grande, Guanabara, IX. 1972, F. M. OLIVEIRA. – Pedro Canário, C. da Barra, ES, X. 1972, OLIVEIRA & ROPPA. – Linhares, E. Santo, X. 1972, ROPPA & ALVARENGA. – Encruzilhada, 980 m, Bahia, XI. 1972, M. ALVARENGA. – Pedra Azul, 700 m, M. Gerais, XI. 1972, SEABRA & OLIVEIRA. – Passa Quatro, Minas Gerais, XII. 1972, F. M. OLIVEIRA. – Erste Meldung aus der Neuen Welt. Größenunterschiede an ein und demselben Fundort erstaunlich, 1,0–1,6 mm.

Stephanoderes moschatae SCHAUF.:

Piracicaba, S. P., 10. IX. 1973, ex Manihot utilissima POHL, eingesandt von J. R. POSTALI PARRA.

Stephanoderes obscurus F.:

Mogi Guaçu, SP, February 1973, ex Eucalyptus sp., E. BERTI FILHO. – Rio Negro, PR, 20. IX. 1973, ex Pinus elliotti, J. SCHÖNHERR. – Capão-Bonito, SP, 13. XII. 1973, im Flug, J. SCHÖNHERR.

Breviophthorus nitidipennis SCHEDL:

Nova Teutonia, VII. und X. 1972, F. PLAUMANN.

Neodryocoetes granulipennis SCHEDL:

Rio de Janeiro, Botafogo, G. B., V. 1962, M. ALVARENGA. – Ilha Vitoria, S. Paulo, 16.–27. III. 1964, Exp. Dep. Zool. – Faz. Aceiro, Jataí, X. 1969, Ex. Dep. Zool. – Pedra Azul, 700 m, M. Gerais, XI. 1972, ROPPA & OLIVEIRA. – Encruzilhada, 980 m, Bahia, XI. 1972, M. ALVARENGA.

Neodryocoetes hymenaeae EGG.:

Représa Rio Grande, Guanabara, III. 1972, F. M. OLIVEIRA. – Encruzilhada, Bahia, XI. 1972, M. ALVARENGA.

Cryptocarenus brevicollis EGG.:

Jataí, Goiás, XI. 1971, X. 1972, F. M. OLIVEIRA.

Cryptocarenus caraibicus EGG.:

Jataí, Goiás, X. 1972, F. M. OLIVEIRA. – V. Vera, M. Grosso, Lon. 55°36', Lat. 12°46', X. 1973, M. ALVARENGA.

Cryptocarenus diadematus EGG.:

Linhares, E. Santo, X. 1972, ROPPA & ALVARENGA. – Encruzilhada, Bahia, XI 1972, M. ALVARENGA.

Cryptocarenus heveae HAG.:

Représa Rio Grande, Guanabara, VII. 1972, F. M. OLIVEIRA.

Cryptocarenus seriatus EGG.:

Rio Negro, PR, 20. IX. 1972, ex Araucaria angustifolia, J. SCHÖNHERR. – Linhares, E. Santo, X. 1972, ROPPA & ALVARENGA. – Pedro Canário, C. da Barra, X. 1972, OLIVEIRA & ROPPA.

Hylocurus bidentatus SCHEDL:
Encruzilhada, 980 m, Bahia, XI. 1972, M. ALVARENGA.

Hylocurus brasiliensis NUNB.:
Encruzilhada, 980 m, Bahia, XI. 1972, M. ALVARENGA.

Hylocurus intermedius SCHEDL:
Encruzilhada, 980 m, Bahia, XI. 1972, M. ALVARENGA.

Hylocurus subgranulatus SCHEDL:
Encruzilhada, 980 m, Bahia, XI. 1972, M. ALVARENGA.

Hylocurus tresmariae SCHEDL:
Représa Rio Grande, Guanabara, VII. 1972, F. M. OLIVEIRA. – Encruzilhada, 980 m, XI. 1972, M. ALVARENGA.

Gnathocranus argentiniae SCHEDL:
Rio Negro, PR, 31. I. 1973, Lichtfang, J. SCHÖNHERR.

Gnathocranus nova-teutonicus SCHEDL:
Rio Negro, PR, 31. I. 1973, Lichtfang, J. SCHÖNHERR.

Xylosandrus strumosus SCHEDL:
Représa Rio Grande, Guanabara, VII. 1972, F. M. OLIVEIRA.

Xyleborus adelographus EICHH.:
Curitiba, Paraná, 3. V. 1973, ex Araucaria angustifolia, J. SCHÖNHERR. – Telemaco-Borba, Paraná, 12. XI. 1973, im Harz von Pinus elliotti, J. SCHÖNHERR.

Xyleborus affinis EICHH.:
Theresopolis, St. Catharina, FRUHSTORFER. – Maranlião, Serra de Alto, PARNALYBA. – Sta. Cruz, Rio Jan., Dr. HENSEL. – Tranqueira, Galeriewald, IV. 1925, SUETLAGER, G. – Lagoa Grande, Minas, 18. VI. 1934, VEGA, S. – Raum von Belem, Missao Cururun am Cururu, 25. I. 1961, Lichtfang, Dr. E. J. FITTKAN. – Igarapé St. Rita, Casa Richardo, Gebiet zwischen Ceticia und Manaus am Amazonas, 23. VIII. 1961, Lichtfang, Dr. E. J. FITTKAN. – Botafogo, Guanabara, 1971, M. ALVARENGA. – Représa Rio Grande, Guanabara, I., III., IV. und VII. 1972, F. M. OLIVEIRA. – Caruaru, Pernambuco, IV. 1972, M. ALVARENGA. – Manaus, Amazonas, VI. 1972, ROPPA & OLIVEIRA. – Linhares, E. Santo, IX. 1972, ROPPA & ALVARENGA. – Jataí, Goiás, X. 1972, F. M. OLIVEIRA. – Encruzilhada, 980 m, Bahia, XI. 1972, M. ALVARENGA. – Pedra Azul, 700 m, M. Gerais, XI. 1972, SEABRA & OLIVEIRA. – Cãpao Bonito, SP, 21. 3. 1973, im Flug, J. SCHÖNHERR. – São Carlos, SP, May 1973, ex Pinus sp., E. BERTI FILHO. – Açungui, 15. V. 1973, ex Cedrella fissilis, J. SCHÖNHERR. – Paranaguá, PR, 29. V. 1973, ex Araucaria angustifolia, J. SCHÖNHERR. – Imperatriz, MA, Amazonas, 29. X. und 31. X. 1973, ex „Caju de Taneiro", (Anacardiaceae), J. SCHÖNHERR.

Xyleborus bicinctus SCHEDL:
Botafogo, Guanabara, I. 1971, M. ALVARENGA.

Xyleborus biconicus EGG.:
Encruzilhada, Bahia, XI. 1972, M. ALVARENGA.

Xyleborus brasiliensis EGG.:
Représa Rio Grande, Guanabara, I. 1972, F. M. OLIVEIRA. – Caruaru, Pernambuco, IV. 1972, M. ALVARENGA. – Telemaco-Borba, PR, 12. XI. 1973, im Harz von Pinus elliotti, J. SCHÖNHERR.

Xyleborus caraibicus EGG.:
Corcovada, Guanabara, IX. 1969, ALVARENGA & SEABRA.

Xyleborus catharinensis SCHEDL:
Açungui, PR, 15. V. und 17. V. 1973, im Harz von Pinus elliotti, J. SCHÖNHERR. –

Açungui, PR, 30. XI. 1973, ex Pinus elliotti, J. SCHÖNHERR. – Telemaco-Borba, PR, 7. XII. 1973, im Harz von Pinus elliotti, J. SCHÖNHERR.

Xyleborus cavipennis EICHH.:

Représa Rio Grande, Guanabara, III. und X. 1972, F. M. OLIVEIRA. – Caruaru, Pernambuco, IV. 1972, M. ALVARENGA. – Linhares, E. Santo, IX. 1972, ROPPA & ALVARENGA. – Jataí, Goiás, X. 1972, F. M. OLIVEIRA. – Encruzilhada, 980 m, Bahia, XI. 1972, M. ALVARENGA. – Pedra Azul, 700 m, M. Gerais, XI. 1972, SEABRA & OLIVEIRA. – V. Vera, M. Grosso, X. 1973, M. ALVARENGA.

Xyleborus coccotrypoides EGG.:

Açungui, PR, 13. X. 1973, ex Pinus elliotti; 30. X. 1973, im Harz von Pinus elliotti, J. SCHÖNHERR. – Açu, State Sáo Paulo, August 1974, ex Theobrama cacao, Dr. JOSÉ ROBERTO P. PARRA.

Xyleborus confluens SCHEDL:

Pedra Azul, 700 m, M. Gerais, XI. 1972, SEABRA & OLIVEIRA.

Xyleborus cristatus, F.:

Encruzilhada, Bahia, XI. 1972, M. ALVARENGA, – Pedra Azul, 700 m, M. Gerais, XI. 1972, SEABRA & OLIVEIRA. – Vilhena, Rondonia, XI. 1973, M. ALVARENGA.

Xyleborus curtus EGG.:

Manaus, Amazonas, VI. 1972, ROPPA & OLIVEIRA.

Xyleborus ferrugineus F.:

Rio Capivary, S. Catharina, 1888, FRUHSTORFER. – Raum von Belem, Gebiet Endstation Rio Marauia, 26. I. 1963, Lichtfang, Dr. E. J. FITTKAN. – Botafogo, Guanabara, I. 1971, M. ALVARENGA. – Représa Rio Grande, Guanabara, III. 1972, F. M. OLIVEIRA. – Caruaru, Pernambuco, IV. 1972, M. ALVARENGA. – Linhares, E. Santo, X. 1972, ROPPA & ALVARENGA. – Pedra Azul, 700 m, M. Gerais, X. 1972, SEABRA & OLIVEIRA. – Pedro Canario, C. da Barra, X. 1972, OLIVEIRA & ROPPA. – Jataí, Goiás, X. 1972, F. M. OLIVEIRA. – Encruzilhada, 980 m, Bahia, XI. 1972, M. ALVARENGA. – Capão-Bonito, SP, 21. III. 1973, im Flug; 11. IV. 1973, ex Pinus elliotti, J. SCHÖNHERR. – São Carlos, SP, May 1973, ex Pinus sp., E. BERTI FILHO. – Açungui, PR, 15. V. 1973, ex Laubholz, J. SCHÖNHERR. – Imparatriz, Amazonas, 30. V. 1973, ex Caju de Taneiro (Anacardiaceae), J. SCHÖNHERR. – Telemaco-Borba, PR, 15. VI. 1973, ex Pinus elliotti, J. SCHÖNHERR. – V. Vera, M. Grosso, Lon. 55°36', Lat. 12°46', X. 1973, M. ALVARENGA.

Xyleborus gracilis EICHH.:

Jataí, Goiás, X. 1972, F. M. OLIVEIRA. – Représa Rio Grande, Guanabara, IX. 1972, F. M. OLIVEIRA. – Açungui, PR, 15. V. 1973, ex Laubholz; 17. V. 1973, im Harz von Pinus elliotti, J. SCHÖNHERR. – Telemaco-Borba, PR, 15. VI. 1973, ex Pinus elliotti; 7. XII. 1973, im Harz von Pinus elliotti, J. SCHÖNHERR.

Xyleborus hagedorni IGLESIAS:

Floresta de Tijuca, Rio de Janeiro, GB, III. 1957, M. ALVARENGA. – Botafogo, Guanabara, I. 1971, M. ALVARENGA. – Représa Rio Grande, Guanabara, I. und VIII. 1972, F. M. OLIVEIRA. – Capão Bonito, SP, 12. IV. 1973, ex Pinus elliotti, J. SCHÖNHERR. – Telemaco-Borba, PR, 12. IV. 1973, im Harz von Pinus elliotti, J. SCHÖNHERR.

Xyleborus linearicollis SCHEDL:

Capão Bonito, SP, 21. 3. 1973, im Flug, J. SCHÖNHERR. – Telemaco-Borba, SP, 12. IV. 1973, ex Araucaria angustifolia, J. SCHÖNHERR. – Telemaco-Borba, SP, s. XI. 1973, im Harz von Pinus elliotti, J. SCHÖNHERR.

Xyleborus procer EICHH.:

Linhares, E. Santo, IX. 1972, ROPPA & ALVARENGA.

Xyleborus pseudosolitarius EGG.:
Rio Caraguata, 400 m, Lat. 21°48', Lon. 52°27', 24. III. 1953, F. PLAUMANN.

Xyleborus pseudotenuis SCHEDL:
Pedro Canário, C. da Barra, X. 1972, OLIVEIRA & ROPPA.

Xyleborus retusus EICHH.:
Varginha, M. Gerais, II. 1972, M. ALVARENGA. – Jataí, Goiás, X. 1972, F. M. OLIVEIRA. – Pedra Azul, 700 m, M. Gerais, XI. 1972, SEABRA & OLIVEIRA. – Jundiaí, SP, November 1972, E. BERTI FILHO. – Açungui, Paraná, April 1973, ex Cedrella fissilis, J. SCHÖNHERR.

Xyleborus saxeseni, RATZ.:
Curitiba, Paraná. Aug. 1974, ex red plum tree, M. A. L. DA ROCHA.

Xyleborus sentosus EICHH.:
Fortaleza, R. G., VIII. 1951, F. PLAUMANN. – Capão Bonito, SP, 21. 3. 1973, im Flug, J. SCHÖNHERR. – Açungui, PR, 15. V. 1973, ex Laubholz, J. SCHÖNHERR.

Xyleborus solitarinus SCHEDL:
Nova Teutonia, Sta. Catharina, VIII. und X. 1966, F. PLAUMANN.

Xyleborus spinulosus BLANDF.:
Caruaru, Pernambuco, IV. 1972, M. ALVARENGA. – Jundiaí, SP, November 1972, E. BERTI FILHO.

Xyleborus squamulatus EICHH.:
Curitiba, PR, 15. V. 1973, am Fenster, J. SCHÖNHERR.

Xyleborus torquatus EICHH.:
Raum von Belem, Rio Cuieiras, gegenüber Casa Tiagom, 16. XII. 1961, Lichtfang, Dr. E. J. FITTKAN. – Raum von Belem, Igarapé Cachoeira, Unterlauf Igapó (Umg. Manaus), 18. XII. 1961, Lichtfang, Dr. E. J. FITTKAN. – Raum von Belem, Rio Cuieiras, Lichtfang bei der Mündung des Rio Branquinho, 22. X. 1962, Dr. E. J. FITTKAN. – Raum von Belem, Rio Negro, 2 km unterhalb Tapuruquara, Bucht einer Insel im Fluß, 1962, Dr. E. J. FITTKAN. – Raum von Belem, Rio Cuieiras, 22. XI. 1962, etwa eine Stunde unterhalb der Mündung des Igarapé Cachoeira, Dr. E. J. FITTKAN. – Raum von Belem, Igarapé Cachoeira, 24. XI. 1962, Lichtfang, Dr. E. J. FITTKAN. – Raum von Belem, Rio Preto da Eva, im Mündungsgebiet, 8. XII. 1962, Dr. E. FITTKAN. – Rio Negro, Am., 4. XII. 1962, J. BECHYNÉ Col. – Umg. Manaus, Amazonasgebiet, Lago Fananaca. leg. BECK. – Raum von Belem, Rio Marauia, Endstation vor langer Cachoeira, 28. I. 1963, Dr. E. J. FITTKAN. – Raum von Belem, Rio Marauia, Cachoeira Pora Comeschie, 28. I. 1963, Dr. E. J. FITTKAN. – Caruaru, Pernambuco, IV. 1972, M. ALVARENGA. – Pedro Canario, C. da Barra, ES, X. 1972, OLIVEIRA & ROPPA. – Linhares. E. Santo, IX. 1972, ROPPA & ALVARENGA. – Encruzilhada, 980 m, Bahia, XI. 1972, M. ALVARENGA. – Telemaco-Borba, PR, 12. IV. 1973, ex Araucaria angustifolia, J. SCHÖNHERR. – Açungui, PR, 17. V. 1973, ex Caju de Taneiro (Anarcardiaceae), J. SCHÖNHERR. – Imperatriz (Manaus), Amazonas, 31. X. 1973, ex Caju de Taneiro (Anacardiaceae), J. SCHÖNHERR. – V. Vera, M. Grosso, Lon. 55°36', Lat. 12°46', X. 1973, M. ALVARENGA.

Sampsonius dampfi SCHEDL:
Représa Rio Grande, Guanabara, I. 1972, III. 1972, F. M. OLIVEIRA. – Varginha, M. Gerais, Brasil, II. 1972, M. ALVARENGA. – Jataí, Goiás, Brasil, X. 1972, F. M. OLIVEIRA. – Linhares, E. Santo, IX. 1972, ROPPA & ALVARENGA. – Encruzilhada, 980 m, Bahia, XI. 1972, M. ALVARENGA.

Corthylus antennarius SCHEDL:
Encruzilhada, 980 m, Bahia, XI. 1972, M. ALVARENGA. 1 ♂ etwas kleiner als die Type, 1 ♀ mit Halsschildvorderrand abnormal.

Corthylus convexicauda EGG.:
Jundiaí, SP, November 1972, E. BERTI FILHO.

Corthylus intricatus SCHEDL:
Nova Teutonia, Sta. Catharina, III. 1969, F. PLAUMANN.

Corthylus panamensis BLANDF.:
Représa Rio Grande, Guanabara, VIII. 1969, F. M. OLIVEIRA. – V. Vera, M. Grosso, Lon. 55°36', Lat. 12°46', X. 1973, M. ALVARENGA. – Varginha, M. Gerais, II. 1972, M. ALVARENGA.

Corthylus robustus EGG.:
Représa Rio Grande, Guanabara, V. 1972, F. M. OLIVEIRA.

Microcorthylus minimus SCHEDL:
Nova Teutonia, Sta. Catharina, VII. 1966, F. PLAUMANN. – Caruaru, Pernambuco, IV. 1972, M. ALVARENGA.

Pterocyclon appendicinum SCHEDL:
Nova Teutonia, Sta. Catharina, VI., VII. und VIII. 1966, F. PLAUMANN.

Pterocyclon bicallosum SCHEDL:
Açungui, PR, 17. V. 1973, ex Laubholz, J. SCHÖNHERR.

Pterocyclon brasiliensis SCHEDL:
Rio Negro, PR, 12. IV. 1973, ex Araucaria angustifolia, J. SCHÖNHERR. – Curitiba, PR, 20. XI. 1973, am Fenster, J. SCHÖNHERR.

Pterocyclon distans SCHEDL:
Représa Rio Grande, Guanabara, III. 1972, F. M. OLIVEIRA.

Pterocyclon laevigatum EICHH.:
Varginha, M. Gerais, II. 1972, M. ALVARENGA.

Pterocyclon minutum SCHEDL:
Nova Teutonia, Sta. Catharina, VI. und VII. 1966, F. PLAUMANN. – Représa Rio Grande, Guanabara, III. 1972, F. M. OLIVEIRA.

Pterocyclon nudum SCHEDL:
Nova Teutonia, Sta. Catharina, VIII. 1969, F. PLAUMANN.

Pterocyclon turbineum SCHEDL:
Représa Rio Grande, Guanabara, II. 1972, F. M. OLIVEIRA. – Varginha, M. Gerais, II. 1972, M. ALVARENGA. – Manaus, Amazonas, VI. 1972, ROPPA & OLIVEIRA. – V. Vera, M. Grosso, X. 1973, M. ALVARENGA.

Tricolus bifidus SCHEDL:
Caruaru, Pernambuco, IV. 1972, M. ALVARENGA.

Tricolus spheniscus SCHEDL:
Représa Rio Grande, Guanabara, F. M. OLIVEIRA. Kleiner als die Exemplare aus der Typenserie, 2,5–2,8 mm lang.

Corthylocurus tuberculifer EGG.:
Représa Rio Grande, Guanabara, I. und V. 1972, F. M. OLIVEIRA.

Corthylocurus vernaculus SCHEDL:
Caruaru, Pernambuco, IV. 1972, M. ALVARENGA.

Cosmocorynus cristatus ERR.:
Sta. Cruz, Rio Jan., Dr. HENSEL.

PLATYPODIDAE

Neotrachyostus abbreviatus CHAP.:
Nova Friburgo, Est., Rio, XII. 1970, F. M. OLIVEIRA.

Neotrachyostus lobatus CHAP.:
Reserva Ducke, Prx. Manaus, AM, 10. VIII. 1965, VENZOLINI. – Jataí, Goiás, X. 1972, M. ALVARENGA.

Platypus alienus SCHEDL:
Manaus, Amazonas, VI. 1972, ROPPA & OLIVEIRA.

Platypus araucariae SCHEDL:
Pirai do Sul, PR, 16. 5. 1973, ex Araucaria angustifolia, J. SCHÖNHERR. – Paranaguá, PR, 29. 5. 1973, ex Araucaria angustifolia, J. SCHÖNHERR. – Imperatriz, MA (Amazonas), Mai 1973, ex Laubholz, J. SCHÖNHERR. – Telemaco-Borba, PR, 12. Nov. 1973, ex Araucaria angustifolia, J. SCHÖNHERR.

Platypus brasiliensis NUNB.:
Linhares, E. Santo, IX. 1972, ROPPA & ALVARENGA.

Platypus convexus SCHEDL:
Jacareacanga, Pará, VI. 1970, F. R. BARBOSA. – Manaus, Amazonas, VI. 1972, ROPPA & OLIVEIRA. – Linhares, E. Santo, IX. 1972, ROPPA & OLIVEIRA.

Platypus costellatus SCHEDL:
Linhares, E. Santo, IX. 1972, ROPPA & ALVARENGA.

Platypus discicollis CHAP.:
Manaus, Amazonas, VI. 1972, ROPPA & OLIVEIRA. – V. Vera, M. Grosso, Lon. 55°36', Lat. 12°46', X. 1973, M. ALVARENGA. – Sinop, M. Grosso, Lon. 55°37', Lat. 12°31', X. 1974, M. ALVARENGA.

Platypus dissipabilis SCHEDL:
Manaus, Amazonas, VI. 1972, ROPPA & OLIVEIRA.

Platypus enixus SCHEDL:
V. Vera, M. Grosso, Lon. 55°36', Lat. 12°46', X. 1973, M. ALVARENGA. – Sinop, M. Grosso, Lon. 55°37', Lat. 12°31', X. 1974, M. ALVARENGA.

Platypus excisus CHAP.:
Caruaru, Pernambuco, IV. 1972, M. ALVARENGA. – Manaus, Amazonas, VI. 1972, ROPPA & OLIVEIRA. – Linhares, E. Santo, IX. 1972, ROPPA & ALVARENGA. – Jataí, Goiás, X. 1972, F. M. OLIVEIRA. – Pedra Azul, 700 m, M. Gerais, XI. 1972, SEABRA & OLIVEIRA. – V. Vera, M. Grosso, Lon. 55°36', Lat. 12°46', X. 1973, M. ALVARENGA. – Sinop, M. Grosso, Lon. 55°37', Lat. 12°31', X. 1974, M. ALVARENGA.

Platypus frontalis BLANDF.:
Manaus, Amazonas, VI. 1972, ROPPA & OLIVEIRA. – Sinop, M. Grosso, Lon. 55°37', Lat. 12°31', X. 1974, M. ALVARENGA.

Platypus fuscus CHAP.:
Nova Teutonia, IX. 1967, F. PLAUMANN.

Platypus imitatrix SCHEDL:
Manaus, Amazonas, VI. 1972, ROPPA & OLIVEIRA.

Platypus immunis SCHEDL:
Nova Teutonia, X. 1972, F. PLAUMANN.

Platypus konincki CHAP.:
Reprêsa Rio Grande, Guanabara, I. 1972, F. M. OLIVEIRA.

Platypus linearis STEPH.:
Missaó Cururun am Cururu, Raum von Belem, 25. I. 1961, Lichtfang, Dr. E. J. FITTKAN. – Igarapé Cachoeira, 24. XI. 1962, Lichtfang, Dr. E. J. FITTKAN. – Manaus, Amazonas, VI. 1972, ROPPA & OLIVEIRA. – Linhares, E. Santo, IX. 1972, ROPPA & ALVARENGA. – Jataí, Goiás, X. 1972, F. M. OLIVEIRA. – Pedro Canario, C. de Barra, ES., X. 1972, OLIVEIRA & ROPPA. – Pedra Azul, 700 m, M. Gerais, XI. 1972, M. Alvarenga, SEABRA & OLIVEIRA. – Encruzilhada, 980 m, Bahia, XI. 1972, M. ALVARENGA. – Capão Bonito, SP, 21. 3. 1973, fliegend, J. SCHÖNHERR. – Rio Negro, PR, April 1973, ex Araucaria angustifolia, J. SCHÖNHERR. – Umgebung Manaus, Amazonasgebiet, Lago Fananaca, leg. BECK. – Açungui, PR, Mai 1973, ex Laubholz, J. SCHÖNHERR. – Imperatriz, MA (Amazonas), Mai 1973, ex Laubholz, J. SCHÖNHERR. – V. Vera, M. Grosso, Lon. 55°36', Lat. 12°46', X. 1973, M. ALVARENGA. – Vilhena, Rondonia, XI. 1973, M. ALVARENGA. – Itamaratu, Bahia, VIII. 1974, M. ALVARENGA. – Sinop, M. Grosso, X. 1974, M. ALVARENGA.

Platypus longulus CHAP.:
Vilhena, Rondonia, XI. 1973, M. ALVARENGA.

Platypus minusculus SCHEDL:
Manaus, Amazonas, VI. 1972, ROPPA & OLIVEIRA.

Platypus mutatus CHAP.:
Uruguay, Melo, 2. 4. 1960, A. MESA. – Parque Sooretana, Linhares, Esp., Santo, V. 1953, P. A. TELES.

Platypus pertusus CHAP.:
Caruaru, Pernambuco, IV. 1972, M. ALVARENGA. – Linhares, E. Santo, IX. 1972, ROPPA & ALVARENGA. – Jataí, Goiás, X. 1972, F. M. OLIVEIRA.

Platypus pseudolongulus SCHEDL:
V. Vera, M. Grosso, Lon. 55°36', Lat. 12°46', X. 1973, M. ALVARENGA.

Platypus pulicarius CHAP.:
Caruaru, Pernambuco, IV. 1972, M. ALVARENGA. – Represa Rio Grande, Guanabara, V. 1972, F. M. OLIVEIRA. – Manaus, Amazonas, VI. 1972, ROPPA & OLIVEIRA. – Linhares, E. Santo, IX. 1972, ROPPA & OLIVEIRA. – Jataí, Goiás, X. 1972, F. M. OLIVEIRA. – Açungui, PR, Mai 1973, Laubholz, J. SCHÖNHERR. – V. Vera, M. Grosso, X. 1973, M. ALVARENGA. – Floresta da Tijuca, Guanabara, I. 1974, C. A. CAMPOS SEABRA.

Platypus pusillimus CHAP.:
Linhares, E. Santo, IX. 1972, ROPPA & ALVARENGA.

Platypus quadrispinatus CHAP.
Açungui, PR, Mai 1973, Laubholz, J. SCHÖNHERR.

Platypus subitarius SCHEDL:
Nova Teutonia, Sta. Catarina, F. PLAUMANN. – Racareacango, Pará, XII. 1968, M. ALVARENGA. – Represa Rio Grande, Guanabara, I. 1972, F. M. OLIVEIRA. – Varginha, M. Grosso, II. 1972, M. ALVARENGA. – Represa Rio Grande, III. 1972, F. M. OLIVEIRA. – Caruaru, Pernambuco, IV. 1972, M. ALVARENGA. – Manaus, Amazonas, VI. 1972, ROPPA & OLIVEIRA. – Linhares, E. Santo, IX. 1972, ROPPA & ALVARENGA. – Jataí, Goiás, X. 1972, F. M. OLIVEIRA. – V. Vera, M. Grosso, X. 1972, M. ALVARENGA.

Platypus subsulcatus CHAP.:
Manaus, Amazonas, VI. 1972, ROPPA & OLIVEIRA.

Platypus sulcatus CHAP.:
Represa Rio Grande, Guanabara, I. und III. 1972, F. M. OLIVEIRA. – Pedra Azul, 700 m, M. Gerais, XI. 1972, SEABRA & OLIVEIRA. – Pirai do Sul, PR, 16. 5. 1973,

ex Araucaria angustifolia, J. SCHÖNHERR. – Salto, SP, 2. VII. 1975, ex Eucalyptus decaisneana, For. Eng. OTAVIO PERES FILHO.

Platypus ustulatus CHAP.:
Fortaleza, R. G., VIII. 1951, F. PLAUMANN.

Platypus vafer SCHEDL:
Sinop, M. Grosso, Lon. 55°37', Lat. 12°31', X. 1974, M. ALVARENGA.

Tesserocerus dewalquei CHAP.:
Encruzilhada, 980 m, Bahia, Brasil, XI. 1972, M. ALVARENGA.

Tesserocerus forcipatus SCHEDL:
Manaus, Amazonas, VI. 1972, ROPPA & ALVARENGA.

Tesserocerus guerini CHAP.:
Fortaleza, R. G., VIII. 1951, F. PLAUMANN. – Nova Teutonia, II. und III. 1969, F. PLAUMANN. – Corcovado, Guanabara, VIII. 1971, ALVARENGA & SEABRA. – Représa Rio Grande, Guanabara, II. und V. 1972, F. M. OLIVEIRA. – Varginha, M. Gerais, II. 1972, M. ALVARENGA. – Caruaru, Pernambuco, IV. 1972, M. ALVARENGA. – Manaus, Amazonas, VI. 1972, ROPPA & OLIVEIRA. – Açungui, PR, 15. 3., 30. 4. und Mai 1973, ex Laubholz, J. SCHÖNHERR. – Floresta da Tijuca, Guanabara, I. 1974, C. A. CAMPOS SEABRA. – Sinop, M. Grosso, Lon. 55°37', Lat. 12°31', X. 1974, M. ALVARENGA.

Tesserocerus inermis GUÉR.:
Vilhena, Rondonia, XI. 1973, M. ALVARENGA. – Sinop, M. Grosso, Lon. 55°37', Lat. 12°31', X. 1974, M. ALVARENGA.

Tesserocerus insignis SAUND.:
Représa Rio Grande, Guanabara, II. und III. 1972, F. M. OLIVEIRA. – Açungui, PR, Nov. 1973, ex Laubholz, J. SCHÖNHERR.

Tesserocerus procer ER.:
Manaus, Amazonas, VI. 1972, ROPPA & OLIVEIRA.

Tesserocranulus nevermanni SCHEDL:
Linhares, E. Santo, IX. 1972, ROPPA & ALVARENGA.

Beschreibung neuer Arten

SCOLYTIDAE

Scolytus antennatus SCHEDL masc. n.

Die Type dieser Art war ein Weibchen, die Größe schwankt auf Grund des nunmehr vorliegenden reichlichen Materials von 2,8–3,0 mm. Das Männchen ist von ähnlicher Größe, Farbe und Skulpturierung, jedoch ist die Stirn etwas abgeflacht, alle Hinterleibssternite seidenglänzend, winzig punktuliert und fein punktiert, das zweite Sternit unbewehrt, das fünfte mit einem kräftigen, stumpfen, drehrunden Zapfen in der unteren Hälfte. Damit ergibt sich in der Gattung *Scolytus* eine neue Art des Sexualdimorphismus.

Allotypus und 5 Parallelotypen in Sammlung SCHEDL, 28 Parallelotypen auch in Sammlung ALVARENGA.

Typenfundort: Linhares, E. Bahia, IX. 1972, ROPPA & ALVARENGA.

Scolytus barbatus n. sp.

Glänzend dunkelbraun, 4,7 mm lang, 2,6mal so lang wie breit (ohne Kopf). Ähnlich gebaut wie *Scolytus nova-teutonicus* SCHEDL, aber am zweiten Hinterleibsternit ohne horizontalen Zahn, dafür entlang der Knickstellen mit einer dichten Franse blaßgelber, aufwärts gerichteter Haare.

Stirn abgeflacht, längsrissig punktiert, am Ober- und Seitenrand mit einer lockeren Franse von zum Zentrum gerichteter blasser Haare.

Halsschild länger als breit (26:20), lackglänzend, hintere Seitenecken rechtwinklig, die Seiten im basalen Drittel nahezu parallel, dann leicht bogig verengt, kurz vor dem breit gerundeten Vorderrand mit einer deutlichen Einschnürung; Scheibe mäßig dicht punktiert, die Punkte im Zentrum sehr klein, gegen den Vorderrand und die Seiten an Größe zunehmend. Schildchen stark eingedrückt.

Flügeldecken so breit und 1,25mal so lang wie der Halsschild, die Seiten gerade und nahezu parallel bis zum distalen Drittel, Hinterrand breit gerundet, dabei jede Flügeldecke etwas für sich gerundet; Scheibe glänzend, gestreift-punktiert, die Streifen in der Nähe der Naht kräftiger eingedrückt, an den Seiten weniger so, die Reihenpunkte mäßig groß und voneinander durch eine Punktbreite getrennt, die Zwischenräume mit einer nahezu regelmäßigen Reihe wesentlich kleinerer Punkte. Gegen den Absturz werden die Streifen kräftiger, am Absturz selbst dagegen verschwindend und daselbst ungeordnet dicht punktiert, die Zwischenraumpunkte auf der leichten Absturzwölbung mit einzelnen, schief abstehenden Härchen.

Holotypus in Sammlung SCHEDL.

Typenfundort: Encruzilhada, 980 m, Bahia, XI. 1972, M. ALVARENGA.

Scolytus neofacialis n. sp.

Glänzend schwarzbraun, 3,6 mm lang, 2,2mal so lang wie breit. Mit *Scolytus facialis* SCHEDL näher verwandt, mit der gleichen Ausformung des Abdomens, aber die Zwischenräume auf der Flügeldeckenscheibe deutlich gerieft-punktiert wie bei *Scolytus pseudocostellatus* SCHEDL.

Stirn glänzend, breit gewölbt, leicht längsrissig punktiert, von dem Seiten- und Oberrand entspringen kurze, nach innen gerichtete rötliche Härchen.

Halsschild wenig länger als breit, hintere Seitenecken rechtwinkelig und leicht abgerundet, die Seiten im basalen Drittel nahezu parallel, dann trapezförmig verengt, Vorderrand breit gerundet, kurz dahinter mit einer leicht angedeuteten Einschnürung; Scheibe lackglänzend, in der Mitte fein und relativ locker punktiert, die Punkte nach vorn etwas an Größe zunehmend, nur entlang der Einschnürung sehr dicht gestellt, einige kurze Härchen entlang des Seitenrandes und auf der distalen Einschnürung. Schildchen wie üblich versenkt.

Flügeldecken so breit und 1,15mal so lang wie der Halsschild, die Seiten größtenteils parallel, der Hinterrand sehr breit gerundet: Scheibe glänzend, gestreift-punktiert, die Streifenpunkte größtenteils undeutlich, die Zwischenräume gegen den Absturz ebenfalls leicht gestreift und mit je einer Reihe feiner Pünktchen, von denen gegen den Absturz schief abstehende Härchen entspringen.

Abdomen matt, zweites Sternit winkelig, nach oben rechtwinkelig abbrechend, die einzelnen Sternite mit feinen Pünktchen, aus denen mäßig lange Härchen entspringen, ansonsten ohne besondere Auszeichnungen.

Holotypus in Sammlung SCHEDL.

Typenfundort: Varginha, M. Gerais, II. 1972, M. ALVARENGA.

Scolytus strigipennis n. sp.

Schwarzbraun, 4,4 mm lang, 2mal so lang wie breit. Dem *Scolytus nodulum* WICHMANN ähnlich, aber alle Hinterleibssternite ohne Zahn oder Höcker.

Stirn abgeflacht, sehr fein und dicht längsrissig punktiert, von den Seitenrändern entspringen lange, nach der Mitte gerichtete blasse Haare.

H a l s s c h i l d breiter als lang (26:23), die hinteren Seitenecken rechtwinkelig, die Seiten allmählich nach vorn bogig verengt, Vorderrand breit gerundet, ohne nennenswerte subapikale Einschnürung; Scheibe lackglänzend, in der Mitte verhältnismäßig fein und locker punktiert, gegen die Seiten und zum Vorderrand die Punkte nur wenig größer werdend, auf letzteren etwas dichter gestellt, einige winzige Härchen entlang der Seitenränder, Basis deutlich zweibuchtig. Schildchen versenkt.

F l ü g e l d e c k e n so lang wie breit, in der basalen Hälfte parallelseitig, Hinterrand sehr breit gerundet, im distalen Drittel etwas abgeschrägt; Scheibe äußerst dicht gestreiftpunktiert, mit dazwischenliegenden sehr engen kielartigen Bildungen. Es scheint, daß nicht nur die normalen Streifen, sondern auch die Zwischenräume für sich gestreift-punktiert sind, auf den letzteren mit kurzen anliegenden, locker gestellten Härchen.

A b d o m e n schief aufsteigend gewölbt, zweites Sternit ohne winkelige Kante, aber sehr dicht und kräftig punktiert, aus den Punkten kurz anliegende Härchen entspringend, die Sternite drei und fünf nahezu eben, die Punktierung wesentlich feiner.

H o l o t y p u s in Sammlung SCHEDL.

T y p e n f u n d o r t : Brasilien. Alte Sammlung.

Cnemonyx acuminatus n. sp.

Gelbbraun, 1,6 mm lang, 2,3mal so lang wie breit. Von den kleineren Arten der Gattung durch die keilförmige Hinterleibsspitze leicht zu erkennen.

S t i r n flach gewölbt, fein und ziemlich dicht punktiert, nahezu unbehaart.

H a l s s c h i l d trapezförmig, der Länge nach kaum gewölbt, so lang wie breit, hintere Seitenecken nahezu rechtwinkelig, die Seiten nach vorn an Breite abnehmend, Vorderrand breit gerundet, ohne nennenswerte subapikale Einschnürung; Scheibe glänzend, äußerst fein und nur mäßig dicht punktiert, kaum behaart. Schildchen nicht sichtbar, versenkt.

F l ü g e l d e c k e n so breit und 1,16mal so lang wie der Halsschild, die Seiten in den basalen drei Fünfteln parallel, dann etwas keilförmig verjüngt, der Hinterrand eng gerundet, Absturz nach der Mitte beginnend und schief abgewölbt; Scheibe glänzend, unregelmäßig flach punktiert, die Zwischenräume auf dem Absturz mit locker gestellten, feinen Pünktchen, die ganz kurze, schief abstehende Härchen tragen.

H o l o t y p u s in Sammlung SCHEDL.

T y p e n f u n d o r t : Encruzilhada, Bahia, X. 1972, M. ALVARENGA.

Scolytodes gracilis n. sp.

Schwarzbraun, 1,8 mm lang, 2,6mal so lang wie breit. In der Skulpturierung dem *Scolytodes cecropii* SCHEDL nahestehend, aber wesentlich schlanker, der Halsschild mehr zylindrisch und der Apex der Flügeldecken eng gerundet.

S t i r n abgeflacht, fein dicht punktiert, bis auf die Franse am Vorderrand unbehaart.

H a l s s c h i l d so lang wie breit, hintere Seitenecken rechtwinkelig und leicht abgerundet, die Seiten im basalen Drittel parallel, dann bogig verengt, eine subapikale Einschnürung kaum wahrnehmbar, der Länge nach ansteigend gewölbt; Scheibe nur mäßig glänzend, winzig punktuliert und sehr fein locker punktiert, einige Härchen entlang der Seitenränder. Schildchen glänzend, etwas breiter als lang.

F l ü g e l d e c k e n so breit und nahezu doppelt so lang wie der Halsschild, die Seiten in der basalen Hälfte parallel, dann bogig verengt, der Hinterrand nur mäßig breit gerundet, der Absturz in der Mitte beginnend und schief abgewölbt; Scheibe nahezu matt, mit Reihen feiner, flacher, zum Teil undeutlicher Punkte, die Zwischenräume scheinbar ebenfalls mit Punkten besetzt, auf dem Absturz ist die Skulpturierung zarter, deshalb etwas mehr glänzend, die dicht gestellten Punkte feiner als auf der Scheibe.

Holotypus in Sammlung SCHEDL.

Typenfundort: Corcovado, Guanabara, VIII. 1962, ALVARENGA & SEABRA.

Hexacolus nardus n. sp.

Gelbbraun, die vordere Hälfte des Halsschildes dunkler, 1,4 mm lang, 2mal so lang wie breit. Der Größe und der Form nach *Hexacolus striatus* EGGERS am nächsten stehend, aber die Flügeldecken viel zarter gestreift-punktiert und die Punktierung der Zwischenräume kaum erkennbar.

Stirn flach gewölbt, nur mäßig glänzend, winzig punktuliert und sehr dicht fein punktiert.

Halsschild breiter als lang (37:30), Basis leicht zweibuchtig, gerandet, hintere Seitenecken rechtwinkelig, nur leicht abgerundet, die Seiten im basalen Drittel parallel, Vorderrand sehr breit gerundet, eine subapikale Einschnürung kaum erkennbar; Summit in der Mitte, vorn schief ansteigend gewölbt, sehr dicht mit winzigen Schuppenhöckern bedeckt, am Basalstück mit kleinen, mäßig dicht gestellten Punkten. Schildchen breiter als lang, flach dreieckig, mit einigen Pünktchen.

Flügeldecken so breit und 1,4mal so lang wie der Halsschild, die Seiten im basalen Drittel parallel, dann bogig eingezogen, Hinterrand mäßig breit gerundet, der Absturz beginnt in der Mitte und ist schief abgewölbt; Scheibe glänzend, mit Reihen feiner, dicht gestellter Pünktchen, diese teilweise (an den Seiten) versenkt, Zwischenräume breit, vereinzelt fein punktiert, auf dem Absturz ist die erste Punktreihe streifig vertieft, die anderen kaum so erkennbar, die Punkte der Zwischenräume etwas zahlreicher.

Holotypus in Sammlung SCHEDL.

Typenfundort: Brasilien. Alte Sammlung. – Ein gleiches Exemplar sah ich von Guyane Française, St. Laurent du Maroni, E. LE MOULT 1909.

Cnesinus bispinatus n. sp.

Dunkelrotbraun, 2,0 mm lang, 2,7mal so lang wie breit. Am Hinterrand des Flügeldeckenabsturzes jederseits der Naht und am dritten Zwischenraum mit einer kleinen dreieckigen Verlängerung, dadurch leicht von allen anderen Arten zu unterscheiden.

Stirn flach gewölbt, fein dicht punktiert, nahezu unbehaart.

Halsschild nahezu matt, länger als breit (19:17), hintere Seitenecken rechtwinkelig, wenig abgerundet, die Seiten in den basalen zwei Fünfteln parallel, dann schief verengt, Vorderrand nur mäßig breit gerundet, eine subapikale Einschnürung angedeutet; Summit in der Mitte, vorn schief ansteigend gewölbt und äußerst dicht und fein längsrissig punktiert, auf dem basalen Teil des Halsschildes die Längsrunzeln verschwindend, die ungeordnete feine Punktierung deutlicher. Schildchen klein, knopfförmig, glänzend.

Flügeldecken etwas breiter und 1,7mal so lang wie der Halsschild, die Basis fein gekantet, die Seiten in der basalen Hälfte parallel, dann etwas keilförmig verengt; Scheibe nur mäßig glänzend, kräftig gestreift-punktiert, die Streifen eng, die Punkte dicht gestellt, die Zwischenräume deutlich abgesetzt und jeder mit einer Reihe ungeordneter Punkte, die auf dem Absturz kurze, schief abstehende Börstchen tragen, am Absturz außerdem die Streifen tiefer, die Reihenpunkte undeutlicher. Die Flügeldecken der Type sind etwas gespalten, weshalb die Stellung der Apikalfortsätze etwas problematisch ist, vielleicht liegen sie bei normalen Exemplaren eng aneinander.

Holotypus in Sammlung SCHEDL.

Typenfundort: Brasilien. Alte Sammlung.

Cnesinus schoenherri n. sp.

Weibchen. – Dunkelrotbraun, 3,1–3,2 mm lang, 2,5mal so lang wie breit. Die neue Art könnte in die Nähe von *Cnesinus vexator* SCHEDL gestellt werden, ist aber größer, schlanker, mit anderer Stirnausbildung, und die alternierenden Flügeldeckenzwischenräume sind gegen den Absturz leicht gekielt.

Stirn unten mit leichtem Quereindruck, oben flach gewölbt, fein und ziemlich dicht punktiert, oben leicht glänzend, unten seidenartig matt, über dem Epistomalrand an den Seiten stumpfe, konische Erhebungen, mit kurzer, schief abstehender Behaarung, besonders an den Seiten und entlang der oberen Begrenzung.

Halsschild etwas breiter als lang (30:25), kurz vor der Basis am breitesten, letztere leicht zweibuchtig, hintere Seitenecken etwas mehr als rechtwinkelig, die Seiten in der basalen Hälfte leicht bogig, Vorderrand mäßig breit gerundet, die subapikale Einschnürung deutlich; Scheibe seidenglänzend, äußerst dicht, fein und längsrissig punktiert, die Punkte mit kurzen, nahezu anliegenden Härchen im vorderen Drittel, bei den Paratypen mehr abgerieben. Schildchen, winzig, knopfförmig.

Flügeldecken wenig breiter (32:30) und doppelt so lang wie der Halsschild, Basis fein gekantet, Seiten bis etwas über die Mitte parallel, Hinterrand breit gerundet, Absturz in der Mitte beginnend und schief abgewölbt; Scheibe mattglänzend, gestreiftpunktiert, die Streifen eng und nur wenig vertieft, die Reihenpunkte sehr klein, eng gestellt, teilweise undeutlich, die Zwischenräume breit, im hinteren Teil winzig punktuliert, gegen die Basis glänzender, die Punktierung gröber, mit einzelnen winzigen Körnchen; gegen den Absturz der zweite Zwischenraum breit und deutlich konvex, die seitlichen enger und leicht gekielt, an der Außenseite der Zwischenraumkiele, die sich auf dem Absturz fortsetzen, aber allmählich verflachen, mit einer regelmäßigen Reihe kleiner Punkte, die kurze, abstehende, rötliche Härchen tragen, diese Härchenreihe auf dem Absturz auch am ersten Zwischenraum.

Holotypus und ein Paratypus in Sammlung SCHEDL, ein Paratypus in der Sammlung von Dr. J. SCHÖNHERR.

Typenfundort: Brasilien, Rio Negrinho, März 1972, im Flug, D. J. SCHÖNHERR.

Cnesinus transitus n. sp.

Schwarzbraun, seidenglänzend, 2,6 mm lang, etwa dreimal so lang wie breit. Ein naher Verwandter von *Cnesinus coffeae* SCHEDL, aber größer und etwas gedrungener.

Stirn flach gewölbt, in der oberen Hälfte mit einer leicht gewölbten Erhebung, welche locker punktiert ist, in der unteren Hälfte und an den Seiten dichter punktiert und die Punkte mit rostroten, nach oben gerichteten, kurzen, schuppenförmigen Härchen.

Halsschild länger als breit (21:18), Basis leicht zweibuchtig, hintere Seitenecken rechtwinkelig, leicht abgerundet, die Seiten im basalen Drittel parallel, dann bogig verengt, Vorderrand breit gerundet, die subapikale Einschnürung angedeutet; aufsteigend gewölbt, höchste Erhebung in der Mitte, äußerst dicht und sehr fein längsrissig punktiert, gegen die Seiten einige der Punkte mit winzigen anliegenden Härchen. Schildchen knopfförmig, punktiert.

Flügeldecken so breit und beinahe doppelt so lang wie der Halsschild, die Seiten bis über die Mitte parallel, dann bogig verengt, der Hinterrand leicht winkelig gerundet, Absturz deutlich hinter der Mitte beginnend und schief abgewölbt; Scheibe kräftig gestreift-punktiert, die Punkte in den Streifen nur undeutlich, die Zwischenräume erhöht, im mittleren Teil leicht streifenförmig vertieft und in diesen Streifen erkennbare, mäßig große Punkte, dazwischen winzig punktuliert, auf dem Absturz werden die Zwischenräume enger, die Streifen der Hauptreihen kräftiger punktiert, die Zwischenräume mit je einer medianen Reihe äußerst kurzer abstehender Härchen, jene der Naht etwas zahlreicher und distal mit dem ebenfalls behaarten Hinterrand verbunden, die Zwischenräume 2 und 3 durchgehend, Zwischenräume 4, 5 und 6 verkürzt.

Holotypus in Sammlung SCHEDL.

Typenfundorte: Corcovado, Guanabara, Brasil, XI. 1970, ALVARENGA & SEABRA.

Pagiocerus major n. sp.

Schwarzbraun, 2,9 mm lang, 2mal so lang wie breit. Bedeutend größer als *Pagiocerus frontalis* FAB., außerdem die Halsschildscheibe längsrissig punktiert und die Flügeldeckenstreifen etwas stärker vertieft.

Stirn gegen den Scheitel gewölbt, darunter mit einem kurzen erhabenen Mediankiel, zwischen den Fühlereinlenkungen eine querverlaufende Vertiefung, dazwischen eine halbkugelige Wölbung, die bis zum Vorderrand reicht, diese Wölbung außerdem fein punktiert, seitlich des oberen Längskiels etwas eingedrückt und dichter punktiert.

Halsschild breiter als lang (31:24), hintere Seitenecken rechtwinkelig, die Seiten im basalen Viertel parallel, dann bogig verengt, Vorderrand breit gerundet, mit leicht angedeuteter subapikaler Einschnürung; aufsteigend gewölbt, die Scheibe nur mäßig glänzend, auf der ganzen Oberfläche äußerst fein längsrissig punktiert, ohne nennenswerte Behaarung. Schildchen knopfförmig, glänzend und relativ klein.

Flügeldecken etwas breiter und beinahe doppelt so lang wie der Halsschild, die Seiten in der basalen Hälfte parallel, dann kräftig verengt, Apex breit gerundet, der Absturz nach dem basalen Drittel beginnend und schief abgewölbt; Scheibe nur mäßig glänzend, kräftig gestreift-punktiert, die Reihenpunkte relativ groß, eng gestellt, die Zwischenräume deutlich erhaben, mit unregelmäßig gestellten, feinen Punkten, die kurze, schief abstehende, am Absturz längere rotbraune Härchen tragen, nahe der Basis diese Haarreihen einfach, auf dem Absturz teilweise doppel- oder dreireihig in ihrer Anordnung.

Holotypus und ein Paratypus in Sammlung SCHEDL.

Typenfundorte: Brasilien. Alte Sammlung. – Linhares, E. Santo, Brasil, IX. 1972, ROPPA & ALVARENGA.

Phloeotrupes punctatus n. sp. (EGGERS i. l.)

Männchen. – Schwarzbraun, 11,0 mm lang, 1,8mal so lang wie breit. Gegenüber den beiden anderen Arten der Gattung fällt besonders der glatt polierte und sehr fein punktierte Halsschild auf, so daß Verwechslungen kaum zu befürchten sind.

Stirn wie üblich rüsselförmig, unten auf einer dreieckigen Fläche abgeflacht, dicht punktiert und ganz kurz behaart, oben zwischen den Augen und gegen den Scheitel gewölbt und mäßig dicht mit mittelgroßen Punkten besetzt, der Abstand der beiden Augen nur mäßig breit.

Halsschild viel breiter als lang (32:20), Basis leicht zweibuchtig, hintere Seitenecken rechtwinkelig und verrundet, die Seiten im basalen Drittel nahezu parallel, dann leicht bogig verengt, Vorderrand breit gerundet, die subapikale Einschnürung sehr deutlich; der Länge nach schwach gewölbt, lackglänzend, fein und mäßig dicht punktiert, die Punkte tragen in der vorderen Hälfte winzige abstehende Härchen, die Mittellinie ist größtenteils punktfrei. Schildchen knopfförmig, relativ klein und punktiert.

Flügeldecken wenig breiter und doppelt so lang wie der Halsschild, die Seiten im basalen Drittel parallel, Apex sehr breit gerundet, der Absturz beginnt bereits nach dem ersten Drittel und ist kräftig gewölbt; Scheibe kräftig gestreift-punktiert, die Reihenpunkte undeutlich, die Zwischenräume erhaben und unregelmäßig dicht grob punktiert gegen die Basis, nach rückwärts werden die Punkte kleiner, sie sind mehr quergestellt und auf dem Absturz leicht dachziegelartig angeordnet; am Absturz die ersten drei Zwischenräume bis zum Apex durchgehend, vom vierten Zwischenraum an verkürzt.

Holotypus und ein Paratypus (♂) in Sammlung SCHEDL.

Typenfundorte: Santo Leopoldina, Espirito Santa, Brasil, H. ROLLE; Agudos, Est. d. S. Paulo, 1909, H. REDE leg.

Chramesus cylindricus SCHEDL fem. n.

Die Stirn des Weibchens ist mehr konvex als beim Männchen, unten etwas abgeflacht und mit einem kleinen Grübchen in der Mitte.

Allotypus in Sammlung SCHEDL.

Typenfundort: Rio Grande do Sul, Torres, I. 1959, K. E. HÜDEPOHL.

Cryphalus brasiliensis n. sp.

Gelbbraun, 1,68 mm lang, 2,1mal so lang wie breit. Der erste Vertreter der Gattung *Cryphalus* aus Südamerika, etwas ähnlich wie *Cryphalus scabricollis* EICHH. aus Burma, der Halsschild etwas weniger konvex, die Schuppenhöcker auf demselben lockerer gestellt und die schief abstehenden Härchen auf dem Flügeldeckenzwischenraum deutlicher.

Stirn breit gewölbt, nahezu matt, winzig punktuliert und mit einigen winzigen abstehenden Härchen.

Halsschild breiter als lang (20:15), Basis gerade, hintere Seitenecken rechtwinkelig, die Seiten im basalen Viertel parallel, dann bogig verengt, Apex mäßig breit gerundet, in der Mitte mit drei kräftigen abstehenden Schuppenhöckern; Summit deutlich hinter der Mitte, vorn abfallend gewölbt, mäßig glänzend, auf dicht punktuliertem Grund mit locker gestellten, mäßig großen Schuppenhöckern, an den Seiten mit kurzen abstehenden Härchen. Schildchen sehr klein und knopfförmig, nahezu matt.

Flügeldecken so breit und 1,7mal so lang wie der Halsschild, die Seiten im basalen Drittel parallel, Apex breit gerundet, der Absturz nach dem basalen Drittel beginnend und kräftig abgewölbt; Scheibe nur mäßig glänzend, seidenartig, mit regelmäßigen Reihen kleiner, teilweise versenkter Punkte, die in der Nähe der Basis in leicht vertieften Streifen liegen, die Zwischenräume breit, äußerst dicht und fein punktiert, die Pünktchen tragen kurze anliegende Schüppchen, außerdem besonders gegen den Absturz mit je einer medianen Reihe schief abstehender, schlanker Schüppchen.

Holotypus in Sammlung SCHEDL.

Typenfundort: Botafogo, Guanabara, Brasil, I. 1970, M. ALVARENGA leg.

Cryphalomorphus alienus n. sp.

Schwarzbraun, 1,5 mm lang, 2,2mal so lang wie breit. In der allgemeinen Form *Cryphalomorphus cylindricus* SCHEDL aus Ceylon ähnlich, aber die Flügeldecken mit einem doppelten Haarkleid, kurze schief abstehende Börstchen, auf dem Zwischenraum jederseits begleitet von einer Reihe kürzerer, mehr anliegender Härchen. Erste Art der Gattung aus Südamerika.

Stirn breit gewölbt, in der Mitte mit einem durchgehenden kräftigen Längskiel, seitlich davon die Punkte mit anliegenden feinen Härchen.

Halsschild trapezförmig, länger als breit (32:30), hintere Seitenecken rechtwinkelig und stark verrundet, die Seiten im basalen Drittel parallel, dann leicht schief verengt, Vorderrand breit gerundet, so daß die vorderen Seitenecken angedeutet erscheinen; Summit in der Mitte, vorn kräftig abfallend gewölbt, mit locker gestellten, kleinen Schuppenhöckern, die bis zum Vorderrand reichen, Basalstück fein und dicht punktiert und ganz kurz anliegend behaart. Schildchen knopfförmig, nahezu matt.

F l ü g e l d e c k e n so breit und 1,6mal so lang wie der Halsschild, die Seiten in der basalen Hälfte parallel, Apex breit gerundet, der Absturz beginnt in der Mitte und ist schief abgewölbt, die Punktierung auf der Scheibe etwas undeutlich, doch läßt sich aus der Behaarung auf dieselbe schließen, die Hauptreihen mit kleinen, schief abstehenden Härchen angedeutet, die auf dem Absturz leicht spachtelförmig werden, die Zwischenraumpunktierung verworren doppelreihig, die Pünktchen mit kurzen gedrungenen und anliegenden Schüppchen, auf dem Absturz sind die Zwischenraumpunkte stark reduziert, die Medianhärchen etwas deutlicher.

H o l o t y p u s in Sammlung SCHEDL.

T y p e n f u n d o r t : Corcovado, Guanabara, Brasil, IX. 1970, ALVARENGA & SEABRA.

Pityophthorus anticus n. sp.

M ä n n c h e n. – Rotbraun, 1,7 (1,4–1,8) mm lang, 2,3mal so lang wie breit. Verglichen mit *Pityophthorus excellens* SCHEDL ist die vorliegende neue Art etwas gedrungener, Oberfläche ohne erkennbare Behaarung, der Halsschild mehr gleichförmig gewölbt, die Flügeldeckenscheibe mehr verworren punktiert, der Absturz mehr schief abgewölbt, die Punktierung daselbst feiner als auf der Scheibe und ohne streifenförmige Anordnung.

S t i r n flach gewölbt, mäßig glänzend, dicht punktiert und mit Andeutung eines feinen medianen Längskieles.

H a l s s c h i l d etwas breiter als lang, an der Basis am breitesten, hintere Seitenecken leicht abgerundet, die Seiten in der basalen Hälfte trapezförmig verengt, anschließend eine leichte subapikale Einschnürung, Vorderrand ziemlich eng gerundet, aufsteigend gewölbt, ein Buckel nur wenig ausgeprägt, soweit erkennbar, deutlich hinter der Mitte gelegen, apikale Abschrägung fein und dicht geraspelt-gehöckert, im basalen Teil die Höcker durch eng gestellte, mittelgroße Punkte ersetzt. Schildchen klein, knopfförmig.

F l ü g e l d e c k e n wenig breiter und 1,9mal so lang wie der Halsschild, die Seiten in den basalen zwei Fünfteln parallel, dann leicht bogenförmig verengt, Hinterrand breit gerundet, der Absturz schon etwas vor der Mitte beginnend und schief abgewölbt; Scheibe mäßig glänzend, dicht und ziemlich kräftig punktiert, aber meist ohne deutliche reihenförmige Anordnung; auf dem Absturz ist die Naht leicht erhöht, ansonsten dicht und etwas feiner als auf der Scheibe punktiert, die ganzen Flügeldecken ohne erkennbare Behaarung.

Das weibliche Geschlecht ist schwer ansprechbar, weil der Halsschild und die Flügeldecken kaum anders geformt sind und die Stirn bei den meisten Exemplaren durch den Halsschild verdeckt erscheint. Soweit erkennbar, ist die Stirn weniger gewölbt, vielleicht sogar leicht konkav.

H o l o t y p u s und sieben Paratypen in Sammlung SCHEDL, sieben Paratypen in Sammlung J. SCHÖNHERR.

T y p e n f u n d o r t e : Brasilien, Rio Negro, PR, 20. und 25. 10. 1972, ex Araucaria angustifolia; Açungui, PR, 13. 10. 1972, ex Pinus elliotti, alles Dr. J. SCHÖNHERR.

Pityophthorus apicenotatus n. sp.

Rotbraun, 1,9 mm lang, 2,8mal so lang wie breit. Ähnlich dem Weibchen von *Pityophthorus detectus* SCHEDL, aber etwas größer, der Flügeldeckenabsturz mit einer breiten Furche und drei kleinen Zähnchen auf den Seitenwülsten.

S t i r n durch den Halsschild größtenteils verdeckt, soweit sichtbar, breit gewölbt.

H a l s s c h i l d länger als breit (18:17), hintere Seitenecken rechtwinkelig und abgerundet, die Seiten im basalen Viertel parallel, dann leicht schief verengt, Apex sehr breit gerundet, eine subapikale Einschnürung kaum wahrnehmbar; Summit in der Mitte, vorn schief abgewölbt und mit zahlreichen kleinen Schuppenhöckerchen bedeckt, dazwischen wie auch entlang der Seiten mit abstehenden Härchen, Basalstück lackglänzend, mit mäßig feinen Punkten ziemlich dicht besetzt. Schildchen sehr klein, knopfförmig.

Flügeldecken so breit und 1,6mal so lang wie der Halsschild, die Seiten in der basalen Hälfte parallel, dann leicht, nahezu geradlinig verengt, zum Apex ziemlich unvermittelt gerundet, die Naht leicht winkelig vorspringend, der Absturz beginnt in der Mitte und ist kräftig gewölbt; die Scheibe in Reihen fein punktiert, die Zwischenräume breit, mit feinen, nicht regelmäßig gestellten Pünktchen; gegen den Absturz wird die Punktierung viel gröber und ohne jede regelmäßige Anordnung, der Absturz selbst mit einer kurzen steilen Längsfurche, die Naht kielförmig erhaben, der zweite Zwischenraum stark eingedrückt, die Naht und die Seitenwülste mit 2–3 spitzen Zähnchen.

Holotypus in Sammlung SCHEDL.

Typenfundort: Cachimbo, BA, Brasil, X. 1959, M. ALVARENGA coll.

Pityophthorus apicipennis n. sp.

Rotbraun, 2,0 mm lang, 2,7mal so lang wie breit. In der allgemeinen Form dem *Pityophthorus apicenotatus* n. sp. ähnlich, aber der Flügeldeckenabsturz kürzer, ebenfalls sehr steil abbrechend, die Längsfurche bedeutend länger, der 2. Zwischenraum nicht breiter als der 3. und unbewehrt, Zwischenraum 1, 3 und 5 mit einzelnen, locker gestellten, spitzen Höckerchen.

Stirn breit gewölbt, glänzend, fein ziemlich dicht punktiert, ohne nennenswerte Behaarung.

Halsschild wenig länger als breit, hintere Seitenecken rechtwinkelig und nur wenig abgerundet, die Seiten im basalen Viertel parallel, dann leicht bogig verengt, Vorderrand breit gerundet und mit zahlreichen, ganz niederen Schuppenhöckern besetzt, eine subapikale Einschnürung nur angedeutet; Summit in der Mitte, vorn kräftig gewölbt und mit zahlreichen niederen, teilweise regelmäßig angeordneten Schuppenhöckern besetzt, Basalstück wenig glänzend, winzig punktuliert und sehr dicht und fein punktiert, einzelne abstehende Härchen auf der vorderen Abwölbung und entlang der Seiten. Schildchen knopfförmig und glänzend.

Flügeldecken so breit und 1,7mal so lang wie der Halsschild, die Seiten bis über die Mitte parallel, dann ziemlich unvermittelt zur Naht gebogen, die letztere winkelig vorspringend, der Absturz kurz, deutlich nach der Mitte beginnend und kräftig abgewölbt; Scheibe mäßig glänzend, mit regelmäßigen Reihen kräftiger, eng gestellter Punkte, die in leicht vertieften Streifen liegen, die Zwischenräume eng, vereinzelt punktiert, auf dem Absturz die Punktstreifen tiefer und die Zwischenräume deutlich erhaben, Zwischenräume 1, 3 und 5 mit einigen kräftigen spitzen Körnchen.

Holotypus in Sammlung SCHEDL.

Typenfundort: Serra do Caraca, Minas Gerais, Brasil, III. 1963; F. WERNER, U. MARTINS, L. SILVA.

Pityophthorus elongatulus n. sp.

Lichtbraun, 1,7 mm lang, 2,7mal so lang wie breit. Von ähnlicher schlanker Form wie *Pityophthorus roppae* n. sp., aber der Flügeldeckenabsturz einfach gewölbt, der zweite Zwischenraum nur ganz leicht vertieft, der dritte Zwischenraum mit drei kleinen spitzen Höckerchen.

Stirn breit gewölbt, unten etwas abgeflacht, oben mit einem Querkiel, die Augen relativ groß.

Halsschild länger als breit (18:16), hintere Seitenecken rechtwinkelig, leicht abgerundet, die Seiten in der basalen Hälfte parallel, dann bogig verengt, Vorderrand breit gerundet und mit einer Anzahl niederer Schuppenhöckerchen, die subapikale Einschnürung nur angedeutet; Summit etwas vor der Mitte, vorn schief abgewölbt und mit ziemlich regelmäßig angeordneten, feinen Schuppenhöckerchen, Basalstück lackglänzend, ziemlich dicht mit feinen Punkten besetzt, Behaarung nahezu fehlend. Schildchen klein, knopfförmig und punktiert.

Flügeldecken so breit und 1,3mal so lang wie der Halsschild, die Seiten in der basalen Hälfte parallel, Hinterrand breit gerundet, der Absturz deutlich hinter der Mitte beginnend und schief abgeschrägt; Scheibe glänzend, mit ziemlich regelmäßigen Reihen mäßig feiner Punkte, nur die erste Reihe etwas streifig vertieft, die Zwischenräume relativ eng, der 2. mit einer Reihe grober, eng gestellter Punkte, die seitlichen sehr fein punktuliert und mit einzelnen kaum größeren Pünktchen; Absturz mit der Naht leicht erhöht, der 2. Zwischenraum etwas vertieft, der 3. so hoch wie die Naht und mit drei spitzen Körnchen, von hinten gesehen ist der Hinterrand deutlich winkelig gerundet, mit kurzen Börstchen an den seitlichen Zwischenräumen.

Holotypus in Sammlung SCHEDL.

Typenfundort: Tapuruquara, Rio Negro, AM, 25.–27. XI. 1962, J. BECHYNÉ coll.

Pityophthorus erraticus n. sp.

Rotbraun, 1,8 mm lang, 2,8mal so lang wie breit. Der äußeren Form nach dem *Pityophthorus granulicauda* SCHEDL ähnlich, aber der Flügeldeckenabsturz mit einem kräftigen konischen Zähnchen am 3. Zwischenraum etwas unter der Mitte.

Stirn, soweit sichtbar, unten abgeflacht, sehr dicht und fein punktiert, Augen relativ groß, Behaarung nahezu fehlend.

Halsschild länger als breit (18:16), hintere Seitenecken rechtwinkelig, leicht abgerundet, die Seiten im basalen Drittel parallel, dann bogig verengt, Apex mäßig breit gerundet, eine subapikale Einschnürung kaum erkennbar; Summit in der Mitte, vorn schief abgewölbt, in der unteren Hälfte mit feinen Schuppenhöckerchen, im oberen Teil dicht punktiert, Basalstück mäßig glänzend, äußerst dicht und mäßig fein punktiert, einzelne Härchen im vorderen Teil und an den Seiten. Schildchen klein, knopfförmig, kaum wahrnehmbar.

Flügeldecken so breit und 1,5mal so lang wie der Halsschild, die Seiten in der basalen Hälfte parallel, Hinterrand kaum merklich winkelig gerundet, der Absturz beginnt in der Mitte und ist stark abfallend; Scheibe mäßig glänzend, mit Reihen eng gestellter, mittelgroßer Punkte, die in leicht eingedrückten Streifen liegen, Zwischenräume leicht erhaben, mit einzelnen winzigen Punkten; der Absturz schief abgeflacht, die Naht leicht erhöht und fein punktiert, der 2. Zwischenraum etwas eingedrückt, der 3. höher als die Naht, auf der linken Seite mit zwei konischen Höckern, auf der rechten mit einem Börstchen, die Zwischenraumpunkte mit kurzen abstehenden Börstchen.

Holotypus in Sammlung SCHEDL.

Typenfundort: Jacareacanga, Pará, Brasil, VI. 1970, F. R. BARBOSA.

Pityophthorus inaequidens n. sp.

Rotbraun, 1,8 mm lang, 2,3mal so lang wie breit. Noch gedrungener gebaut als *P. mandibularis* SCHEDL und der Flügeldeckenabsturz kurz schief abgewölbt, der 3. Zwischenraum mit einigen spitzigen Körnchen.

Stirn größtenteils verdeckt, soweit erkennbar, unten breit gewölbt.

Halsschild so lang wie breit, hintere Seitenecken rechtwinkelig und kaum abgerundet, die Seiten im basalen Drittel parallel, dann kräftig verengt, Vorderrand mäßig breit gerundet und mit einer Anzahl ganz niederer breiter Schuppenhöckerchen, die subapikale Einschnürung recht deutlich; Summit in der Mitte, vorn schief abgewölbt, mit locker gestellten Schuppenhöckerchen, Basalstück lackglänzend, ziemlich dicht und fein punktiert, entlang der Seiten mit einer Anzahl abstehender Börstchen. Schildchen klein, knopfförmig.

F l ü g e l d e c k e n so breit und 1,4mal so lang wie der Halsschild, die Seiten in den basalen zwei Fünfteln parallel, Apex sehr breit gerundet, der Absturz beginnt schon etwas vor der Mitte und ist kräftig abgewölbt; Scheibe mäßig glänzend, leicht streifig punktiert, die Reihenpunkte klein, die Zwischenräume breit, unregelmäßig mit einzelnen feinen Pünktchen besetzt, auf dem Absturz werden die Zwischenraumpunkte deutlicher und tragen kurze abstehende Börstchen, außerdem sind sie regelmäßiger angeordnet, der Absturz leicht abgeflacht, der 3. Zwischenraum nur unmerklich erhöht und mit je zwei kleinen spitzen Höckerchen.

H o l o t y p u s in Sammlung SCHEDL.

T y p e n f u n d o r t : Jacareacanga, Pará, Brasil, I. 1970, F. R. BARBOSA.

Pityophthorus roppae n. sp.

Rotbraun, 1,6 mm lang, 2,6mal so lang wie breit. Eine neue Art, die zwischen *Pityophthorus quadrispinatus* SCHEDL und *P. gruneri* SCHEDL zu stellen ist, aber größer und mit winkelig gerundetem Hinterrand der Flügeldecken.

S t i r n flach gewölbt, fein dicht punktiert, vereinzelt behaart.

H a l s s c h i l d länger als breit (16:15), hintere Seitenecken rechtwinkelig, leicht abgerundet, Seiten im basalen Drittel parallel, Vorderrand breit gerundet, die subapikale Einschnürung angedeutet; Summit etwas vor der Mitte, vorn schief abgewölbt, fein locker geschuppt-gehöckert, Basalstück glänzend, winzig punktuliert, fein punktiert, einzelne Härchen am vorderen Teil und an den Seiten. Schildchen klein, knopfförmig.

F l ü g e l d e c k e n so breit und 1,5mal so lang wie der Halsschild, die Seiten in den basalen drei Fünfteln parallel, Apex breit gerundet, der Absturz beginnt deutlich hinter der Mitte und ist kurz abgewölbt; Scheibe glänzend, in Reihen regelmäßig fein punktiert, der Abstand von Punkt zu Punkt nahezu so groß wie der Durchmesser derselben, Zwischenräume mäßig breit, mit kaum erkennbaren feinen Pünktchen, der Absturz leicht abgeflacht, der 3. Zwischenraum etwas höher als die Naht und mit zwei spitzen Höckerchen, die Punktierung auf dem Absturz sehr fein und äußerst dicht gestellt, einzelne abstehende Börstchen entlang des Hinterrandes.

H o l o t y p u s in Sammlung SCHEDL.

T y p e n f u n d o r t : Linhares, E. Santo, Brasil, X. 1972, ROPPA & ALVARENGA.

Pityophthorus sinopae n. sp.

Rotbraun, glänzend, 2,1 mm lang, nahezu 3mal so lang wie breit. Derzeit die größte *Pityopthorus*-Art aus Südamerika, mit einer breiten Absturzfläche und stark überhöhten Seitenwülsten.

S t i r n größtenteils durch den Halsschild verdeckt, soweit sichtbar, im unteren Teil breit gewölbt.

H a l s s c h i l d länger als breit (20:18), hintere Seitenecken rechtwinkelig und leicht abgerundet, die Seiten im basalen Viertel parallel, dann allmählich bogig verengt, Vorderrand breit gerundet, mit einer Anzahl ganz niederer breiter Schuppenhöcker, eine subapikale Einschnürung angedeutet; Summit etwas vor der Mitte, vorn schief abgewölbt und ziemlich dicht mit feinen Schüppchen bedeckt, Basalstück lackglänzend, äußerst fein und locker punktiert, lange abstehende Börstchen an den Seiten und im vorderen Drittel der Wölbung. Schildchen mäßig groß, fein punktiert.

Flügeldecken so breit und 1,7mal so lang wie der Halsschild, die Seiten in den basalen drei Fünfteln parallel, Apex breit gerundet, die Naht leicht winkelig vorspringend, der Absturz beginnt nach den basalen drei Fünfteln und ist kräftig abgewölbt; Scheibe glänzend, gestreift-punktiert, die Reihenpunkte mäßig klein und eng gestellt, die Zwischenräume breit, in der Nähe der Basis mit einigen kleinen Pünktchen, auf dem Absturz eine breite Längsfurche, die Seitenwülste wesentlich höher als die Naht und mit zwei kräftigen konischen Höckern, die Absturzfläche dicht und nur mäßig fein unregelmäßig punktiert, die Naht ganz leicht erhöht und mit zahlreichen feineren Pünktchen, abstehende Börstchen zeigen sich auf den Punkten der Zwischenräume und an den Seiten der Wölbung.

Holotypus in Sammlung SCHEDL.

Typenfundort: Sinop, M. Grosso, Brasil, X. 1974, M. ALVARENGA.

Brachydrendrulus plaumanni n. sp.

Glänzend, schwarzbraun, 2,0 mm lang, 2,5mal so lang wie breit. Durch die plumpe Form und den kräftig gewölbten Flügeldeckenabsturz besonders ausgezeichnet.

Stirn breit gewölbt, glänzend, ziemlich kräftig und mäßig dicht punktiert, nahezu unbehaart.

Halsschild so lang wie breit, an der Basis am breitesten, hintere Seitenecken rechtwinkelig, nur wenig abgerundet, die Seiten im basalen Viertel nahezu parallel, dann ziemlich kräftig bogig verengt, Vorderrand mäßig breit gerundet, mit einigen ganz niederen Schuppenhöckern, die subapikale Einschnürung sehr deutlich; Summit etwas hinter der Mitte, vorn schief abgewölbt und mit kleinen Schuppenhöckerchen locker besetzt, Basalstück lackglänzend, recht kräftig und dicht punktiert, ohne nennenswerte Behaarung. Schildchen kaum erkennbar.

Flügeldecken so breit und 1,5mal so lang wie der Halsschild, die Seiten in den basalen zwei Fünfteln parallel, dann leicht bogig verengt, Hinterrand breit gerundet, der Absturz beginnt in der Mitte und ist schief, ziemlich kräftig gewölbt; Scheibe glänzend, mit regelmäßigen Reihen mäßig feiner Punkte, von denen nur die erste Reihe etwas streifig vertieft ist, die Zwischenräume breit, vereinzelt fein punktiert, auf dem Absturz die Wölbung am 3. Zwischenraum kaum merklich höher als die Naht, erste Punktreihe streifig vertieft, 3. Zwischenraum mit einigen kaum erkennbaren Körnchen, die übrige Punktierung etwas feiner als auf der Scheibe.

Holotypus und ein Paratypus in Sammlung SCHEDL.

Typenfundort: Nova Teutonia, Brasilien, VII. 1972, F. PLAUMANN.

Neodryocoetes cribripennis n. sp.

Gelbbraun, 1,8 mm lang, 3,2mal so lang wie breit. Verwandt mit *Neodryocoetes granulipennis* SCHEDL, aber größer, schlanker, mit deutlicher Längsfurche am Flügeldeckenabsturz und der Hinterrand des letzteren breit gerundet.

Stirn oben breit gewölbt, unten mit ganz leichtem Quereindruck, äußerst dicht und fein punktiert und entlang des Vorderrandes mit einer Franse kurzer Haare.

Halsschild länger als breit (19:17), hintere Seitenecken rechtwinkelig, wenig abgerundet, die Seiten im basalen Drittel parallel, Vorderrand breit gerundet, die subapikale Einschnürung nur angedeutet; Summit in der Mitte, vorn bogig abgewölbt und sehr dicht mit winzigen Schuppenhöckern besetzt, außerdem mit kurzen abstehenden Härchen, Basalstück nur wenig glänzend, sehr dicht und mäßig fein punktiert. Schildchen klein, dreieckig.

Flügeldecken so breit und 1,5mal so lang wie der Halsschild, die Seiten bis über die Mitte parallel, hinten kurz und breit abgerundet, der Absturz deutlich hinter der Mitte beginnend und kräftig gewölbt; Scheibe mäßig glänzend, mit Reihen sehr feiner Punkte, die teilweise schwer zu erkennen sind, die Zwischenräume breit, einreihig fein punktiert, die erste Punktreihe leicht streifig vertieft; Absturz mit flacher breiter Längsfurche, die Seitenwülste höher als die Naht, mit einigen spitzen Körnchen, der gesamte Absturz dicht körnelig punktiert und sehr kurz abstehend behaart.

Holotypus in Sammlung SCHEDL.

Typenfundort: Xingu, Mato Grosso, Brasil, XI. 1961, ALVARENGA & WERNER.

Hylocurus denticollis n. sp.

Rotbraun, 2,5 mm lang, 2,8mal so lang wie breit. Dem *Hylocurus interpositus* n. sp. ähnlich, aber etwas größer, gedrungener, der Halsschildvorderrand mit zahlreichen schlanken, locker stehenden Zähnchen bewehrt und die Flügeldecken deutlich gröber skulpturiert.

Stirn breit gewölbt, sehr dicht und fein punktiert, an den vorderen Seitenecken mit einzelnen Härchen.

Halsschild länger als breit, hintere Seitenecken rechtwinkelig, wenig abgerundet, die Seiten im basalen Drittel parallel, dann ziemlich kräftig bogig verjüngt, Vorderrand eng gerundet, mit 6 spitzen, feinen und locker gestellten Schüppchen bedeckt, die subapikale Einschnürung kaum erkennbar; Summit in der Mitte, vorn schief abgewölbt, mit zahlreichen feinen Schüppchen bedeckt, Basalstück sehr dicht und kräftig punktiert, Behaarung unbedeutend. Schildchen schwer erkennbar.

Flügeldecken so breit und beinahe doppelt so lang wie der Halsschild, die Seiten in den basalen drei Fünfteln parallel, dann ziemlich unvermittelt abgerundet, im ganzen gesehen der Hinterrand leicht winkelig gerundet, der Absturz auf das distale Drittel beschränkt und kräftig schief abgewölbt; Scheibe äußerst dicht punktuliert, deshalb nur leicht glänzend, mit Reihen kräftiger, eng gestellter Punkte, die Zwischenräume sehr eng, vereinzelt punktiert, auf dem Absturz die Punktreihen streifig vertieft, die Zwischenräume erhaben, einreihig punktiert und mit spachtelförmigen Schüppchen besetzt, im ganzen gesehen rauh skulpturiert.

Holotypus in Sammlung SCHEDL.

Typenfundort: Encruzilhada, 980 m, Bahia, Brasil, XI. 1972, M. ALVARENGA.

Hylocurus interpositus n. sp.

Dunkelrotbraun, 2,4 mm lang, nahezu 3mal so lang wie breit. Dem Weibchen von *Hylocurus subgranulatus* SCHEDL am nächsten stehend, aber deutlich kleiner, viel feiner skulpturiert und die abstehenden Schüppchen auf dem Flügeldeckenabsturz gedrungener und dichter gestellt.

Stirn flach gewölbt, winzig punktuliert und fein punktiert.

Halsschild länger als breit, hintere Seitenecken rechtwinkelig, wenig abgerundet, die Seiten im basalen Drittel parallel, dann bogig verengt, Vorderrand mäßig breit gerundet, die subapikale Einschnürung nur angedeutet; Summit in der Mitte, vorn schief abgewölbt, mit zahlreichen, sehr kleinen Schuppenhöckerchen, dazwischen abstehende kurze Härchen, Basalstück kaum glänzend, winzig punktuliert, dicht und mäßig fein punktiert. Schildchen groß, nahezu matt, dicht punktiert.

Flügeldecken so breit und 1,9mal so lang wie der Halsschild, die Seiten in den basalen drei Fünfteln parallel, Hinterrand unvermittelt gerundet, an der Naht mit kurzem Fortsatz, der Flügeldeckenabsturz auf die distalen zwei Fünftel beschränkt, schief abgewölbt; Scheibe nur wenig glänzend, mit Reihen feiner, ziemlich eng gestellter Punkte, die Zwischenräume breit, locker verworren punktiert, aus den Punkten kurze blasse Schuppen entspringend, auf dem Absturz sind die Punktreihen streifig vertieft, die Reihenpunkte mit winzigen anliegenden Härchen, die Zwischenräume mit je einer regelmäßigen Reihe schief abstehender, spachtelförmiger Schüppchen.

Holotypus in Sammlung SCHEDL, Paratypus in Sammlung ALVARENGA.

Typenfundort: Encruzilhada, 980 m, Bahia, Brasil, XI. 1972, M. ALVARENGA.

Hylocurus obtusipennis n. sp.

Weibchen. – Rotbraun, 1,6–1,76 mm lang, 2,5mal so lang wie breit. In die Nachbarschaft von *Hyl curus tresmariae* SCHEDL gehörend, aber viel kleiner, die Schüppchen der medianen Reihe auf dem Flügeldeckenabsturz viel gedrungener und die Skulpturierung der Flügeldecken feiner und weniger rauh.

Stirn, soweit sichtbar, flach gewölbt, sehr dicht und fein punktiert.

Halsschild so lang wie breit, hinter Seitenecken rechtwinkelig, nur leicht abgerundet, die Seiten im basalen Drittel parallel, Vorderrand sehr breit gerundet, die subapikale Einschnürung kaum erkennbar; Summit in der Mitte, vorn schief abgewölbt, mit nahezu konzentrischen Halbkreisen feiner niederer Schuppenhöckerchen, Basalstück nur wenig glänzend, sehr dicht, mäßig fein punktiert, mit ganz winzigen, abstehenden Schüppchen in der vorderen Hälfte. Schildchen klein und dicht punktiert.

Flügeldecken so breit und 1,7mal so lang wie der Halsschild, die Seiten in der basalen Hälfte parallel, Apex breit gerundet, an der Naht winkelig verlängert, der Absturz in der Mitte beginnend und kräftig gewölbt; Scheibe nur wenig glänzend, mit Reihen feiner, locker gestellter Punkte, die, soweit nicht abgerieben, winzige anliegende Härchen tragen, Zwischenräume breit, einreihig punktiert, aus den Punkten entspringen in der Nähe der Basis schief abstehende, schlanke Schuppenhärchen, die gegen und auf dem Absturz spachtelförmig sich verbreitern, der ganze Absturz rauher skulpturiert, die Zwischenraumpunkte teilweise durch winzige Körnchen ersetzt.

Holotypus und ein Paratypus in Sammlung SCHEDL, ein Paratypus in Sammlung ALVARENGA.

Typenfundort: Encruzilhada, 980 m, Bahia, Brasil, XI. 1972, M. ALVARENGA.

Mimips brasiliensis n. sp.

Rotbraun, Basis des Halsschildes gelbbraun, 1,7 mm lang, 2,8mal so lang wie breit. Das äußere Erscheinungsbild erinnert an die Gattung *Pterocyclon* EICHH.

Stirn breit gewölbt, seidenglänzend, winzig punktuliert, mäßig fein und dicht punktiert, nahezu unbehaart.

Halsschild deutlich länger als breit (35:29), hintere Seitenecken rechtwinkelig, kaum abgerundet, die Seiten in der basalen Hälfte parallel, Apex breit gerundet, subapikale Einschnürung kaum erkennbar; Summit etwas vor der Mitte, vorn schief abgewölbt, sehr dicht mit feinen Schuppenhöckerchen bedeckt, außerdem einige kurze abstehende Härchen, Basalstück seidenglänzend, winzig punktuliert, ziemlich dicht und mäßig fein punktiert. Schildchen undeutlich.

Flügeldecken so breit und 1,4mal so lang wie der Halsschild, die Seiten in der basalen Hälfte parallel, Hinterrand breit gerundet, der Absturz etwas hinter der Mitte beginnend und ziemlich steil abgeschrägt; Scheibe mäßig glänzend, mit nicht ganz regelmäßigen Reihen feiner, dicht gestellter Punkte bedeckt, die Zwischenräume breit, locker verworren punktiert; der Absturz abgeschrägt, der 3. Zwischenraum kaum merklich erhöht und mit zwei voneinander weit getrennten, spitzen Höckerchen, die Punktierung etwas mehr verworren, die Zwischenraumpunkte mit schief abstehenden Härchen besetzt.

Holotypus in Sammlung SCHEDL.

Typenfundort: Ter. Amapá, Rio Felicio, VII. 1959, J. LANE.

Xyleborus associatus n. sp.

W e i b c h e n. – Rotbraun, 4,2 mm lang, 2,7mal so lang wie breit. Diese neue Art steht *Xyleborus congruens* SCHEDL am nächsten, ist aber viel größer, der Halsschild ist gedrungener und der Flügeldeckenhinterrand breiter gerundet.

S t i r n breit gewölbt, mäßig glänzend, winzig punktuliert, grob und dicht punktiert, gegen die Augen die Punktierung feiner, entlang des Vorderrandes mit einem Saum langer, nach unten gerichteter Haare.

H a l s s c h i l d so lang wie breit, hintere Seitenecken rechtwinkelig und leicht abgerundet, die Seiten im basalen Drittel parallel, Vorderrand sehr breit gerundet, ohne nennenswerte subapikale Einschnürung; Summit in der Mitte, vorn schief abgewölbt, sehr dicht mit sehr feinen Schuppenhöckerchen bedeckt, Basalstück wenig glänzend, winzig punktuliert, fein punktiert, Behaarung spärlich, fast auf die vordere Hälfte beschränkt. Schildchen dreieckig und glänzend.

F l ü g e l d e c k e n so breit und beinahe doppelt so lang wie der Halsschild, die Seiten in der basalen Hälfte parallel, Hinterrand mäßig breit gerundet und mit einer Serie winziger abstehender Höckerchen besetzt, Absturz in der Mitte beginnend und schief abgewölbt; Scheibe glänzend, mit Reihen kräftiger, eng gestellter Punkte, die Zwischenräume mäßig breit, locker und fein punktiert, diese Punkte an den Seiten schief abstehende Härchen tragend; auf dem Absturz die Punktierung kräftiger, besonders jene der Zwischenräume, diese einreihig angeordnet und schief abstehende, mäßig lange Haare tragend.

H o l o t y p u s in Sammlung SCHEDL.

T y p e n f u n d o r t : Brasilien. Alte Sammlung.

Xyleborus funebris n. sp.

W e i b c h e n. – Schwarzbraun, glänzend, 3,7 mm lang, 2,4mal so lang wie breit. Der bisher größte Vertreter der *Xylebori scabrati* aus dem neotropischen Raum, außerdem am Flügeldeckenabsturz ohne größere Höcker.

S t i r n breit gewölbt, nahezu matt, winzig punktuliert, sehr grob und dicht punktiert, die übliche Haarfranse entlang des Vorderrandes.

H a l s s c h i l d beinahe so breit wie lang, hintere Seitenecken sehr stark abgerundet, die Seiten im basalen Viertel leicht divergierend, dann bogig verengt, Vorderrand sehr breit gerundet, ohne nennenswerte subapikale Einschnürung; Summit in der Mitte, vorn schief abgewölbt, äußerst dicht mit ziemlich groben Schuppenhöckern besetzt, Basalstück sehr dicht und mäßig grob punktiert, die Zwischenräume punktuliert, einzelne abstehende Haare entlang des Seitenrandes und im vorderen Drittel. Schildchen klein, knopfförmig, glänzend.

F l ü g e l d e c k e n so breit und 1,7mal so lang wie der Halsschild, am breitesten am Beginn des Absturzes, die Seiten in den basalen drei Fünfteln ganz leicht divergierend, Hinterrand plötzlich sehr breit gerundet, Absturz auf die distale Hälfte beschränkt und sehr kräftig gewölbt; Scheibe nur wenig glänzend, mit Reihen ziemlich großer, eng gestellter Punkte, die scheinbar, soweit nicht abgerieben, winzige Härchen tragen, die Zwischenräume eng, winzig punktuliert und etwas quer gerunzelt, auf dem Absturz die Hauptreihen stark streifig vertieft, die Zwischenräume etwas erhöht, einreihig punktiert und mit Reihen schief abstehender langer Haare, die Zwischenraumpunkte teilweise durch winzige spitze Körnchen ersetzt.

H o l o t y p u s in Sammlung SCHEDL.

T y p e n f u n d o r t : Brasilien. Alte Sammlung.

Xyleborus haesitus n. sp.

W e i b c h e n. – Dunkelrotbraun, 3,8 mm lang, 2,7mal so lang wie breit. Mit *Xyleborus pseudosolitarius* EGGERS näher verwandt, aber viel größer, der Halsschild schlanker, der Flügeldeckenabsturz länger und dichter behaart.

S t i r n flach gewölbt, winzig punktuliert, deshalb seidenartig glänzend, relativ fein und dicht punktiert, die übliche Haarfranse entlang des Vorderrandes.

H a l s s c h i l d länger als breit (40:35), hintere Seitenecken rechtwinkelig, kaum abgerundet, die Seiten im basalen Drittel parallel, Vorderrand breit gerundet, in der Mitte etwas winkelig vorgezogen und mit mehreren kräftigen Schuppenhöckern besetzt, eine subapikale Einschnürung nicht erkennbar; Summit etwas hinter der Mitte, vorn schief abgewölbt, recht dicht und mäßig fein geschuppt-gehöckert, Basalstück lackglänzend, fein punktiert; soweit nicht abgerieben, tragen die Punkte abstehende Härchen, solche auch im vorderen Drittel der Abwölbung. Schildchen groß, dreieckig, glänzend, locker punktiert.

F l ü g e l d e c k e n so breit und 1,4mal so lang wie der Halsschild, die Seiten in der basalen Hälfte parallel, Hinterrand etwas winkelig breit gerundet, Flügeldeckenabsturz in der Mitte beginnend und schief abgeschrägt; Scheibe mit Reihen feiner Punkte, die Zwischenräume breit, mehr unregelmäßig fein punktiert und abstehend behaart, auf dem Absturz die Zwischenraumpunkte durch zahlreiche winzige, spitze Körnchen ersetzt, dadurch der Absturz nahezu matt, die Behaarung länger als auf der Scheibe und mehr in regelmäßigen Reihen angeordnet.

H o l o t y p u s in Sammlung SCHEDL.

T y p e n f u n d o r t : Ter. Amapá, Serra Navio, BICELLICOL.

Xyleborus inferior n. sp.

W e i b c h e n. – Rotbraun, 4 mm lang, 2,0mal so lang wie breit. Eine neue Art, die zwischen *Xyleborus opinatus* SCHEDL und *X. sulcaticeps* SCHEDL zu stellen ist, mit einem sehr hoch gewölbten Halsschild, dessen Vorderrand keine Schuppenhöcker tragen und mit einer kurzen breiten Längsfurche am Flügeldeckenabsturz.

S t i r n breit gewölbt, winzig punktuliert, nahezu matt, mit groben flachen Punkten in der oberen Hälfte, vorn die übliche Haarfranse.

H a l s s c h i l d wenig breiter als lang, hintere Seitenecken rechtwinkelig, die Seiten im basalen Viertel leicht divergierend, Vorderrand sehr breit gerundet, ohne nennenswerte Randschuppen, eine subapikale Einschnürung kaum erkennbar; Summit etwas hinter der Mitte, vorn schief abgewölbt und dicht mit mäßig großen, aber flachen Schuppen bedeckt, Basalstück glänzend, winzig punktuliert, mäßig fein locker punktiert, kurze abstehende Härchen entlang den Seiten und auf dem vorderen Höckerfleck. Schildchen mäßig groß, dreieckig und punktiert.

F l ü g e l d e c k e n so breit und 1,5mal so lang wie der Halsschild, die Seiten in der basalen Hälfte parallel, dann ganz leicht schief verengt, Hinterrand besonders breit gerundet, der Absturz in der Mitte beginnend, schief abgewölbt, mit einer breiten, kurzen, aber tiefen Längsfurche; Scheibe mäßig glänzend, mit Reihen mäßig feiner, nicht sehr dicht gestellter Punkte, die Zwischenräume breit, ebenfalls einreihig punktiert, zusätzlich, soweit nicht abgerieben, kurz abstehend behaart; auf der Absturzfurche die Punkte der Hauptreihen etwas enger gestellt, jene Punkte der Zwischenräume regelmäßiger und die schief abstehenden Härchen leicht schuppenförmig, die Seitenwülste sehr hoch, der 3. Zwischenraum mit einigen setosen Körnchen, der Hinterrand gut ausgeprägt, aber nicht gekantet.

H o l o t y p u s in Sammlung SCHEDL.

T y p e n f u n d o r t : Serra Lombart (Limão), Amapá, 17. VIII. 1961, J. BECHYNÉ.

Xyleborus imitator n. sp.

Weibchen. – Rotbraun, 3,8 mm lang, 2,6mal so lang wie breit. Von der Größe und den Proportionen des *Xyleborus scaliger* SCHEDL, aber etwas schlanker, die Flügeldecken kräftiger gestreift-punktiert und die Zwischenräume rauher skulpturiert.

Stirn gewölbt, mäßig glänzend, winzig punktuliert, mäßig kräftig punktiert, entlang des Vorderrandes mit der üblichen Haarfranse.

Halsschild etwas länger als breit, hintere Seitenecken rechtwinkelig, wenig abgerundet, die Seiten im basalen Drittel parallel, dann bogig eingezogen, Vorderrand mäßig breit, in der Mitte leicht winkelig gerundet und mit einer Reihe randständiger Schuppenhöcker besetzt, eine subapikale Einschnürung nicht feststellbar; Summit etwas hinter der Mitte, vorn schief abgewölbt, auf einer breiten Fläche mit sehr kleinen, dicht gestellten spitzen Schuppenhöckerchen besetzt, dazwischen einzelne abstehende Härchen, solche auch entlang des Seitenrandes, Basalstück glänzend, fein und mäßig dicht punktiert. Schildchen sehr klein, knopfförmig.

Flügeldecken so breit und 1,7mal so lang wie der Halsschild, die Seiten bis über die Mitte hinaus parallel, Hinterrand breit, an der Naht leicht winkelig gerundet, Absturz in der Mitte beginnend und schief abgewölbt; Scheibe glänzend, mit Reihen feiner Punkte, die nach dem basalen Viertel in leicht vertieften Streifen liegen, die Zwischenräume breit, unregelmäßig fein punktiert und kurz abstehend behaart, diese Zwischenraumbehaarung auch auf dem Absturz, aber dort ein wenig dichter in der Anordnung, die Zwischenraumpunkte daselbst teilweise durch winzige Körnchen ersetzt und der ganze Absturz nur mäßig glänzend, winzig punktuliert und gestreift-punktiert.

Holotypus in Sammlung SCHEDL.

Typenfundort: Barueri, São Paulo, Brasil, 17. II. 1962, K. LENKO coll.

Xyleborus latipennis n. sp.

Weibchen. – Rotbraun, 3,2 mm lang, 2,4mal so lang wie breit. Diese neue Art ist in die Nähe von *Xyleborus neivai* EGGERS zu stellen, erscheint aber bedeutend kleiner, etwas gedrungener, und am Flügeldeckenabsturz sind die Höckerchen am 1. Zwischenraum bedeutend kleiner.

Stirn breit gewölbt, winzig punktuliert, grob und sehr dicht punktiert, vorn vereinzelte Härchen.

Halsschild wenig länger als breit (34:32), hintere Seitenecken rechtwinkelig und stark abgerundet, die Seiten im basalen Viertel leicht divergierend, dann breit bogig verengt, Vorderrand breit gerundet, eine subapikale Einschnürung kaum erkennbar; Summit deutlich hinter der Mitte, vorn schief abgewölbt, sehr dicht mit feinen Schuppenhöckern besetzt, dazwischen und an den Seiten mit vereinzelten abstehenden Härchen, Basalstück glänzend, fein und mäßig dicht punktiert. Schildchen sehr winzig, schwer erkennbar.

Flügeldecken so breit und 1,4 mal so lang wie der Halsschild, die Seiten bis zur Mitte parallel, Hinterrand sehr breit gerundet und etwas kantig ausgebildet, Absturz etwas hinter der Mitte beginnend und schief abgeschrägt; Scheibe glänzend, gestreift-punktiert, die Reihenpunkte verhältnismäßig klein und eng gestellt, die Zwischenräume breit, unregelmäßig locker punktiert, der Absturz weniger glänzend, winzig punktuliert, ohne vertiefte Streifen, auf dem gedachten ersten Zwischenraum in der oberen Hälfte jederseits ein konisches Höckerchen, etwas tiefer, von der Naht mehr abgerückt, ein zweites Paar derselben Form.

Holotype in Sammlung SCHEDL.

Typenfundort: V. Vera, M. Grosso, Lon. 55°35', Lat. 12°46', X. 1973, M. ALVARENGA.

Xyleborus neosphenos n. sp.

Weibchen. – Rotbraun, 1,8mal lang, 2,7mal so lang wie breit. Die neue Art zeigt eine nahe Verwandtschaft mit *Xyleborus sphenos* SAMPS. aus Afrika, doch ist sie bedeutend kleiner, der Flügeldeckenhinterrand ist mehr spitzwinkelig und der Seitenrand derselben fein gezähnt.

Stirn breit gewölbt, seidenglänzend, winzig punktuliert, fein und mäßig dicht punktiert, die übliche Haarfranse am Vorderrand.

Halsschild länger als breit (38:34), hintere Seitenecken rechtwinkelig, etwas abgerundet, die Seiten in den basalen zwei Fünfteln parallel, Vorderrand mäßig breit gerundet und mit ganz niederen Schuppenhöckern besetzt, ohne deutliche subapikale Einschnürung; Summit deutlich vor der Mitte, vorn abgewölbt und fein geschuppt-gehöckert, Basalstück lackglänzend, fein und mäßig dicht punktiert, einzelne abstehende Härchen im vorderen Drittel und an den Seiten. Schildchen kaum erkennbar.

Flügeldecken so breit und 1,4mal so lang wie der Halsschild, die Seiten in den basalen zwei Fünfteln parallel, Apex stark winkelig gerundet, an den Seiten mit je einer Anzahl kräftiger spitzer Zähnchen, Absturz in der Mitte beginnend und flach gewölbt; Scheibe glänzend, mit Reihen feiner, teilweise schwer erkennbarer Punkte, die Zwischenräume ebenfalls fein, aber lockerer und unregelmäßiger punktiert, gegen und auf dem Absturz die Punkte durch regelmäßig angeordnete winzige Körnchen ersetzt, die schief abstehende, rote Härchen tragen.

Holotypus und 4 Paratypen in Sammlung SCHEDL, 4 Paratypen in Sammlung ALVARENGA.

Typenfundort: Vilhena, Rondonia, XI. 1973, M. ALVARENGA.

Xyleborus oneratus n. sp.

Weibchen. – Glänzend schwarzbraun, 3,0 mm lang, 2,5mal so lang wie breit. Der erste neotropische Vertreter der *Xylebori subdepressi*, etwas kleiner als *Xyleborus discrepans* SCHEDL und auf den alternierenden Zwischenräumen des Flügeldeckenabsturzes mit einigen größeren Körnchen.

Stirn glänzend, breit gewölbt, winzig punktuliert, grob und flach punktiert, die übliche Haarfranse am Vorderrand.

Halsschild kaum länger als breit, hintere Seitenecken rechtwinkelig und abgerundet, die Seiten im basalen Drittel parallel, Apex breit gerundet, der Vorderrand mit einigen ganz niederen, flachen Schuppenhöckerchen, eine subapikale Einschnürung kaum erkennbar; Summit in der Mitte, vorn schief abgewölbt, dicht und ziemlich kräftig geschuppt-gehöckert, dazwischen und entlang der Seiten mit einigen abstehenden Härchen, Basalstück glänzend, ziemlich dicht und mäßig fein punktiert. Schildchen klein, dreieckig und glänzend.

Flügeldecken so breit und 1,6mal so lang wie der Halsschild, bis zur Mitte parallelseitig, Apex breit, ganz wenig winkelig gerundet, Absturz in der Mitte beginnend und schief abgewölbt; Scheibe glänzend, leicht gestreift-punktiert, die Reihenpunkte nur mäßig groß und ziemlich eng gestellt, die Zwischenräume breit, einreihig und etwas feiner punktiert; Absturz unten etwas abgeflacht, weniger deutlich gestreift-punktiert, die Punkte der Zwischenräume gröber als auf der Scheibe, soweit nicht abgerieben, mit winzigen, schief abstehenden Härchen, am 1. und 3. Zwischenraum mit schwach ausgeprägten einzelnen Höckerchen.

Holotypus in Sammlung SCHEDL.

Typenfundort: V. Vera, M. Grosso, Lon. 55°36', Lat. 12°48', X. 1973, M. ALVARENGA.

Xyleborus opimulus n. sp.

W e i b c h e n. – Glänzend dunkelrotbraun, 1,6 mm lang, 2,6mal so lang wie breit. Mit *Xyleborus subtilis* SCHEDL näher verwandt, aber noch kleiner, der Flügeldeckenabsturz mehr schief abgeflacht und die spitzen Körnchen auf den alternierenden Zwischenräumen gerade noch erkennbar.

S t i r n , soweit erkennbar, breit gewölbt, winzig punktuliert und fein punktiert.

H a l s s c h i l d etwas länger als breit, hintere Seitenecken rechtwinkelig und leicht abgerundet, die Seiten in den basalen zwei Fünfteln parallel, Apex breit gerundet, eine subapikale Einschnürung kaum erkennbar; Summit in der Mitte, vorn schief abgewölbt, mit ganz kleinen Schuppenhöckerchen bedeckt, dazwischen und entlang der Seiten mit einigen abstehenden Härchen, Basalstück mehr glänzend, winzig punktuliert und fein punktiert. Schildchen klein, knopfförmig.

F l ü g e l d e c k e n so breit und 1,3mal so lang wie der Halsschild, die Seiten in den basalen zwei Fünfteln parallel, dann ganz leicht verengt, Hinterrand breit gerundet, Absturz schon etwas vor der Mitte beginnend und sehr flach abgewölbt; die kurze Scheibe mäßig glänzend, winzig punktuliert, ohne klare Trennung der Reihenpunkte bzw. solcher auf den Zwischenräumen; der Absturz in der unteren Hälfte etwas quer abgeflacht, beinahe eine Längsfurche vortäuschend, die Punktierung etwas kräftiger als auf der Scheibe, verworren, die Zwischenraumpunkte mehr regelmäßig in der Anordnung, aus diesen entspringen schief abstehende, gelbliche Härchen.

H o l o t y p u s und ein Paratypus in Sammlung SCHEDL.

T y p e n f u n d o r t : Açungui, PR, 15. V. 1973, an Laubholz, J. SCHÖNHERR.

Xyleborus solitariformis n. sp.

W e i b c h e n. – Gelbbraun, 2,0 mm lang, 2,6mal so lang wie breit. Kleiner und gedrungener als *Xyleborus pseudotenuis* SCHEDL.

S t i r n größtenteils durch den Halsschild verdeckt, soweit erkennbar, breit gewölbt und fein punktiert.

H a l s s c h i l d so breit wie lang, hintere Seitenecken rechtwinkelig, leicht abgerundet, die Seiten im basalen Drittel parallel, Vorderrand breit gerundet, in der Mitte leicht vorgezogen und mit etwa 8 Schuppenhöckerchen besetzt, von denen die mittleren größer sind, ohne erkennbare subapikale Einschnürung; Summit in der Mitte, vorn ziemlich kräftig gewölbt, mit mäßig feinen, niederen Schuppenhöckerchen bedeckt, die in nicht ganz regelmäßigen Halbkreisen angeordnet sind, Basalstück glänzend, äußerst fein und locker punktiert. Schildchen winzig, gerade noch erkennbar.

F l ü g e l d e c k e n so breit und 1,7mal so lang wie der Halsschild, die Seiten in den basalen zwei Fünfteln parallel, Apex winkelig gerundet, an der Naht mit kleiner dreieckiger Ausnehmung, Absturz schon etwas vor der Mitte beginnend, schief abgewölbt; Scheibe glänzend, mit Reihen feiner, teilweise versenkter Punkte, die Zwischenräume breit, sehr locker und fein punktiert, bei frischen Exemplaren vermutlich mit ganz kurzen, schief abstehenden Härchen; auf dem Absturz die Punktierung etwas kräftiger, einzelne Zwischenraumpunkte durch winzige setose Körnchen ersetzt, zwei bis drei derselben auch an der kurzen Verlängerung der Flügeldecken am Außenrand.

H o l o t y p u s in Sammlung SCHEDL.

T y p e n f u n d o r t : Xingu, Mato Grosso, XI. 1961, ALVARENGA & WERNER.

Xyleborus solitaripennis n. sp.

W e i b c h e n. – Rotbraun, glänzend, 2,3 mm lang, 2,3mal so lang wie breit. Noch gedrungener als *Xyleborus solitariformis* n. sp. und der Vorderrand des Halsschildes ohne winkelige Verlängerung oder abstehende Schuppenhöcker.

Stirn breit gewölbt, nur wenig glänzend, winzig punktuliert, fein punktiert, vorn die übliche Haarfranse.

Halsschild kaum länger als breit (27:25), hintere Seitenecken rechtwinkelig, leicht abgerundet, die Seiten im basalen Viertel nahezu parallel, Vorderrand breit gerundet, subapikale Einschnürung deutlich; Summit in der Mitte, vorn abgewölbt, sehr dicht mit sehr feinen Schuppenhöckerchen bedeckt, Anordnung dieser wenig regelmäßig, dazwischen und entlang den Seiten mit einzelnen abstehenden Härchen; Basalstück mehr glänzend, sehr fein und ziemlich dicht punktiert. Schildchen mäßig klein, knopfförmig, matt.

Flügeldecken so breit und 1,2mal so lang wie der Halsschild, Seiten in den basalen zwei Fünfteln parallel, Apex breit, deutlich winkelig gerundet, Absturz in der Mitte beginnend und kräftig abgewölbt; Scheibe gestreift-punktiert, die Punkte regelmäßig in der Anordnung, die Streifen gerade noch erkennbar, die Zwischenräume breit, sehr locker und äußerst fein punktiert; auf dem Absturz die Zwischenraumpunkte teilweise durch winzige Körnchen ersetzt, von denen einige auf den Seiten kurze abstehende Härchen tragen, der Hinterrand leicht gekantet.

Holotypus in Sammlung SCHEDL.

Typenfundort: Maturaca, AM, alto Rio Cauaburi, 28. XII. 1962 und 5. I. 1963, J. BECHYNÉ.

Xyleborus subductus n. sp.

Weibchen. – Rotbraun, 2,8 mm lang, 2,3mal so lang wie breit. Mit *Xyleborus catharinensis* SCHEDL näher verwandt, aber kleiner, schlanker und auf dem Flügeldeckenabsturz mit ganz feinen, spitzen Körnchen.

Stirn breit gewölbt, seidenglänzend, winzig punktuliert, äußerst fein locker punktiert.

Halsschild kaum länger als breit (29:28), hintere Seitenecken rechtwinkelig, leicht abgerundet, die Seiten im basalen Drittel parallel, Apex breit gerundet, eine subapikale Einschnürung angedeutet; Summit etwas hinter der Mitte, vorn schief abgewölbt, dicht, mit mäßig kräftigen Schuppenhöckern bedeckt, dazwischen einzelne abstehende Härchen, Basalstück sehr dicht, grob, beinahe körnelig punktiert. Schildchen versenkt.

Flügeldecken so breit und 1,4mal so lang wie der Halsschild, die Seiten in der basalen Hälfte parallel, Hinterrand sehr breit gerundet, Absturz in der Mitte beginnend und kräftig gewölbt; Scheibe nur mäßig glänzend, gestreift-punktiert, die Reihenpunkte eng gestellt, die Streifen nur mäßig vertieft, die Zwischenräume eng, unregelmäßig, äußerst fein punktiert; auf dem Absturz die Streifen kräftiger, die Zwischenräume enger, die Zwischenraumpunkte teilweise durch winzige spitze Körnchen ersetzt.

Holotypus und ein Paratypus in Sammlung SCHEDL.

Typenfundorte: V. Vera, M. Grosso, Lon. 55°36', Lat. 12°46', Brasil, X. 1973, M. ALVARENGA; Caniné Rio Gurupi, PA, 27. II. 1966.

Sampsonius obtusicornis n. sp.

Weibchen. – Gelbbraun, 3,7 mm lang, 3,7mal so lang wie breit. Dem *Sampsonius dampfi* SCHEDL am nächsten stehend, aber mit einem anders geformten Flügeldeckenabsturz.

Stirn breit gewölbt, seidenglänzend, winzig punktuliert, mäßig kräftig punktiert, mit der üblichen Haarfranse am Vorderrand.

Halsschild viel länger als breit (35:25), hintere Seitenecken rechtwinkelig, kräftig abgerundet, die Seiten in der basalen Hälfte parallel, dann winkelig verengt, Vorderrand in der Mitte zu einer dreieckigen Spitze ausgezogen; Summit deutlich vor der Mitte, apikaler Teil schief abgewölbt, mit locker gestellten, feinen Schuppenhöckerchen, dazwischen und entlang der Seiten mit ziemlich langen, abstehenden Haaren, Basalstück glänzend, winzig chagriniert und fein locker punktiert. Schildchen äußerst klein und glänzend.

F l ü g e l d e c k e n so breit und 1,6mal so lang wie der Halsschild, die Seiten in den basalen zwei Fünfteln parallel, dann ganz allmählich leicht verschmälert, am Hinterrand jede Flügeldecke für sich gerundet, so daß an der Naht eine dreieckige Einbuchtung entsteht; Absturz in der Mitte beginnend und stark abgeschrägt, mit breiter Längsfurche, die Seitenwülste wesentlich höher als die Naht; Scheibe glänzend, leicht gestreift-punktiert, die Reihenpunkte klein und eng gestellt, die Zwischenräume breit, mit vereinzelten feinen Pünktchen; auf dem Absturz kräftiger gestreift, die Naht leicht erhöht und in der oberen Hälfte mit zwei spitzen Höckerchen, am 3. Zwischenraum, den die Seitenwülste bilden, mit 3–4 etwas kräftigeren Höckerchen, die Zwischenraumpunkte am Absturz zahlreicher und mit langen, schief abstehenden, ziemlich auffälligen Haaren.

H o l o t y p u s in Sammlung SCHEDL.

T y p e n f u n d o r t : Brasilien, Filtro, SP, MARTINS.

Corthylus argentinensis SCHEDL fem. n.

W e i b c h e n. – Schwarzbraun, so groß wie das Männchen, Stirn von Auge zu Auge konkav, die Aushöhlung durch dichte rötliche Haarfransen bedeckt, die an den Seitenrändern entspringen und gegen die Mitte gerichtet sind, der Flügeldeckenabsturz seitlich mehr winkelig begrenzt, fein gerandet, die Absturzscheibe etwas konvex, nahezu matt, sehr fein und sehr dicht punktiert.

A l l o t y p u s in Sammlung SCHEDL.

T y p e n f u n d o r t : Brasilien, Nova Teutonia, 27°11′ Lat., 52°22′ Lon., 300–500 m, X. 1971, F. PLAUMANN.

Corthylus obliquus n. sp.

W e i b c h e n. – Schwarzbraun, 2,5 mm lang, 2,2mal so lang wie breit. Dem *Corthylus convexicauda* EGGERS nahestehend, aber gedrungener, Halsschildvorderrand breiter gerundet und der Flügeldeckenabsturz in beiden Geschlechtern viel flacher abgeschrägt.

S t i r n von Auge zu Auge leicht konkav, dicht, mäßig kräftig punktiert, Fühlerkeule mit einem langen Pinsel rostroter Haare an der Außenseite.

H a l s s c h i l d breiter als lang (28:26), hintere Seitenecken rechtwinkelig, nicht abgerundet, die Seiten im basalen Drittel parallel, dann bogig verengt, Vorderrand breit gerundet und mit einer Anzahl ganz niederer Schuppenhöcker bedeckt, eine subapikale Einschnürung erkennbar; Summit in der Mitte, vorn schief abgewölbt, auf verhältnismäßig engem Raum mit mittelgroßen Schuppenhöckern bedeckt, Basalstück glänzend, winzig chagriniert, kaum erkennbar punktiert, ohne nennenswerte Behaarung. Schildchen groß, rundlich, glänzend und fein punktiert.

F l ü g e l d e c k e n so breit und 1,4mal so lang wie der Halsschild, die Seiten im basalen Drittel parallel, dann ganz leicht bogig verengt, Hinterrand breit gerundet und fein gekantet, der Absturz in der Mitte beginnend und kräftig gewölbt; Scheibe lackglänzend, mit Reihen feiner, nicht sehr eng gestellter Punkte, Zwischenräume breit, locker und äußerst fein punktiert; auf dem Absturz die Naht ganz leicht erhöht, der 2. Zwischenraum furchig vertieft, die Seitenwülste breit gewölbt, sehr fein punktiert, aus den Punkten der Zwischenräume 1, 3 und 5 entspringen kurze abstehende Härchen.

Beim M ä n n c h e n ist die Stirn breit gewölbt, winzig punktuliert, mäßig kräftig punktiert, die Fühlerkeule ohne Haarpinsel.

H o l o t y p u s , Allotypus und zwei Paratypen in Sammlung SCHEDL, drei Paratypen (♀♀) in Sammlung ALVARENGA.

T y p e n f u n d o r t : Represa Rio Grande, Guanabara, III. und V. 1972, F. M. OLIVEIRA.

Die Meldung von *Corthylus convexicauda* von obengenanntem Fundort bezieht sich auf die vorliegende neue Art.

Corthylus oliveirai n. sp.

Männchen. – Schwarzbraun, 2,0 mm lang, 2,5mal so lang wie breit. Im allgemeinen Bauplan mit *Corthylus obliquus* n. sp. näher verwandt, aber sehr viel kleiner, der Flügeldeckenhinterrand nicht kantig erhaben, der Absturz etwas steiler und stärker plötzlich abgeschrägt, mit einer breiten Längsfurche jederseits der kielartig erhöhten Naht, am 3. Zwischenraum mit einigen gerade noch erkennbaren winzigen Körnchen.

Stirn breit gewölbt, seidenglänzend, winzig punktuliert, ziemlich grob dicht punktiert.

Halsschild etwa so lang wie breit, hintere Seitenecken rechtwinkelig, nicht wesentlich abgerundet, die Seiten im basalen Drittel parallel, dann leicht bogig verengt, Apex breit gerundet, in der Mitte mit zwei sehr kleinen Schuppenhöckerchen, die leicht vorstehen, ohne deutliche subapikale Einschnürung; Summit in der Mitte, vorn abgewölbt, ziemlich locker fein geschuppt-gehöckert, Basalstück glänzend, fein und mäßig dicht punktiert. Schildchen mäßig groß, glänzend, fein punktiert.

Flügeldecken so breit und 1,5mal so lang wie der Halsschild, die Seiten bis zur Mitte parallel, Hinterrand breit gerundet, Absturz in der Mitte beginnend, ziemlich kräftig gewölbt; Scheibe glänzend, mit Reihen feiner, eng gestellter Punkte, Zwischenräume breit, fein, locker und unregelmäßig punktiert, auf dem Absturz die Naht ganz leicht erhöht, die Seitenwülste kaum höher als diese, die Punktierung etwas kräftiger, der dritte Zwischenraum mit einigen gerade noch erkennbaren spitzen Körnchen, die kurze abstehende Haare tragen.

Holotypus in Sammlung SCHEDL.

Typenfundort: Représa Rio Grande, Guanabara, III. 1972, F. M. OLIVEIRA.

Corthylus pharax n. sp.

Weibchen. – Schwarzbraun, 2,2 mm lang, 2,2mal so lang wie breit. Die vorliegende neue Art gehört in die Verwandtschaft von *Corthylus schaufussi* SCHEDL, ist aber wesentlich kleiner, der Flügeldeckenabsturz ist lackglänzend, die Naht noch stärker kielartig erhöht und die spitzen Höckerchen auf dem dritten Zwischenraum kräftiger entwickelt.

Stirn vermutlich von Auge zu Auge konkav, durch eine geschlossene Haarfranse, die an den Rändern entspringt und zur Mitte gerichtet ist, vollständig verdeckt, die Fühlerkeule nahezu eirund, ohne längeren Haarpinsel an der Außenkante.

Halsschild wenig länger als breit (25:24), hintere Seitenecken rechtwinkelig, an die Flügeldecken eng anschließend, die Seiten im basalen Drittel nahezu parallel, Vorderrand sehr breit gerundet, eine subapikale Einschnürung angedeutet; Summit in der Mitte, vorn schief abgewölbt, mit locker gestellten, feinen Schuppenhöckerchen auf einem verhältnismäßig engen Raum, Basalstück seidenglänzend, winzig punktuliert und fein locker punktiert, ohne nennenswerte Behaarung. Schildchen groß, dreieckig und glänzend.

Flügeldecken so breit und nicht ganz 1,3mal so lang wie der Halsschild, die Seiten in den basalen vier Fünfteln parallel, Apex plötzlich breit gerundet, der Absturz beginnt weit hinter der Mitte und ist beinahe senkrecht abgeschrägt, mit wohl ausgebildeter Oberkante; Scheibe glänzend, in Reihen locker und fein punktiert, die Zwischenräume breit, unregelmäßig mit feinen Pünktchen besetzt; die Absturzfläche nur wenig glänzend, die Punktierung viel kräftiger, aber wenig geordnet, die Naht kielartig erhöht und kaum erkennbar gekörnt, der Hinterrand fein gekantet.

Holotypus in Sammlung SCHEDL.

Typenfundort: Caruaru, Pernambuco, Brasil, IV. 1972, M. ALVARENGA.

Corthylus praealtus n. sp.

Männchen. – Dunkelrotbraun, glänzend, 3,8 mm lang, 2,5mal so lang wie breit. Eine neue Art aus der Verwandtschaft von *Corthylus abruptedeclivis* SCHEDL, aber bedeutend größer, gedrungener, der Flügeldeckenabsturz rundherum kantig begrenzt und ohne Zähnchen oder größere Höcker.

Stirn breit gewölbt, winzig punktuliert, sehr fein und dicht punktiert, nahezu unbehaart.

Halsschild so lang wie breit, hintere Seitenecken rechtwinkelig und abgerundet, die Seiten im basalen Drittel parallel, Apex breit gerundet, in der Mitte mit vier niederen Schuppenhöckerchen, die etwas vorstehen, eine subapikale Einschnürung nicht erkennbar; Summit in der Mitte, vorn schief abgewölbt, auf einer ziemlich breiten Fläche mit mäßig feinen, relativ dicht gestellten Schuppenhöckern, Basalstück seidenglänzend, winzig punktuliert, äußerst fein und locker punktiert. Schildchen groß, glänzend, dreieckig, vereinzelt punktiert.

Flügeldecken so breit und 1,5mal so lang wie der Halsschild, die Seiten streng parallel, Apex breit gerundet, Flügeldeckenabsturz auf das distale Drittel beschränkt, steil abgeschrägt, die Ränder ringsherum kantig erhaben; Scheibe mäßig glänzend, äußerst dicht, verworren und mäßig fein punktiert, entlang des Hinterrandes mit einigen abstehenden Härchen, Absturzabschrägung lackglänzend, die Naht deutlich erhöht, an den Seiten verworren und mäßig fein punktiert.

Holotypus in Sammlung SCHEDL.

Typenfundort: Brasilien, Rio Negro, II. 1963, BECHYNÉ.

Corthylus villosus EGGERS fem. n.

Weibchen von gleicher Größe und Proportionen wie das Männchen, aber die Stirn konkav, seidenglänzend, winzig punktuliert, die Fühlerkeule gedrungen oval, an der Außenkante mit einem feinen Pinsel längerer Haare, die schwer zu erkennen sind; Halsschildvorderrand einfach gerundet, der Flügeldeckenabsturz unbewehrt.

Allotypus und ein Paratypus in Sammlung SCHEDL.

Typenfundort: Represa Rio Grande, Guanabara, III. 1972, F. M. OLIVEIRA. – Außerdem sah ich ein Stück von Vila Nova (Filtro), Itu, SP, R. KLOSE, U. MARTINS e L. R. SILVA coll.

Metacorthylus dubiosus n. sp.

Männchen. – Dunkelrotbraun, glänzend, 2,0 mm lang, 2,5mal so lang wie breit. Im äußeren Erscheinungsbild dem *Metacorthylus niger* SCHEDL ähnlich, aber größer, der Halsschild schlanker und der Vorderrand desselben in der Mitte mit zwei schlanken, eng gestellten Zähnchen; außerdem ist das Schildchen viel größer und glänzend.

Stirn, soweit sichtbar, breit gewölbt, glänzend, winzig punktuliert, ohne nennenswerte Behaarung.

Halsschild länger als breit (21:20), hintere Seitenecken rechtwinkelig und etwas abgerundet, die Seiten im basalen Drittel parallel, dann bogig verengt, in der Mitte mit zwei spitzen Zähnchen, ohne erkennbare subapikale Einschnürung; Summit in der Mitte, vorn schief abgewölbt, fein und mäßig dicht geschuppt-gehöckert, Basalstück nur wenig glänzend, winzig punktuliert, fein locker punktiert. Schildchen mäßig groß, glänzend.

Flügeldecken so breit und 1,4mal so lang wie der Halsschild, die Seiten in den basalen zwei Fünfteln parallel, dann nur leicht bogig verengt, Hinterrand breit gerundet, Absturz in der Mitte beginnend und ziemlich kräftig gewölbt; Scheibe mäßig glänzend, in den Reihen kaum erkennbar fein punktiert, die Zwischenräume mit kleinen, aber unregelmäßig gestellten Punkten, die ganze Punktierung in der Nähe der Basis kräftiger als im hinteren Teil; Absturz nahezu matt, die Naht leicht erhöht, mit einer Reihe von feinen Punkten, aus denen winzige Härchen entspringen, der 2. Zwischenraum leicht eingedrückt, der 3. ähnlich wie die Naht, aber die setosen Pünktchen lockerer gestellt.

Holotypus in Sammlung SCHEDL.

Typenfundort: Encruzilhada, Bahia, XI. 1972, M. ALVARENGA.

Pterocyclon dubiosum n. sp.

Dunkelrotbraun, glänzend, 2,2 mm lang, 2,5mal so lang wie breit. Am ehesten mit *Pterocyclon vernaculum* SCHEDL zu vergleichen, aber größer, etwas gedrungener, die Längsfurche am Flügeldeckenabsturz flacher und die Seitenwülste niedriger.

Stirn breit gewölbt, winzig punktuliert, mäßig kräftig punktiert, ohne nennenswerte Behaarung.

Halsschild länger als breit (26:24), hintere Seitenecken rechtwinkelig, kaum abgerundet, die Seiten in den basalen zwei Fünfteln parallel, Vorderrand breit gerundet, ohne nennenswerte subapikale Einschnürung; Summit etwas vor der Mitte, vorn schief abgewölbt, mit zahlreichen winzigen Schuppenhöckern bedeckt, Basalstück nahezu matt, winzig chagriniert, kaum erkennbar punktiert. Schildchen mäßig groß und glänzend.

Flügeldecken so breit und 1,3mal so lang wie der Halsschild, die Seiten in der basalen Hälfte parallel, Hinterrand breit gerundet, der Absturz kurz nach der Mitte beginnend und ziemlich steil gewölbt; Scheibe mäßig glänzend, winzig punktuliert und mit undeutlichen Reihen feiner Punkte, wobei die beiden Serien „Hauptreihen" und „Zwischenraumpunkte" nicht zu unterscheiden sind; Absturz mit breiter, aber flacher Längsfurche, die Seitenwülste wesentlich höher als die Naht und jederseits mit drei kleinen spitzen Höckerchen.

Holotypus und ein Paratypus (mit gespaltenen Flügeldecken) in Sammlung SCHEDL.

Typenfundort: Caruaru, Pernambuco, IV. 1972, M. ALVARENGA.

Pterocyclon glabriculum n. sp.

Gelbbraun, 1,5 mm lang, 3,2mal so lang wie breit. Diese besonders kleine Art ist *Pterocyclon pennatum* SCHEDL ähnlich, jedoch etwas größer, schlanker, der Eindruck des Flügeldeckenabsturzes sehr breit und tief, der kleine Ausschnitt am Hinterrand der Flügeldecken halbkreisförmig, die Seitenwülste des Eindruckes höher und die Zähnchen kräftiger.

Stirn, soweit sichtbar, nur wenig glänzend, winzig punktuliert, kaum erkennbar punktiert.

Halsschild deutlich länger als breit (33:30), hintere Seitenecken rechtwinkelig, die Seiten in der basalen Hälfte parallel, Vorderrand mäßig breit gerundet und mit einer Anzahl ganz niederer Schuppenhöckerchen, die subapikale Einschnürung angedeutet; Summit deutlich vor der Mitte, vorn schief abgewölbt, fein und dicht geschuppt-gehöckert, Basalstück mäßig glänzend, winzig punktuliert, fein zerstreut punktiert. Schildchen klein, dreieckig.

Flügeldecken so breit und 1,3mal so lang wie der Halsschild, die Seiten in der basalen Hälfte parallel, Apex breit gerundet, an der Naht mit einem halbkreisförmigen kräftigen Ausschnitt, Absturz etwas hinter der Mitte beginnend, kurz schief abgeschrägt, mit breiter Längsfurche; Scheibe nur mäßig glänzend, äußerst fein punktiert, die beiden Serien „Hauptreihen" und „Zwischenraumpunkte" kaum zu unterscheiden; Seitenwülste des Flügeldeckenabsturzes hoch, viel höher als die Naht, jederseits mit zwei kräftigen konischen Zähnchen, der Absturzeindruck fein verworren punktiert.

Holotypus in Sammlung SCHEDL, ein Paratypus in Sammlung ALVARENGA.

Typenfundorte: Représa Rio Grande, Guanabara, III. 1972, F. M. OLIVEIRA; Caruaru, Pernambuco, IV. 1972, M. ALVARENGA.

Pterocyclon insolitum n. sp.

Rotbraun, Basis des Halsschildes aufgelichtet, 1,4 mm lang, 2,7mal so lang wie breit. Nach dem allgemeinen Körperbau mit *Pterocyclon vernaculum* SCHEDL näher verwandt, aber sehr viel kleiner, gedrungener, der Flügeldeckenabsturz steiler und mehr plötzlich abbrechend, außerdem am Hinterrand jede Flügeldecke etwas für sich gerundet.

Stirn breit gewölbt, nur wenig glänzend, winzig punktuliert, fein und locker punktiert.

Halsschild länger als breit (30:25), hintere Seitenecken rechtwinkelig, leicht abgerundet, die Seiten im basalen Drittel parallel, dann bogig verengt, Vorderrand breit gerundet, mit sechs eng gestellten Schuppenhöckern bewehrt, die subapikale Einschnürung angedeutet; Summit deutlich vor der Mitte, vorn schief abgewölbt, fein geschuppt-gehöckert, Basalstück seidenglänzend, winzig chagriniert, äußerst fein und locker punktiert, die Punkte gerade noch erkennbar. Schildchen klein und knopfförmig.

Flügeldecken so breit und 1,3mal so lang wie der Halsschild, die Seiten in der basalen Hälfte parallel, Hinterrand breit gerundet, jede Flügeldecke etwas für sich gerundet, so daß an der Naht ein kleiner Ausschnitt entsteht (schwer zu beurteilen, weil die Flügeldecken gespalten sind); Absturz deutlich hinter der Mitte beginnend, auf das distale Drittel der Flügeldecken beschränkt, steil abgeschrägt, die Absturzfläche in der oberen Hälfte leicht gewölbt, mit einem winzigen Zähnchen am 3. Zwischenraum, darunter leicht konkav, die ganze Absturzfläche nahezu matt, winzig punktuliert.

Holotypus in Sammlung SCHEDL.

Typenfundort: Manaus, Amazonas, VI. 1972, ROPPA & OLIVEIRA.

Pterocyclon subpronum n. sp.

Dunkelrotbraun, seidenglänzend, 2,6 mm lang, 2,7mal so lang wie breit. Diese neue Art erinnert ein wenig an *Pterocyclon umbrinum* BLANDFORD, aber die ganze Oberfläche ist seidenglänzend, der Flügeldeckenabsturz plötzlich abbrechend, breit konkav, die Seitenwülste mit kleinen Zähnchen und der Hinterrand einfach breit gerundet.

Stirn breit gewölbt, winzig punktuliert und fein punktiert.

Halsschild wenig breiter als lang (27:25), hintere Seitenecken rechtwinkelig, kaum abgerundet, die Seiten im basalen Drittel parallel, Vorderrand sehr breit gerundet, ohne erkennbare subapikale Einschnürung; Summit etwas vor der Mitte, vorn steil abgewölbt und mit winzigen Schuppenhöckerchen bedeckt, dazwischen kurze abstehende Härchen, Basalstück seidenartig matt, winzig chagriniert, fein punktiert. Schildchen klein, knopfförmig.

Flügeldecken nahezu 1,5mal so lang wie der Halsschild, die Seiten in den basalen zwei Fünfteln parallel, Apex sehr breit gerundet, Absturz kurz, auf das distale Drittel beschränkt, plötzlich abbrechend, mit einer sehr breiten, aber nicht tiefen Längsfurche; Scheibe seidenartig matt, winzig chagriniert, kaum erkennbar punktiert; auf dem Absturz die Seitenwülste wesentlich höher als die Naht, mit je zwei konischen Zähnchen, der Absturzeindruck nahezu matt, winzig punktuliert, die Naht ganz leicht erhaben.

Holotypus in Sammlung SCHEDL.

Typenfundort: Salesópolis, S. P., 1962, F. WERNER.

Tricolus abruptus n. sp.

Gelbbraun, 2,0 mm lang, 2,7mal so lang wie breit. Mit *Tricolus senex* SCHEDL näher verwandt, doch etwas kleiner, der Flügeldeckenabsturz kürzer, steiler abbrechend, breit konkav, die Seitenwülste höher und die drei spitzen Höckerchen randständig.

Stirn breit gewölbt, lackglänzend, fein und ziemlich dicht punktiert.

Halsschild länger als breit (20:18), hintere Seitenecken rechtwinkelig, leicht abgerundet, die Seiten im basalen Drittel parallel, dann leicht bogig verengt, Apex nur mäßig breit gerundet, Vorderrand mit einer geschlossenen Reihe niederer Schuppenhöcker, von denen die mittleren etwas größer sind, eine subapikale Einschnürung nicht erkennbar; Summit in der Mitte, nach vorn flach abgeschrägt, gewölbt, mit feinen kleinen Schuppenhöckern bedeckt, die teilweise in konzentrischen Halbkreisen angeordnet sind, dazwischen einzelne abstehende Härchen, Basalstück mäßig glänzend, winzig chagriniert, fein punktiert. Schildchen mäßig groß, knopfförmig und glänzend.

Flügeldecken so breit und 1,5mal so lang wie der Halsschild, die Seiten bis weit über die Mitte parallel (etwas schwer zu beurteilen, weil die beiden Flügeldecken gespalten sind), Apex wahrscheinlich einfach breit gerundet, Absturz etwas hinter der Mitte beginnend und ziemlich steil abgeschrägt; Scheibe glänzend, mit zahlreichen winzigen Pünktchen, von denen einige in Reihen angeordnet sind; der Absturz breit konkav, aber seicht, die Seitenränder bis zur Naht gut ausgebildet, in Verlängerung des 1. Zwischenraumes am Beginn des Absturzes mit einem winzigen Zähnchen, am 3. Zwischenraum mit einem längeren zylindrischen Zahn, der Absturzeindruck mäßig glänzend, ungeordnet fein punktiert, die Naht kaum merklich erhöht.

Holotypus in Sammlung SCHEDL.

Typenfundort: Caruaru, Pernambuco, IV. 1972, M. ALVARENGA.

Tricolus incisus n. sp.

Rotbraun, 2,1 mm lang, 3,1mal so lang wie breit. Mit *Tricolus gracilipennis* SCHEDL näher verwandt, aber deutlich kleiner, schlanker, Flügeldeckenhinterrand mehr gerundet und der Nahtausschnitt sehr schmal, länger als breit.

Stirn größtenteils durch den Halsschild verdeckt, soweit sichtbar, breit gewölbt und fein punktiert.

Halsschild viel länger als breit (42:34), hintere Seitenecken rechtwinkelig, abgerundet, die Seiten in den basalen zwei Fünfteln parallel, dann bogig eingezogen, Vorderrand ziemlich eng gerundet und mit einigen ganz niederen Schuppenhöckern bewehrt; Summit deutlich vor der Mitte, vorn schräg abgewölbt, mit zahlreichen feinen Schuppenhöckerchen bedeckt, Basalstück nur mäßig glänzend, winzig punktuliert und fein locker punktiert. Schildchen mäßig groß, hinten abgerundet, fein punktiert.

Flügeldecken so breit und 1,5mal so lang wie der Halsschild, die Seiten in der basalen Hälfte parallel, Apex breit gerundet, an der Naht mit einem schmalen schlitzförmigen Ausschnitt, Absturz wenig hinter der Mitte beginnend, schief abgeschrägt, mit sehr breiter, seichter Längsfurche; Scheibe lackglänzend, mit regelmäßigen Reihen kleiner, locker gestellter Pünktchen, die Zwischenräume breit, vereinzelt fein punktiert; am Absturz die Seitenwülste des Eindruckes wesentlich höher als die Naht, oben bis zur Naht deutlich ausgeprägt, mit einem feinen dreieckigen Zähnchen in Verlängerung des 1. Zwischenraumes am Absturzbeginn, ein ähnliches Zähnchen am 3. und 5. Zwischenraum, der Absturzeindruck glänzend, fein verworren punktiert, die Naht unten kaum merklich erhöht.

Holotypus im Museu de Zoologia in São Paulo.

Typenfundort: Caraguatatuba, SP, Res. Flor., 40 m, 23. V.–1. VI. 1962, Exp. Dep. Zool.

Tricolus minutissimus n. sp.

Gelbbraun, 1,6 mm lang, 3mal so lang wie breit. Allgemeiner Bauplan wie bei *Tricolus perdiligens* SCHEDL, aber wesentlich kleiner, der Vorderrand des Halsschildes mehr winkelig begrenzt, die Flügeldecken äußerst fein punktiert, das Zähnchen am 3. Zwischenraum des Absturzes relativ kräftiger.

S t i r n nahezu vollständig vom Halsschild verdeckt.

H a l s s c h i l d länger als breit (35:26), hintere Seitenecken rechtwinkelig, leicht abgerundet, die Seiten im basalen Drittel parallel, Vorderrand eng, beinahe etwas winkelig gerundet, in der Mitte mit zwei spitzen, eng gestellten Zähnchen; Summit etwas vor der Mitte, vorn schief abgewölbt, sehr fein geschuppt-gehöckert, Basalstück seidenglänzend, winzig chagriniert, kaum erkennbar punktiert. Schildchen klein, glänzend.

F l ü g e l d e c k e n so breit und 1,2mal so lang wie der Halsschild, die Seiten bis zur Mitte parallel, der Hinterrand breit gerundet, zwischen den hakenförmigen Zähnen am unteren Seitenwulst rechtwinkelig eingebuchtet, die Einbuchtung viel breiter als lang, der Absturz kurz nach der Mitte beginnend, schief abgeschrägt und leicht konkav; Scheibe glänzend, mit sehr feiner Punktierung, die nur in der Nähe der Basis deutlicher ist; auf dem Absturz die Seitenwülste verrundet und höher als die leicht angehobene Naht, am Beginn des Absturzes ein feines spitzes Höckerchen in Verlängerung des 1. Zwischenraumes, in Verlängerung des 3. Zwischenraumes ein zylindrischer kurzer Zahn, weiter unten mit den erwähnten kräftigen, etwas zur Naht gerichteten Fortsätzen (ähnlich wie bei *Tricolus perdiligens* SCHEDL), der Absturzeindruck äußerst fein ungeordnet punktiert.

H o l o t y p u s in Sammlung SCHEDL.

T y p e n f u n d o r t : Linhares, E. Santos, IX. 1972, ROPPA & ALVARENGA.

Corthycyclon tardus n. sp.

Dunkelrotbraun, glänzend, 2,3 mm lang, 2,3mal so lang wie breit. Größer und viel gedrungener als der Genotypus *Corthycyclon ustum* SCHEDL.

S t i r n breit gewölbt, nahezu matt, winzig punktuliert, fein punktiert.

H a l s s c h i l d etwas breiter als lang, hintere Seitenecken rechtwinkelig, die Seiten im basalen Viertel parallel, dann bogig eingezogen, der Vorderrand nur mäßig breit gerundet, mit sechs eng gestellten, kleinen Schuppenhöckern bewehrt, eine subapikale Einschnürung nicht erkennbar; Summit etwas hinter der Mitte, vorn schräg gewölbt, mit relativ großen, locker gestellten Schuppenhöckern bedeckt, Basalstück nahezu lackglänzend, äußerst fein und locker punktiert. Schildchen sehr groß, dreieckig, punktiert.

F l ü g e l d e c k e n so breit und 1,2mal so lang wie der Halsschild, die Seiten bis zur Mitte parallel, Hinterrand breit gerundet, der Absturz in der Mitte beginnend und kräftig abgewölbt; Scheibe glänzend, fein punktiert, eine reihenmäßige Anordnung der Punkte kaum erkennbar, die Zwischenräume scheinbar mit einigen unregelmäßig gestellten Pünktchen; auf dem Absturz die Naht leicht erhöht, der 2. Zwischenraum leicht eingedrückt, der 3. beinahe so hoch wie die Naht und mit einigen gerade noch erkennbaren feinen Körnchen.

H o l o t y p u s in Sammlung SCHEDL.

T y p e n f u n d o r t : Caruaru, Pernambuco, IV. 1972, M. ALVARENGA.

PLATYPODIDAE

Platypus aplanatus n. sp.

M ä n n c h e n. – Gelbbraun, 3,0 mm lang, 3,7mal so lang wie breit. Verglichen mit *Platypus bicaudatulus* SCHEDL ist die neue Art wesentlich kleiner, die Seitenfortsätze der Flügeldecken mehr dreieckig und zugespitzt, die Absturzwölbung ist stärker ausgeprägt.

S t i r n breit gewölbt, glänzend, ziemlich kräftig punktiert, gegen den Scheitel gewölbt und mit zahlreichen abstehenden Härchen.

Halsschild länger als breit (23:19), seitliche Schenkelgruben schwach ausgeprägt, mäßig glänzend, winzig chagriniert, kaum erkennbar punktiert, Medianfurche lang, beinahe die basale Hälfte einnehmend.

Flügeldecken kaum breiter und 1,8mal so lang wie der Halsschild, die Seiten bis zur Mitte parallel, Apex mit kleinen dreieckigen Seitenfortsätzen, dazwischen halbkreisförmig ausgeschnitten, Absturz deutlich hinter der Mitte beginnend und schief abgewölbt; Scheibe glänzend, gestreift-punktiert, die Reihenpunkte klein, die Zwischenräume mäßig breit, kaum erkennbar punktiert, auf dem Absturz die Streifen tiefer, die Zwischenräume enger und je mit einer Reihe setoser kleiner Punkte.

Holotypus in Sammlung SCHEDL.

Typenfundort: Manaus, Amazonas, VI. 1972, ROPPA & OLIVEIRA.

Platypus arcuatus n. sp.

Männchen. – Rotbraun, glänzend, 4,5 mm lang, 3,3mal so lang wie breit. Dem *Platypus desultor* SCHEDL nahestehend, aber viel kleiner, am Absturzbeginn nur die Zwischenräume 1 und 3 stärker erhaben und plötzlich abbrechend, die Seitenecken der Flügeldecken kurz dreieckig, wesentlich kürzer als der bogenförmige Apikalrand.

Stirn flach, nahezu matt, winzig punktuliert, dicht und grob punktiert, gegen den Scheitel mehr winkelig abgesetzt, auf demselben mit einer Querreihe setoser Punkte.

Halsschild so lang wie breit, die seitlichen Schenkelgruben kräftig, die hintere Begrenzung winkelig; Scheibe seidenglänzend, winzig punktuliert und äußerst fein punktiert, Medianfurche mäßig lang.

Flügeldecken wenig breiter und nahezu doppelt so lang wie der Halsschild, die Basis fein gekantet, die Seiten in der basalen Hälfte parallel, dann leicht bogig eingezogen, Hinterrand breit gerundet, seitlich winkelig abstehend, Absturz deutlich hinter der Mitte beginnend und ziemlich kräftig gewölbt; Scheibe glänzend, kräftig gestreiftpunktiert, die Reihenpunkte teilweise miteinander verschmolzen, die Zwischenräume breit und sehr dicht und fein punktiert, der erste und zweite Zwischenraum mit einer regelmäßigen Reihe feiner Körnchen, aus denen winzige, schief abstehende Härchen entspringen; auf dem Absturz der 1. und 3. Zwischenraum kielartig erhöht, plötzlich abbrechend, der 1. bedeutend kürzer als der 3., der 2., 4. und 6. verkürzt, die Absturzabschrägung nahezu matt, winzig punktuliert, der Apikalrand fein gekantet.

Das Weibchen ist etwas größer und schlanker, die Stirn unten ganz leicht konkav und äußerst dicht und fein punktiert, Schenkelgruben des Halsschildes flacher, Flügeldecken nach hinten stärker bogig verengt, Apex mäßig breit gerundet, Absturz einfach gewölbt, Flügeldeckenscheibe etwas kräftiger gestreift-punktiert, die Zwischenräume auf dem Absturz mit je einer Reihe schief abstehender, kurzer Härchen, die Absturzscheibe klein und seitlich etwas winkelig begrenzt.

Holotypus und Allotypus in Sammlung SCHEDL, 1 Paratypus (♂) in Sammlung ALVARENGA.

Typenfundort: V. Vera, M. Grosso, Lon. 55°36', Lat. 12°46', X. 1973. M. ALVARENGA.

Platypus asperatus n. sp.

Männchen. – Dunkelrotbraun, glänzend, 5,0 mm lang, 3,3mal so lang wie breit. Dem *Platypus dignatus* SCHEDL recht nahestehend, aber etwas gedrungener, die Flügeldecken gerieft-punktiert, die faltenartigen hinteren Seitenfortsätze kleiner und mehr seitenständig.

Stirn ganz leicht konkav, ziemlich glänzend, winzig punktuliert, dicht und flach punktiert, die Punkte vorn wesentlich größer als in der oberen Hälfte, der Scheitel beinahe winkelig abgesetzt und mit einer Querreihe kräftiger setoser Punkte.

H a l s s c h i l d so lang wie breit, seitliche Schenkelgruben mäßig tief, hinten winkelig begrenzt, Scheibe glänzend, äußerst fein und ungleichmäßig dicht punktiert, die Medianfurche kurz, am Vorderrand mit einer Querreihe gröberer Punkte, aus denen abstehende Haare entspringen.

F l ü g e l d e c k e n kaum breiter und doppelt so lang wie der Halsschild, Seiten in der basalen Hälfte parallel, dann in einem langen Bogen leicht verengt, Apikalrand nur mäßig breit gerundet, von den Seiten der Flügeldecken winkelig abgesetzt, der Absturz nach der Mitte beginnend und schief abgeschrägt; Scheibe mäßig glänzend, die Reihenpunkte klein und teilweise einander berührend, die Zwischenräume gewölbt, nahe der Basis kräftig und dicht punktiert, anschließend nur mit einzelnen Pünktchen; auf dem Absturz sind die Zwischenräume etwas kielartig erhöht; einreihig punktiert und kurz und schief abstehend behaart.

H o l o t y p u s in Sammlung SCHEDL.

T y p e n f u n d o r t : V. Vera, M. Grosso, Lon. 55°36', Lat. 12°46', Brasil, X. 1973, M. ALVARENGA.

Platypus barbosai SCHEDL fem. n.

W e i b c h e n. – Rotbraun, 2,9 mm lang, 3,7mal so lang wie breit. Dem Männchen in Größe und Proportionen sehr ähnlich.

S t i r n flach, winzig punktuliert, grob punktiert.

H a l s s c h i l d kaum länger als breit, seitliche Schenkelgruben flach, Scheibe winzig punktuliert, äußerst fein punktiert, Medianfurche sehr kurz.

F l ü g e l d e c k e n mehr walzenförmig, die Seiten bis über die Mitte parallel, Apex ziemlich unvermittelt breit gerundet, Absturz sehr kurz, auf das distale Drittel beschränkt, steil abgewölbt; Scheibe nur mäßig glänzend, leicht gestreift-punktiert, die Reihenpunkte größtenteils undeutlich, die Zwischenräume breit, winzig punktiert, gegen den Absturz die Streifen etwas kräftiger werdend, dann aber plötzlich verschwindend, die steile Absturzfläche nur wenig glänzend, äußerst dicht und fein punktiert, aus den Zwischenräumen entspringen äußerst kurze, abstehende Härchen.

A l l o t y p u s und Paratypus in Sammlung SCHEDL.

T y p e n f u n d o r t : Jacareacanga, Pará, II. 1970, F. R. BARBOSA.

Platypus carinulatus CHAP. fem. n.

W e i b c h e n. – Gelbbraun, wenig größer und etwas schlanker als das Männchen. Die Stirn von Auge zu Auge leicht konkav, lackglänzend und dicht punktiert. Halsschild wenig länger als breit, seitliche Schenkelgruben gut entwickelt, beidseitig winkelig begrenzt, Scheibe äußerst fein punktiert. Flügeldeckenabsturz kurz und steil abgewölbt, mit äußerst kurzen, abstehenden Härchen, im ganzen gesehen wie üblich bei den *Platypi costelati*.

A l l o t y p u s und 5 Paratypen in Sammlung SCHEDL.

T y p e n f u n d o r t : Rio Caraguata, Matto Grosso, April 1953, F. PLAUMANN.

Platypus detectus n. sp.

M ä n n c h e n. – Rotbraun, 3,0 mm lang, 3,5mal so lang wie breit. Dem *Platypus pretiosus* SCHEDL nahestehend, aber etwas größer, die Seitenfortsätze der Flügeldecken viel kürzer und gedrungener, Apex von oben gesehen quer und an der Naht mit einer flachen Eindellung.

S t i r n flach, glänzend, äußerst dicht und mäßig fein punktiert, gegen den Scheitel die Punkte feiner werdend.

Halsschild wenig länger als breit (24:22), seitliche Schenkelgruben kräftig, hinten winkelig begrenzt, Scheibe glänzend, locker und fein punktiert, im vorderen Drittel die Pünktchen feiner und enger gestellt, Medianfurche mäßig lang.

Flügeldecken kaum breiter und doppelt so lang wie der Halsschild, Basis leicht gekantet, Seiten bis in die basalen zwei Fünftel parallel, dann leicht allmählich verengt, mit gut ausgebildeten hinteren Seitenecken, Apex quer, an der Naht leicht flach ausgeschnitten, Begrenzung des Ausschnittes in Form von kleinen Zähnchen, Absturz nach der Mitte beginnend und schief abgeschrägt; Scheibe nur mäßig glänzend, gestreift-punktiert, die Reihenpunkte teilweise undeutlich, die Zwischenräume mäßig breit, vereinzelt fein punktiert; auf dem Absturz die Streifen etwas kräftiger vertieft, die Zwischenräume leicht kielartig erhöht und jeder mit einer Reihe schief abstehender Härchen, die aus kleinen Pünktchen entspringen.

Holotypus in Sammlung SCHEDL.

Typenfundort: Porto Velho, Territ. Rondon, 1960, FORATTINI.

Platypus devius n. sp.

Männchen. – Gelbbraun, 2,4 mm lang, 3,5mal so lang wie breit. Dem *Platypus carinulatus* CHAP. näherstehend, aber viel kleiner, die hinteren Seitenecken der Flügeldecken bescheidener ausgebildet, nur wenig vorstehend und der Hinterrand dazwischen quer.

Stirn flach, wenig glänzend, fein und dicht punktiert, in der Mitte mit einem kurzen Längsstrichel.

Halsschild länger als breit (19:17), seitliche Schenkelgruben gut entwickelt, hintere Begrenzung winkelig, Scheibe glänzend, äußerst dicht und ziemlich fein punktiert, Medianfurche kurz.

Flügeldecken kaum breiter und 1,8mal so lang wie der Halsschild, Basis fein gekantet, die Seiten bis zur Mitte parallel, dann ganz leicht winkelig eingezogen, hintere Seitenfortsätze kurz, Außenkante fein gezähnt, Ausnehmung zwischen den Seitenfortsätzen nahezu quer gestellt, Absturz sehr kurz, auf das distale Drittel beschränkt; Scheibe mäßig glänzend, leicht gestreift-punktiert, die Reihenpunkte teilweise undeutlich, die Zwischenräume mit vereinzelten Pünktchen; gegen den Absturz sind die Streifen kräftiger vertieft, die Zwischenräume kielartig erhaben und am Beginn des Absturzes unvermittelt abbrechend, die mondförmige Absturzfläche nahezu matt, winzig punktuliert.

Holotypus in Sammlung SCHEDL.

Typenfundort: Brasil, Santarém, PA, E. B. A.

Platypus dignatus SCHEDL fem. n.

Weibchen. – In Farbe, Größe und Proportionen mit dem Männchen übereinstimmend. Halsschild mit den seitlichen Schenkelgruben seichter, von oben kaum wahrnehmbar. Flügeldecken wenig schlanker, der Hinterrand breit gerundet, der Absturz kurz, auf das distale Drittel beschränkt und einfach abgewölbt. Flügeldeckenscheibe glänzend, nur leicht gestreift-punktiert, die Punkte teilweise miteinander verschmolzen, die Zwischenräume breit, glänzend und mit vereinzelten Pünktchen, der 3. Zwischenraum gegen die Basis erhaben, dreieckig erweitert und fein gekörnt-gehöckert, der Absturz oben schief gewölbt, dann beinahe senkrecht abbrechend, die dadurch entstehende Apikalplatte breit oval, dicht und ziemlich kräftig punktiert.

Allotypus in Sammlung SCHEDL.

Typenfundort: Sinop, M. Grosso, Brasil, X. 1974, M. ALVARENGA.

Platypus gagates n. sp.

M ä n n c h e n. – Dunkelrotbraun, 5,2 mm lang, 3,3mal so lang wie breit. Verglichen mit *Platypus permarginatus* SCHEDL ist die neue Art wesentlich größer, der Bereich des Flügeldeckenabsturzes relativ länger und der mediane Ausschnitt am Hinterrand flach dreieckig.

S t i r n abgeflacht, kaum glänzend, äußerst dicht punktuliert bis punktiert, vom Scheitel leicht winkelig abgesetzt.

H a l s s c h i l d so breit wie lang, seitliche Schenkelgruben seicht, von hinten winkelig begrenzt, Scheibe glänzend, mit mäßig feinen Punkten ziemlich dicht besetzt, Medianfurche kurz.

F l ü g e l d e c k e n wenig breiter und etwas mehr als doppelt so lang wie der Halsschild, Basis fein gekantet, die Seiten bis zur Mitte parallel, dann ziemlich kräftig bogig verengt, Apex quer, jederseits zweizackig, Seitenkante zähnchenartig, vom verlängerten 3. Zwischenraum durch einen kleinen dreieckigen Ausschnitt getrennt, im Bereich zwischen dem 3. Zwischenraum breit dreieckig ausgenommen, Absturz in der Mitte beginnend und abgeschrägt gewölbt; Scheibe mäßig glänzend, mit unregelmäßig gestellten feinen Körnchen, anschließend gerieft-punktiert, die Reihenpunkte undeutlich, die Zwischenräume gewölbt, Zwischenräume 1 und 3 etwas stärker und bis zum Hinterrand fortgesetzt, die geraden Zwischenräume gegen den Absturz verkürzt, alle Zwischenräume einreihig und sehr fein gekörnt und am Absturz mit kurzen abstehenden Härchen, die untere Hälfte des Absturzes verworren punktiert und behaart.

H o l o t y p u s in Sammlung SCHEDL.

T y p e n f u n d o r t : Rio Caraguata, M. Grosso, IX. 1953, F. PLAUMANN.

Platypus insignatus SCHEDL fem. n.

W e i b c h e n. – Dunkelrotbraun, wenig größer und etwas schlanker als das Männchen, die Stirn abgeflacht, seidenglänzend, dicht punktiert, gegen den Scheitel abstehend behaart, der Scheitel etwas längsrissig punktiert, Medianschwiele glatt. Halsschild so lang wie breit, Schenkelgruben kaum erkennbar, Scheibe äußerst fein und locker punktiert, jederseits der Medianfurche am vorderen Ende mit der Andeutung einer kleinen Pore. Die Flügeldecken schlank, Apex gerundet, die alternierenden Zwischenräume gewölbt, die Basis des 3. Zwischenraumes auf einer langen Strecke fein gekörnt, Absturz einfach gewölbt, mit feinen Körnchen, aus denen abstehende Haare entspringen.

A l l o t y p u s in Sammlung SCHEDL.

T y p e n f u n d o r t : Caruaru, Pernambuco, IV. 1972, M. ALVARENGA.

Platypus irruptus SCHEDL fem. n.

W e i b c h e n. – Rotbraun, etwas größer und schlanker als das Männchen, die Stirn eben, seidenglänzend, winzig punktuliert, fein und dicht punktiert, gegen den Scheitel mit abstehenden rötlichen Haaren. Halsschild ganz wenig länger als breit, Schenkelgruben von oben gesehen nur angedeutet, Scheibe glänzend, äußerst fein und locker punktiert, am Vorderrand der Medianfurche jederseits mit einer winzigen Pore. Flügeldecken glänzend, gerieft-punktiert, Basis des 3. Zwischenraumes dreieckig erweitert und fein gerunzelt, Scheibe gerieft-punktiert, die Reihenpunkte teilweise undeutlich, die Zwischenräume leicht erhaben, der Absturz einfach abgewölbt, Hinterrand breit gerundet, Zwischenräume einreihig mit äußerst feinen Körnchen, aus denen abstehende rötliche Haare entspringen.

A l l o t y p u s in Sammlung SCHEDL.

T y p e n f u n d o r t : Sinop, M. Grosso, Lon. 55°37', Lat. 12°31', X. 1974, M. ALVARENGA.

Platypus mixtus n. sp.

W e i b c h e n. – Dunkelrotbraun, 2,0 mm lang, 3mal so lang wie breit. Einer der kleinsten Platypodiden aus dem neotropischen Raum, mit abgeflachter Stirn, Halsschild und Flügeldecken ohne besondere Auszeichnungen.

S t i r n leicht konkav, glänzend, dicht und mäßig fein punktiert, vom Scheitel leicht winkelig getrennt.

H a l s s c h i l d wenig länger als breit (16:15), seitliche Schenkelgruben seicht, hinten winkelig begrenzt, Scheibe nur mäßig glänzend, äußerst dicht punktuliert, Medianfurche kurz, die Punktierung in der Nähe der Basis etwas kräftiger.

F l ü g e l d e c k e n so breit und 1,7mal so lang wie der Halsschild, die Basis fein gekantet, Seiten bis zur Mitte parallel, Apex breit gerundet, Absturz in der Mitte beginnend, mäßig kräftig abgewölbt; Scheibe nur mäßig glänzend, in Reihen fein punktiert, Basis des 3. Zwischenraumes dreieckig erhöht und quer gerunzelt, auf dem Absturz die sehr feine Punktierung verworren, ohne besondere Auszeichnungen.

H o l o t y p u s in Sammlung SCHEDL.

T y p e n f u n d o r t : Ter. Amapá, Rio Anicohi, 15. VI. 1969, J. LANE.

Platypus obsitus n. sp.

M ä n n c h e n. – Dunkelrotbraun, glänzend, 5,0 mm lang, 3,4mal so lang wie breit. Dem *Platypus occipitalis* CHAP. ähnlich, aber größer, schlanker und die faltenförmigen distalen Seitenfortsätze der Flügeldecken deutlich stärker entwickelt.

S t i r n ganz leicht konkav, kaum glänzend, äußerst dicht mit feinen Punkten besetzt, diese in der oberen Hälfte mit abstehenden roten Härchen.

H a l s s c h i l d so lang wie breit, seitliche Schenkelgruben gut entwickelt, hinten winkelig begrenzt, Scheibe glänzend, fein und locker punktiert, mit einer Reihe setoser Punkte am Vorderrand des Halsschildes, Medianfurche kurz.

F l ü g e l d e c k e n wenig breiter und doppelt so lang wie der Halsschild, Basis fein gekantet, Seiten bis zur Mitte parallel, dann leicht bogig verengt, Apex quer, hintere Seitenecken rechtwinkelig, anschließend ein stumpfes Höckerchen in Verlängerung des 3. Zwischenraumes, Bereich zwischen diesen Höckern geradlinig, Absturz hinter der Mitte beginnend und schief abgewölbt; Scheibe glänzend, gerieft-punktiert, die Reihenpunkte undeutlich, die Zwischenräume gewölbt, Zwischenräume 1 und 3 etwas stärker, gegen den Absturz mehr kielartig erhöht und am Absturz die ungeraden Zwischenräume durchgehend, der 1., 2. und 4. Zwischenraum verkürzt, die ungeraden mit je einer Reihe setoser Punkte.

Das W e i b c h e n ist etwas größer und schlanker als das Männchen, Stirn abgeflacht, kräftig und äußerst dicht punktiert, in der oberen Hälfte die Punkte etwas kleiner, gegen den Scheitel eine Reihe von Punkten mit langen abstehenden Haaren. Halsschild etwas schlanker als beim Männchen, ebenso die Flügeldecken, letztere kräftig gestreiftpunktiert, die Zwischenräume leicht erhaben, der 3. an der Basis dreieckig erhöht und fein gerunzelt, der Absturz oben schief gewölbt, dann senkrecht abfallend, die Zwischenräume auf dem Absturz winzig punktuliert und fein gekörnt, am senkrechten Abfall die Pünktchen mit abstehenden Haaren.

H o l o t y p u s, Allotypus und drei Paratypen in Sammlung SCHEDL, sechs Paratypen (♀♀) in Sammlung ALVARENGA.

T y p e n f u n d o r t : Manaus, Amazonas, VI. 1972. ROPPA & OLIVEIRA.

Platypus particeps n. sp.

Männchen. – Dunkelrotbraun, 4,0 mm lang, 3mal so lang wie breit. Mit einem ähnlichen Körperbau wie *Platypus obtusus* CHAP., aber die Flügeldeckenscheibe weniger kräftig gerieft-punktiert und die Zähnchen am Absturz bescheidener ausgebildet.

Stirn abgeflacht, wenig glänzend, äußerst dicht und fein punktiert, gegen den Scheitel die Pünktchen mit kurzen abstehenden Härchen.

Halsschild kaum länger als breit, seitliche Schenkelgruben seicht, hinten winkelig begrenzt, Scheibe lackglänzend, mit äußerst feinen Pünktchen in wechselnder Dichte, Medianfurche kurz.

Flügeldecken so breit und 1,8mal so lang wie der Halsschild, die Basis fein gekantet, die Seiten bis zur Mitte parallel, Apex sehr breit gerundet, Absturz auf die distalen zwei Fünftel beschränkt, sehr kräftig abgewölbt; Scheibe in den Nahtwinkeln fein gekörnt, im übrigen gerieft-punktiert, ohne deutliche Reihenpunkte, die Zwischenräume gekielt, fast ohne jede Punktierung; auf dem Absturz mehr grob gestreift-punktiert, die Zwischenräume sehr dicht mit feinen Pünktchen besetzt, die teilweise abstehende Härchen tragen, am 3. Zwischenraum in der Hälfte der Absturzwölbung mit einem konischen Zähnchen, ein kleineres Zähnchen in derselben Höhe am 7. Zwischenraum.

Das Weibchen ist kaum größer, ganz wenig schlanker, hat die Stirn oben gewölbt, unten mit einem Quereindruck, gegen den Scheitel winzig punktuliert, dicht punktiert, mit kurzen abstehenden Härchen, der Querwulst vor dem Eindruck stärker glänzend, kaum erkennbar punktiert. Halsschild wie beim Männchen, aber die Punktierung noch zarter. Die Flügeldecken etwas schlanker, Hinterrand breit gerundet, Absturz einfach abgewölbt, auf die letzten zwei Fünftel beschränkt, Scheibe glänzend, in Reihen punktiert, die Zwischenräume eben, mit einzelnen feinen Pünktchen, Basis des 3. Zwischenraumes dreieckig erhaben und fein gekörnt, auf der Absturzwölbung, deren obere Begrenzung durch einen schiefen Wulst angedeutet ist, winzig punktiert und kurz abstehend behaart.

Holotypus, Allotypus und drei Paratypen in Sammlung SCHEDL, drei Paratypen in Sammlung ALVARENGA.

Typenfundorte: Vilhena, Rondonia, XI. 1973, M. ALVARENGA; V. Vera, M. Grosso, Lon. 55°36', Lat. 12°46', X. 1973, M. ALVARENGA; Sinop, M. Grosso, Lon. 55°37', Lat. 12°31', X. 1973, M. ALVARENGA.

Platypus sulcipennis n. sp.

Männchen. – Rotbraun, 6,4 mm lang, 3,2mal so lang wie breit. Dem *Platypus subaequalispinosus* SCHEDL nahestehend, aber viel kleiner, die Flügeldecken gerieft-punktiert, die Zwischenräume gegen den Absturz gekielt und die Riefen dicht und fein punktiert.

Stirn eben, seidenglänzend, winzig punktuliert und fein punktiert, gegen den Scheitel die Punkte mit kurzen abstehenden Haaren.

Halsschild so lang wie breit, seitliche Schenkelgruben mäßig tief, hinten winkelig begrenzt, Scheibe mäßig glänzend, äußerst dicht und sehr fein punktiert, einige setose Punkte entlang des Vorderrandes, Mittelfurche ganz kurz, aber kräftig vertieft.

Flügeldecken wenig breiter und 1,9mal so lang wie der Halsschild, die Seiten bis über die Mitte parallel, kräftige Seitenecken am Beginn des distalen Viertels, anschließend allmählich enger werdend, Hinterrand sechszackig, wobei alle Vorsprünge in einer Querlinie liegen, der Absturz auf das letzte Viertel begrenzt; Scheibe mäßig glänzend, kräftig gerieft-punktiert, die Riefen fein gedrängt punktiert, die Zwischenräume kielartig erhöht und am Absturz plötzlich abbrechend, der erste Zwischenraum am längsten, die anderen gegen die Seiten allmählich verkürzt, darunter der Absturz schief abgeschrägt, fein verworren punktiert, die endständigen Vorsprünge am 1., 5. und 7. Zwischenraum an der Naht leicht eingebuchtet.

Holotypus in Sammlung SCHEDL.

Typenfundort: Brasilien. Alte Sammlung.

Tesserocerus quadridens SCHEDL fem. n.

Weibchen. – Rotbraun, von der Größe und mit ähnlichen Proportionen wie beim Männchen. Die Stirn glänzend, dicht und ziemlich fein punktiert, der Fühlerschaft keulenförmig, die Fühlerkeule kurz oval. Halsschild kaum länger als breit, lackglänzend, winzig chagriniert, fein und locker punktiert, beiderseits der Mittelfurche längsrissig. Flügeldecken mit den alternierenden Zwischenräumen auf der Scheibe weniger gewölbt, am Absturz winkelig abbrechend, Hinterrand an der Naht leicht bogig ausgeschnitten, Seitenecken winkelig abbrechend.

Allotypus in Sammlung SCHEDL, Fundort wie beim Männchen.

Zusammenfassung

Noch offenes Material in der Sammlung des Autors aus Brasilien gibt Gelegenheit, neue und interessante Fundorte von 113 Scolytiden und von 33 Platypodiden mitzuteilen und 54 neue *Scolytidae* bzw. 10 neue *Platypodidae* zu beschreiben. Außerdem fanden sich noch von 9 Arten die bisher unbeschriebenen Weibchen.

SUMMARY

NEOTROPICAL SCOLYTOIDEA XIII

Unnamed material in the author's collection originating from Brazil gives the opportunity to show new and interesting localities of 113 *Scolytidae* and 33 *Platypodidae*, and to describe 54 new *Scolytidae* and 10 new *Platypodidae*. On the same occasion the hitherto unknown females of 9 known species are recorded.

Anschrift des Autors:

Univ.-Prof. Dr. Karl E. Schedl, Pfarrgasse 19, A – 9900 Lienz, Osttirol, Österreich.

ENTOMOLOGISCHE ABHANDLUNGEN

STAATLICHES MUSEUM FÜR TIERKUNDE IN DRESDEN

Band 41 | Ausgegeben: 25. März 1977 | Nr. 4

Monographie der Dynastinae
VIII. Tribus: Phileurini

(Coleoptera, Lamellicornia)

Mit 1 Tafel und 42 Figuren

SEBÖ ENDRÖDI

Budapest

BURMEISTER, Handb. d. Ent., V, 1847, p. 138 *(Phileuridae)*. – LACORDAIRE, Gen. Col., III, 1856, p. 454 *(Phileurides)*. – LE CONTE et HORN, Class. Col. N. Amer., 1883, p. 260 *(Phileurini)*. – BATES, Biol. C. Amer., Col. II, 2, 1888, p. 338 *(Phileurinae)*. – PÉRINGUEY, Trans. S. Afr. Phil. Soc., 12, 1901, p. 507 *(Dynastinae* pars). – KOLBE, Ann. Soc. Ent. Belg., 54, 1910, p. 333 *(Phileurinae)*. – ARROW, Fauna Brit. Ind., Col. Lamell., 1, 1910, p. 256 *(Dynastinae* pars). – CASEY, Mém. Col., VI, 1915, p. 263 *(Phileurini)*. – CHAPIN, Ann. Ent. Soc. Amer., 25, 1932, p. 304 *(Phileurini)*. – ARROW, Cat. Col. (Junk-Schenkling), XXI, 3, 1937, pars 156 *(Phileurini)*. – JANSSENS, Explor. Parc Nat. Albert Miss., de Witte, 38, 1942, p. 32 *(Phileurini)*. – BURGEON, Ann. Mus. Congo Belg., Zool. (3) II, 5, 1947, p. 308 *(Phileurini)*. – PAULIAN, Bull. Inst. fr. Afr. noire, 16, 1954, p. 1121 *(Dynastitae* pars). – CARNE, Syst. Rev. Austral. Dynast., 1957, p. 192 *(Phileurini)*. – ENDRÖDI, in BRINCK, S. Afr. Animal Life, VII, 1960, p. 74 *(Phileurini)*. – FERREIRA, Rev. Ent. Moçamb., 8 (1), 1965, p. 214 *(Phileurini)*. – ENDRÖDI, Ent. Abh. Mus. Tierk. Dresden, 33, 1966, p. 31 *(Phileurini)*.

Die Mitglieder dieser Tribus unterscheiden sich dadurch von allen übrigen Tribi, daß das Mentum sehr breit ist und die Wurzel der Lippentaster bedeckt. Diese sind also nicht an den Seiten des Mentums eingefügt. Der Clypeus ist meist scharf zugespitzt, seltener abgerundet oder abgestutzt. Die Mandibeln sind außen einfach gebogen oder mit 2–3 Zähnen oder Lappen versehen. Die Fühler der meisten Arten sind 10gliedrig, selten 9gliedrig, ausnahmsweise sogar 8gliedrig. Die Stirn ist mit 1–2 Hörnern oder Tuberkeln bewaffnet, sehr selten ganz unbewaffnet. Der Halsschild hat hinter dem Vorderrand eine mehr oder weniger große Grube, mit oder ohne Tuberkel, eine Längsfurche ist fast immer vorhanden. Die Flügeldecken sind sehr verschieden skulptiert. Die Schenkel sind nie stark verdickt; die Vorderschienen tragen 4 oder 3 Zähne, die Schrägleisten der hinteren Schienen sind entwickelt, der Spitzenrand ist außen entweder abgestutzt oder mit 1–3 stachelartigen Zähnen versehen. Die Vordertarsen sind einfach, oft aber mehr oder weniger deutlich verdickt.

Zur Zeit sind mir 33 Gattungen mit etwa 180 Arten dieser Tribus bekannt, diese Zahlen werden sich aber sicher noch erhöhen. Sie sind in allen zoogeographischen Regionen vertreten, nur in der Ozeanischen Region nicht. Da die äthiopischen und die amerikanischen Gattungen voneinander und auch von den übrigen Gattungen exakt getrennt werden können, teile ich meine Arbeit in drei Abschnitte auf, und zwar:

1. *Phileurini* der paläarktischen, orientalischen und australischen Region.
2. *Phileurini* der äthiopischen Region.
3. *Phileurini* von Amerika.

Die verwendeten Abkürzungen für die einzelnen Institutionen und Museen sind in Teil I (Ent. Abh. Mus. Tierk. Dresden, 33, 1966, p. 2) erklärt. – Die entsprechend der Etikettierung verwendeten geographischen Bezeichnungen sind als historische Namen anzusehen, sie geben daher nicht die heutige Situation wieder.

1. Phileurini der paläarktischen, orientalischen und australischen Region

In diesen Regionen leben nur zwei Gattungen, die in diesem Gebiet endemisch sind.

Bestimmungstabelle der Gattungen

1 (2) Der Kopf ist mehr oder weniger stumpf zugespitzt, die Stirn mit einem kurzen Horn oder Tuberkel bewaffnet. Der Halsschild der Männchen ist hinter dem Vorderrand mehr oder weniger stark und umfangreich vertieft. Die Vordertarsen der Männchen sind verdickt. Das Basalglied der Fühler ist nie dreieckig erweitert. – Vorwiegend orientalische Arten, nur wenige erreichen die papuanischen Inseln und eine sogar Australien. 1. Gattung: **Eophileurus** ARROW

2 (1) Die Spitze des Clypeus ist abgestutzt oder breit abgerundet, die Stirn ohne Horn oder Tuberkel. Das Basalglied der Fühler ist dreieckig erweitert. Hinter dem Vorderrand des Halsschildes ist nur selten ein Tuberkel und eine Vertiefung zu finden. Die Vordertarsen sind höchstens sehr schwach verdickt, bei solchen ist die innere Klaue verdickt. – Die Arten leben endemisch in Australien, nur eine ist auf Neukaledonien heimisch. 2. Gattung: **Cryptodus** MACL.

1. Gattung: EOPHILEURUS ARROW

ARROW, Trans. Ent. Soc. London, 1908, p. 332. – ARROW, Fauna Brit. Ind., Col. Lamell. I, 1910, p. 287. – ARROW, Ann. Mag. Nat. Hist. (8) XIV, 1914, p. 259. – PRELL, Mém. Soc. Ent. Bel., 22, 1913, p. 103. – CARNE, Syst. Rev. Austral. Dynast, 1957, p. 192.

Trionychus FAIRM. (pars), Ann. Soc. Ent. France, 60, 1898, p. 384.

Der Kopf ist dreieckig, die Spitze des Clypeus zugespitzt und leicht aufgebogen. Die Stirn ist bei den Männchen mit einem kurzen Horn oder Tuberkel, bei den Weibchen stets mit einem Tuberkel bewaffnet. Der Scheitel ist bei den Männchen stärker eingedrückt als bei den Weibchen. Die Fühler sind 10gliedrig, die Fahne ist bei beiden Geschlechtern kurz. Die Mandibeln sind fast dreieckig, die äußere Ecke ist in eine mehr oder weniger scharfe Spitze ausgezogen. Die Oberlippe ist mäßig breit, an der Spitze leicht ausgerandet. Der Halsschild ist ringsum gerandet, bei den Männchen hinter dem Vorderrand mit einer mehr oder weniger umfangreichen Grube, die nach hinten zu in eine seichte Furche verlängert ist; bei den Weibchen ist nur die Längsfurche deutlich zu erkennen. Das Schildchen ist stets sichtbar. Die Flügeldecken sind leicht abgeflacht, feiner oder gröber, dicht punktiert. Der Nahtstreif ist stets, die Doppelreihen sind oft nur in Spuren vorzufinden. Der Prosternalzapfen ist hoch, das Propygidium ohne Stridulationsapparat, höchstens die Punktierung ist leicht quergerunzelt. Das Pygidium ist bei den Männchen mehr oder weniger stark, regelmäßig gewölbt, bei den Weibchen flacher, vor der Spitze beiderseits der Mitte der Quere nach meist stark vertieft. Die Beine sind schlank, die Schenkel einfach, die Vorderschienen mit 3 Außenzähnen, die Schrägkiele und der Spitzenrand der hinteren Schienen dicht beborstet. Die Vordertarsen sind bei den Männchen mehr oder weniger stark verdickt, die innere Klaue hackenförmig gekrümmt, innen in der Regel fein gespalten.

H. PRELL und G. J. ARROW beschrieben fast zur gleichen Zeit (PRELL 1913–14, ARROW 1914) je eine Reihe von *Eophileurus-Arten,* von welchen einige zusammenfallen. Da die Arbeit von PRELL früher (bereits 1913) erschienen ist, haben seine Namen die Priorität.

Diese sind:

E. confinis PRELL (= *siamensis* ARROW), **syn. n.**

E. gracilis PRELL (= *andamanicus* ARROW), **syn. n.**

E. javanus PRELL (= *javanus* ARROW), **syn. n.**

Der von PRELL mitgeteilte *E. decipiens* mit dem sicherlich falschen Fundort „Casamanca" kann von *E. confinis* PRELL artlich nicht getrennt werden, alle in der Diagnose angegebenen Unterschiede gehören in die Variabilität der Art. Daher ist:

E. confinis PRELL (= *decipiens* PRELL), **syn. n.**

PRELL beschrieb 1913 ein Weibchen namens *E. variolipennis* mit dem Fundort Patadalu (den ich nirgends auffinden konnte). Die Art ist dem von ARROW 1908 beschriebenen Männchen von *E. perforatus* aus Indien sehr ähnlich, und es ist nicht ausgeschlossen, daß diese beiden Geschlechter zur selben Art gehören. Bis das Gegenteil nicht bewiesen werden kann, führe ich die Form weiter als eine eigene Art.

Das typische Material des *E. chinensis irregularis* PRELL beweist, daß die Population der Riu-Kiu-Inseln nicht von *E. chinensis* abgetrennt werden kann. Die längliche Grube des Halsschildes ist eine Eigenschaft der mittelgroßen Männchen, die überall auftritt; eine stärkere Punktierung der Weibchen kann beim besten Willen nicht festgestellt werden. Daher ist:

E. chinensis FALD. (= *irregularis* PRELL), **syn. n.**

E. decatenatus ARROW ist dermaßen nahe mit *E. cingalensis* ARROW verwandt, daß die beiden als geographische Rassen betrachtet werden müssen. *E. cingalensis* ARROW kommt in Ceylon (Sri Lanka) und *E. decatenatus* ARROW auf dem Festland von Vorderindien vor. Daher ist:

E. cingalensis cingalensis ARROW, **comb. n.** und

E. cingalensis decatenatus ARROW, **comb.n.**

Mit den hier mitgeteilten 4 neuen Arten und den oben angegebenen neuen Synonymen zählt die Gattung heute 25 Arten, die vorwiegend in der orientalischen Region leben. Eine Art dringt in die paläarktische und wenige in die australische Region ein.

Type der Gattung: *Geotrupes planatus* WIEDEMANN, 1825.

Es muß G. J. ARROW und H. PRELL, den beiden vorzüglichen Spezialisten, die sich mit dieser Gattung eingehend befaßt haben, rechtgegeben werden, daß sich viele, in diese Gattung gehörende Arten auf Grund von exakten äußerlichen Merkmalen nicht trennen lassen. Es wäre meiner Ansicht nach verfehlt, auf Grund von minutiösen und oft recht subjektiven Merkmalen eine rein morphologische Bestimmungstabelle aufzubauen, eine solche würde zwangsläufig zu vielen Fehldeterminationen führen. Auch meine Versuche sind erfolglos geblieben. Darum suchte ich nach einem „modus vivendi", auf Grund dessen die Arten der Gattung mit höchster Sicherheit bestimmt werden können. Zu diesem Zweck konnten, nebst einigen wenigen äußerlich-morphologischen Eigenschaften, in erster Linie die Form der Parameren in Betracht gezogen werden, die bei den verschiedenen Arten deutlich verschieden und recht konstant ist; andererseits – mindestens bei den inselbewohnenden Arten – die geographische Lage. Die letzteren Arten können nämlich auf Grund des Fundortes, verbunden mit der Form der Parameren, exakt charakterisiert werden, bei den Weibchen müssen wir uns mit dem Fundort begnügen; meines Wissens kommt auf jeder Insel nur eine Art vor. Bei den kontinental-asiatischen Arten kann die Verbreitung nur in untergeordnetem Maße entscheiden, da sich die Areale von mehreren Arten anscheinend mehr oder weniger stark überdecken. Bei diesen entscheiden in erster Linie die Form der Parameren sowie auch einige gut brauchbare äußere Eigenschaften. Bei den Weibchen kommt es oft vor, daß nur solche mit Sicherheit bestimmt werden können, die mit den Männchen zusammen gesammelt wurden. Darum nehme ich in die folgende Bestimmungstabelle nur die wichtigsten Eigenschaften auf und danach in je einer kurzen Diagnose nur die Eigenschaften, die bei den verschiedenen Arten möglichst konstant zur Charakterisierung beitragen. Nur für *E. chinensis* FALD. gebe ich eine eingehende Diagnose.

Bestimmungstabelle der Arten

(vorwiegend auf Grund der Männchen)

I. Kontinental-asiatische Arten.

1 (2) Hinterecken des Halsschildes abgerundet. Die Punktierung der Flügeldecken ist fein. Parameren (Fig. 1) schlank, die Spitzen zangenartig ausgebildet. 18–26 mm. – Korea, China, Japan, Riu-Kiu-Inseln, Formosa (Taiwan). **chinensis** FALD.

2 (1) Hinterecken des Halsschildes stumpf- oder scharfeckig.

3 (16) Flügeldecken mit großen geringelten Punkten, als grob gerunzelt erscheinend.

4 (11) Pygidium überall mehr oder weniger grob, auch an der Spitze nicht oder kaum spärlicher punktiert.

5 (8) Größere Arten von 19–25 mm.

6 (7) Halsschild mäßig dicht, grob, teilweise geringelt punktiert, die Punkte sind nicht sehr tief eingestochen. Parameren (Fig. 2) außen stark artikuliert, die schmalen Spitzen schräg abgestutzt, die beiden basalen Teile entsenden nach innen zu je einen stumpfen Dorn, die sich kreuzen. 20 mm. – Vorderindien. **perforatus** ARROW

7 (6) Der Halsschild ist dicht, mäßig grob, nicht geringelt punktiert, die Punkte sind tief eingestochen. Die Basalhälfte der Parameren (Fig. 3) ist breit, die Seiten gebogen, die inneren Kanten in je eine Platte erweitert, hinter der Mitte mehr oder weniger spitzig ausgezogen, die Spitzen sind kurz, schmal, abgestutzt oder leicht abgerundet. 19–25 mm. **cingalensis cingalensis** ARROW

a. Eine sehr ähnliche Rasse in Vorderindien. **cingalensis decatenatus** ARROW

8 (5) Kleinere Arten von 15–18 mm.

9 (10) Der Kopf ist dicht und mehr oder weniger stark punktiert, die Punkte des Halsschildes sind groß, stark vertieft, kreisförmig, die meisten deutlich genabelt. Die Parameren (Fig. 4) sind zur Spitze stark verjüngt, vor der Spitze beiderseits mit je einem kleinen, hammerförmigen Gebilde. 17–18 mm. – Vorderindien. **felschei** PRELL

10 (9) Der Kopf ist spärlich und fein punktiert, die Punkte des Halsschildes sind kleiner, meist spärlicher, die meisten Punkte nicht genabelt. Die Parameren (Fig. 5) sind ähnlich, aber die beiden hammerförmigen Gebilde fehlen. 16–18 mm. – Von Vorderindien bis Bengalen. **platypterus** WIED.

11 (4) Das Pygidium ist mindestens in der Spitzenhälfte fein punktiert oder fast glatt.

12 (13) Die Flügeldecken sind überall dicht und mäßig grob gerunzelt–punktiert, Punktstreifen sind nicht zu unterscheiden, an den Seiten sind die Punkte viel feiner und mindestens teilweise in Reihen geordnet. Nur ein Weibchen ist bekannt. 21,5 mm. – Patadalu. **variolipennis** PRELL

13 (12) Auf der Scheibe der Flügeldecken sind mehr oder weniger regelmäßige Punktstreifen zu unterscheiden, nie einförmig gerunzelt.

14 (15) Die Halsschildgrube der Männchen ist sehr groß, bis weit über die Mitte reichend. Auch die Seiten der Flügeldecken sind grob punktiert. Die Parameren (Fig. 6) sind schlank, der Außenrand etwa in der Mitte mit je einem großen, scharfen, schräg nach hinten gerichteten Zahn. 24 mm. – Assam, Manipur.

pectoralis ARROW

15 (14) Die Halsschildgrube ist kleiner, sie reicht hinten nicht bis zur Mitte. Die Parameren sind ähnlich wie in Fig. 3: *cingalensis decatenatus* ARROW.

16 (3) Die Flügeldecken sind fein bis mäßig grob *(nilgirensis)* punktiert, die Oberseite erscheint nicht grob gerunzelt.

17 (18) Die Punktstreifen der Flügeldecken bestehen auf der Scheibe aus fast so großen geringelten Punkten wie bei der vorigen Gruppe, die Streifen sind gerade, ziemlich regelmäßig, deutlich zu unterscheiden. Die Parameren (Fig. 7) erweitern sich hinter der Mitte, vor der Spitze kreuzen sich zwei dornförmige Gebilde, die Spitzen selbst sind ebenfalls lang dornförmig nach außen ausgezogen. 22–25 mm. – Nilgiri Hills, Madras.

nilgirensis ARROW

18 (17) Die Flügeldecken sind fein, sehr dicht punktiert, mit freiem Auge sind die Streifen nicht zu unterscheiden. Hierher gehören die unten angeführten Arten, die auf Grund von äußeren morphologischen Eigenschaften nicht auseinandergehalten werden können. Die Männchen dieser miteinander sehr nahe verwandten Arten können auf Grund der Paramerenform ohne Schwierigkeiten bestimmt werden, die Weibchen – mit Sicherheit – nur durch die Männchen, mit welchen sie zusammen gesammelt wurden:

1. Beschrieben aus Shanghai. Die Parameren (Fig. 8) sind in der basalen Hälfte breit oval, der Spitzenteil schmal, mit je einem nach oben und nach hinten gebogenen, hackenförmigen Plättchen am Rücken. 22 mm. **confinis** PRELL

2. Beschrieben aus Tonkin. Die Parameren (Fig. 9) sind breit, sehr einfach, der Außenrand nicht artikuliert, sehr leicht konvex gebogen, die beiden Spitzen nach innen gerichtet. 24 mm. **quadrigeminatus** ARROW

3. Beschrieben aus Sikkim und Darjeeling. Die Parameren (Fig. 10) lang, zur Spitze zu allmählich verjüngt, in der basalen Hälfte leicht asymmetrisch, der Spitzenteil schmal, beiderseits mit je einem gebogenen und nach außen gerichteten Horn, die Spitze ist außen abgerundet. 20–24 mm. **assamensis** FAIRM.

4. Ebenfalls aus Sikkim. Dem *E. assamensis* äußerlich ganz ähnlich, nur die Parameren (Fig. 11) sind anders gebaut, obwohl vom gleichen Typ. Sie sind erheblich breiter, in der basalen Hälfte stärker asymmetrisch, die Spitzen sind gerade abgestutzt und nicht nur innen, sondern auch außen scharfeckig. 20,5–24 mm. **montanus** PRELL

5. Eine zweite Art aus Darjeeling. Die Parameren (Fig. 12) sind in der basalen Hälfte oval, der viel schmälere Spitzenteil durch je einen Außenzahn abgesetzt, bis zur nach innen gebogenen Spitze fast parallelseitig. 23 mm. **himalayanus sp. n.**

6. Beschrieben aus Bengalen. Die Parameren (Fig. 13) sind zur Spitze schwach verjüngt, nur der Spitzenteil deutlich schmäler, unweit von der Spitze entspringt an der Außenseite je ein Horn, das dem Körper angeschmiegt und basalwärts zurückgebogen ist. 20–26 mm. **planatus** WIED.

7. Beschrieben aus Nepal. Parameren (Fig. 14) stark asymmetrisch, der basale Teil endet in je einem Außenzahn, der Spitzenteil ist auffallend breit, vor der nach außen vorspringenden Außenecke ist noch ein kleiner Außenzahn zu finden. 22–23 mm. **forsteri** ENDR.

II. Arten aus der südostasiatischen Inselwelt bis Australien. Auch diese sind äußerlich einander dermaßen ähnlich, daß die äußerlichen Merkmale nicht genügen, um die zahlreichen Arten bestimmen zu können. Die stark verschiedenen Parameren deuten aber darauf hin, daß sich die Formen schon so weit spezialisiert haben, daß man sie nicht mehr als Rassen auffassen kann.

1. Eine Art von den Andamanen. Die Parameren (Fig. 15) sind zusammen fast kreisrund, die basalen Spitzen sind nach unten und innen verlängert, die beiden Zapfen kreuzen sich; vor dem schmalen, kurzen Spitzenteil befindet sich beiderseits am Außenrand je ein kleiner, hackenförmiger Zahn, die Spitze ist abgestutzt. 20–21 mm. **gracilis** PRELL

2. Eine Art von den Nicobar-Inseln. Die Parameren (Fig. 16) sind lang, fast gleichbreit, vor der Spitze stark eckig erweitert. 19,5–23 mm. **nicobarensis sp. n.**

3. Beschrieben aus Java. Die Parameren (Fig. 17) sind breit, etwa in der Mitte der Außenseiten mit je einer Ecke, von hier verschmälern sich die beiden Spitzenteile und konvergieren stark zu den schmal abgerundeten Spitzen. 21–24 mm. **javanus** PRELL

4. Eine Art aus Lombok und Flores. Die Parameren (Fig. 18) sind lang, der basale Teil lang oval, der Spitzenteil an der Basis mit je einem starken Außenzahn, hinter diesen schmal, fast parallelseitig. 20–23 mm. **sondaicus** PRELL

5. Die Population von der Insel Sumba ist die einzige in dieser Reihe, die von allen auch äußerlich deutlich abweicht, da ihre Flügeldecken so stark punktiert sind wie die Verwandten von *E. cingalensis* ARROW. Die Parameren (Fig. 19) sind lang, ziemlich schlank, außen schwach konkav gebogen, in der Mitte nicht eingeschnitten, der Spitzenteil kurz und schmal. 17–19 mm. **sumbaianus** ENDR.

6. Eine Art aus Borneo (Kalimantan). Die Parameren (Fig. 20) sind kurz, die Außenseiten zweimal eingeschnürt, die Spitze dünn, nach innen gebogen. 18,5–22 mm. **borneensis sp. n.**

7. Eine Art aus Celebes (Sulawesi). Die Parameren (Fig. 21) sind etwas ähnlich denen von *E. javanus* PRELL, der basale Teil ist aber außen nicht abgerundet, sondern eckig, und die Spitze ist knopfförmig erweitert. 23 mm. **celebensis** ARROW

8. Eine Art aus Neuguinea. Die Parameren (Fig. 22) sind ziemlich breit, der Spitzenteil vom basalen erweitert abgesetzt, zur Spitze verjüngt, sehr schwach nach oben gebogen, die Spitze auch oben stark abgeschnürt, eine fast senkrechte, leicht gewölbte Platte bildend. 24–25 mm. **fenicheli sp. n.**

9. Eine Art aus Australien. Die Parameren (Fig. 23) sind mäßig breit, zur Spitze zu allmählich, aber schwach verjüngt, die Außenseiten mehrfach artikuliert, das Spitzendrittel stark nach oben gebogen, die Spitze innen gezähnelt. 23–25 mm. **dentatus** BLACKB.

10. Eine Art angeblich von der Christmas-Insel. Es ist nur ein Weibchen bekannt, dessen Zugehörigkeit nicht beurteilt werden kann (mir einstweilen unbekannt). 14,5 mm. **? convexus** ARROW

Eophileurus chinensis FALDERMANN (Tafel, Abb. 1)

FALDERMANN, Mém. Acad. Petr., 2, 1835, p. 370, t. 4, f. 2 (*Phileurus*). - FAIRMAIRE, Rev. Ent., 16, 1887, p. 319 (*Heteronychus*). - ARROW, Trans. Ent. Soc. London, 1908, p. 332 (*Eophileurus*); Fauna Brit. Ind., Col. Lam. I, 1910, p. 292, f. 67; Ann. Mag. Nat. Hist., (8) XIV, 1914, t. 13, f. 9. - PRELL, Mém. Soc. Ent. Belg., 22, 1913, p. 121, t. 1, 2, f. 15.

♀ *morio* FALDERMANN, Mém. Acad. Petr., 2, 1835, p. 371, t. 4, f. 1 (*Phileurus*). - PRELL, Mém. Soc. Ent. Belg., 22, 1913, p. 122 (*Eophileurus*).

poteli FAIRMAIRE, Ann. Soc. Ent. France, 67, 1898, p. 384 (*Trionychus*). - ARROW, Trans. Ent. Soc. London, 1908, p. 332 (*Eophileurus*).

irregularis PRELL, Suppl. Ent., 2, 1913, p. 23 (*Eophileurus*); Mém. Soc. Ent. Belg., 22, 1913, p. 122.

Mäßig glänzend schwarz, auch die Bauchseite nur fettglänzend. Oberseite und Pygidium kahl, die Brust mäßig dicht rötlich behaart, die Haare werden am Metasternum nach hinten zu allmählich spärlicher und kürzer.

♂: Der Clypeus ist breit, vorn stumpf zugespitzt und aufgebogen; die Seiten sind sehr leicht geschwungen, fast gerade, nach hinten stark divergierend. Die Augenkiele sind vom Kopfrande stark abgesetzt, kurz und breit, außen fast gerade abgestutzt oder schwach gebogen. Das Kopfhorn ist mäßig lang, auch bei starken Männchen kaum länger als der Kopf, vorn und hinten leicht abgeflacht, stumpf zugespitzt, hinten an der Basis schwach längsgekielt. Hinter dem Kopfhorn ist der Scheitel erheblich vertieft, die Vertiefung hinten steil abfallend begrenzt. Die Oberseite ist spärlich und fein, die Vorderseite des Kopfhorns noch feiner, aber dichter punktiert. Die Mandibeln sind breit, die Spitze nach außen gebogen, der Außenrand ohne Zähne. Die Fühler sind 10gliedrig, die Geißel kurz, die letzten vier Geißelglieder scheibenförmig kurz, die Fahne kaum länger als die Geißel ohne Basalglied.

Der Halsschild ist breiter als lang (etwa 10:7), in der Mitte am breitesten. Die Seiten sind regelmäßig gebogen, nach vorn stärker konvergierend als nach hinten. Die Vorderecken sind mäßig stark vorgezogen, scharfeckig, die hinteren deutlich abgerundet. Der Spitzenrand ist fast gerade, die Basis sehr schwach doppelbuchtig. Alle vier Seiten sind gerandet, die Seitenränder schmal und scharf. Die postapikale Grube ist groß, bei starken Männchen rundlich, etwa drei Viertel der Länge erreichend, stark vertieft, die Grenzen gewölbt, nicht gekielt, hinten beiderseits der Mitte etwas mehr erhöht. Bei kleineren Exemplaren ist die Grube länglich und seichter. Die Grube ist nach hinten bis zur Basis furchenartig verlängert. Die mäßig grobe Punktierung der Oberseite ist in den Vorderecken am dichtesten, gerunzelt, nach hinten zu wird die Punktierung allmählich lockerer, feiner und spärlicher, sie ist in der Mitte vor der Basis sehr klein und spärlich; in der Grube sind dichtgestellte hufeisenförmige Punkte zu finden. Das Schildchen ist nur wenig breiter als lang, stumpf zugespitzt, an der Basis mit mehr oder weniger zahlreichen Punkten.

Die Flügeldecken sind länger als zusammen breit (etwa 14:12), nach hinten schwach erweitert. Die Seiten sind fast gerade, die scharfe Nahtecke ist fast rechteckig, mit einem kleinen, oft kaum sichtbaren Dörnchen. Die kleinen Ringpunkte bilden auf der Scheibe regelmäßige Reihen, diese sind nicht gefurcht und scheinen sehr dichtgestellt zu sein, da sich auch auf den Zwischenräumen je eine ähnliche Reihe bildet, im innersten stehen die Punkte verworren, an den Seiten ist die Punktierung viel feiner als auf der Scheibe.

Der Prosternalzapfen ist ziemlich kurz dreieckig, die abgestutzte Spitze ist hinten gewölbt, die apikale Hälfte flach. Das Pygidium ist der Länge nach stark gewölbt, in den Seitenecken stärker, auf der Scheibe viel feiner punktiert. Die Vorderschienen sind mit drei scharfen Zähnen bewaffnet, die Spitze der Hinterschienen ist gerade abgestutzt und mit kurzen Borsten dicht besetzt. Die Vordertarsen sind stark verdickt, die innere Klaue breit, hackenförmig gekrümmt, an der Spitze innen fein gespalten.

♀: An der Stirn steht ein Tuberkel; der Kopf ist überall dicht punktiert. Längs der Mitte des Halsschildes verläuft eine tiefe, breite, gerunzelt-punktierte Furche, die die Basis nicht erreicht. Das Pygidium ist der Länge nach fast flach, vor der stark gewulsteten und vorstehenden Spitze beiderseits stark eingedrückt, in den Seitenecken ziemlich dicht, sonst spärlich und fein punktiert. Die Vordertarsen sind dünn, alle Klauen einfach, gleichgeformt.

Länge: 18–26 mm. – Untersuchtes Material 104 Exemplare.

Typen: Die Typen von *E. chinensis* FALDERMANN und *E. morio* FALDERMANN sind mir unbekannt, sie sind wahrscheinlich im Museum von Leningrad vorzufinden. Die zwei Syntypen von *E. poteli* FAIRMAIRE sind im MP in Paris aufbewahrt. Lectotype ♂ (des. ENDRÖDI) von *E. irregularis* PRELL sowie Lecto-Allotype und 6 Lecto-Paratypen aus Oshima werden im ZMB in Berlin aufbewahrt.

Verbreitung: Korea: Soeul (AKM, E); ohne nähere Angaben (ZMB). China: Shantung (AKM); Tientsin (ZMB); Kioto (ZMB); Tsingtau (ZMB); Shi-Wan-tsze, Hiu-mou, Kiang-keou (ZMB); Tsche-Kiang, Ning-Po (ZMB, E); Shanghai (ZMB, E). „Mongolia or.": Chan-heou (E). Japan: Prov. Satsuma, Mukoda (ZMB); Hakodate (ZMB, E); Oshima (E); Harima (E); Niigata (E); Ibaraki-Hokkaido (MF); Karniza-Wa, nördlich von Jokohama (MF); Liou-Kiou, Ile de Oshima (ZMB). Formosa (Taiwan): Kosempo (ZMB, E); Tainan (ZMB); Hoozan (ZMB, E); Taihanroku (ZMB, E); Alikang (E); ohne nähere Angaben (ZMB).

Eophileurus perforatus ARROW

ARROW, Trans. Ent. Soc. London, 1908, p. 332 *(Eophileurus)*; Fauna Brit. Ind., Col. Lam. I, 1910, p. 289. – PRELL, Mém. Soc. Ent. Belg., 22, 1913, p. 116, t. 1, 2, f. 14.

♂: Der Kopf ist glatt, nur die Augenkiele sind punktiert. Der Halsschild ist sehr grob punktiert, besonders auf der Scheibe sind große genabelte Kreispunkte zu finden, vorn und an den Seiten sind die Punkte kleiner, die meisten nicht oder nur undeutlich geringelt, in den Vorderecken teilweise gerunzelt, auf der Scheibe sind die Punkte unregelmäßig verteilt, spärlicher als auf den Seiten. Die Hinterecken sind scharf, fast zahnartig. Die apikale Grube ist (bei dem vorliegenden Männchen) klein und seicht, die Längsfurche sehr schwach. Die Flügeldecken sind grob punktiert, die geringelten Kreispunkte sind auf der Scheibe noch ein wenig größer als die größten des Halsschildes, sie sind teilweise in Reihen geordnet; an den Seiten sind die Punkte viel kleiner, einfach eingestochen, an der Spitze wieder etwas größer und fein geringelt. Mikroskopisch kleine Punkte sind auf den Zwischenräumen nur vereinzelt zu finden. Das Pygidium ist stark gewölbt, spärlich punktiert, die Punkte sind noch kleiner als die an den Seiten der Flügeldecken. Die Vordertarsen sind mäßig stark verdickt, die hackenförmig gekrümmte innere Klaue ist ziemlich dünn.

♀: Das Pygidium ist weniger stark gewölbt.

Länge: 19–22 mm. – Untersuchtes Material 3 Exemplare.

Typen: Die Typen werden im BM in London aufbewahrt.

Verbreitung: Südindien: Bombay (BM); Mhow (BM); Belgaum (BM); Madras (E).

Eophileurus cingalensis ARROW (Tafel, Abb. 2)

ARROW, Trans. Ent. Soc. London, 1908, p. 333 *(Eophileurus)*; Fauna Brit. Ind., Col. Lam. I, 1910, p. 290; Ann. Mag. Nat. Hist., (8) XIV, 1914, t. 13, f. 8. – PRELL, Mém. Soc. Ent. Belg., 22, 1913, p. 109, t. 1, 2, f. 1. – ENDRÖDI, Ent. Skand. Suppl. I, 1971, p. 265.

subsp. *decatenatus* ARROW, Fauna Brit. Ind., Col. Lam. I. 1910, p. 291 *(Eophileurus)*. – PRELL, Mém. Soc. Ent. Belg., 22, 1913, p. 110, t. 1, 2, f. 2.

♂: Der Vorderkopf ist glatt oder sehr fein und spärlich, der Hinterkopf viel deutlicher punktiert. Das Kopfhorn ist auch bei starken Exemplaren kurz. Der Halsschild ist dicht und grob, nur in der Mitte der Scheibe spärlicher punktiert, die Punkte sind einfach eingestochen. Die Hinterecken sind scharf. Hinter dem Vorderrand ist eine mäßig große, leicht quere, tiefe Grube zu finden, die ebenso punktiert ist wie die übrige Oberfläche, die Längsfurche hinter der Grube erreicht die Basis des Halsschildes. Das Schildchen ist an der Basis punktiert. Die Punkte der Flügeldecken sind groß, rund, geringelt, die Ringe sind auch bei den meisten der viel kleineren Punkte der seitlichen Streifen sichtbar; die Punktreihen sind meist ziemlich verworren, fallweise aber – mindestens die auf der Scheibe – ziemlich regelmäßig. Auf den Zwischenräumen sind keine Mikropunkte zu beobachten. Das Pygidium ist stark, regelmäßig gewölbt, dicht und stark und nur in der Spitzengegend deutlich spärlicher punktiert. Die Vordertarsen sind stark verdickt. An der Unterseite der Parameren ragt ein langer, dünner Dorn schräg nach vorn.

♀: Der Halsschild ist einfach gewölbt, nur vor der Basis ist eine mehr oder weniger deutliche Längsrinne zu entdecken. Das Pygidium ist vor der Spitze stärker gewölbt, nur dem Spitzenrand entlang der Quere nach vertieft, etwas feiner und in der Spitzengegend spärlicher punktiert als beim Männchen.

Variation:

1. Die Exemplare der Population von Ceylon sind meist größer, die Punktierung der Flügeldecken meistens in regelmäßigeren Reihen geordnet, die Punktierung des Pygidiums meist ein wenig gröber. Die plattenartige Erweiterung der Parameren ist ein wenig kürzer.

   cingalensis cingalensis ARR., **comb. n.**

2. Die Exemplare der Population des südindischen Festlandes sind etwas kleiner (19 bis 22 mm), die Punktierung der Flügeldecken ist meistens mehr verworren, die des Pygidiums feiner. Die plattenartige Erweiterung der Parameren ist ein wenig länglicher.

   cingalensis decatenatus ARR., **comb. n.**

Länge: 19–26 mm. – Untersuchtes Material 31 Exemplare.

Typen: Die Typen von *E. cingalensis* ARROW aus Ceylon und die von *E. decatenatus* ARROW aus Madras Shembaganur sind im BM in London vorzufinden.

Verbreitung:

c. cingalensis ARROW: Ceylon (Sri Lanka): Kandy (ZMB, E); Colombo (BM, ZMB); Negombo (ZMB); Peradeniya (BM); ohne näheres (Typen, ZMB, E).

c. decatenatus ARROW: Südindien: Madras, Shembaganur (BM, E).

Eophileurus felschei PRELL

PRELL, Mém. Soc. Ent. Belg., 22, 1913, p. 111, t. 1, 2, f. 4 *(Eophileurus)*.

♂: Das Kopfhorn ist sehr kurz, der Kopf dicht und mehr oder weniger stark punktiert, die Punkte des Halsschildes groß, rund, stark vertieft, die meisten deutlich geringelt. Die Hinterecken des Halsschildes sind scharf, die Seiten vor diesen nur sehr schwach ausgerandet. Die Oberseite ist fast ganz einfach gewölbt, hinter dem Vorderrand in der Mitte nur schwach eingedrückt. Die Punkte der Flügeldecken sind auf der Scheibe noch etwas größer als die größten des Halsschildes, sie sind tief, in regelmäßigen Reihen geordnet, die Reihen sind nicht paarweise angeordnet, die Zwischenräume fast gleichbreit, nur der erste neben der ähnlich punktierten Naht ist breit, mit einer unregelmäßigen Reihe von ähnlich großen Punkten; auf den Zwischenräumen sind spärliche Mikropunkte zu finden. Das Pygidium ist stark und dicht punktiert, die Punkte sind tief, ein wenig kleiner als die der seitlichsten Punktreihen der Flügeldecken, an der Spitze sind die Punkte nur wenig kleiner, aber deutlich spärlicher als auf der Scheibe. Die Vordertarsen sind stark verdickt. Die Parameren sind von der Seite gesehen breit, die Spitze stark abgebogen.

♀: Die grobe Punktierung des Halsschildes ist hinter dem Vorderrand gerunzelt; ganz einfach gewölbt. Die hintere Hälfte des Pygidiums ist beiderseits der Mitte eingedrückt, die Punktierung ähnlich wie beim Männchen.

Länge: 17–18 mm. – Untersuchtes Material 5 Exemplare.

Typen: Lectotype ♀ (des. ENDRÖDI): Coromandel, Genji, 25. aout – 15. sept. 1901, M. MAINDRON; im ZMB in Berlin.

Verbreitung: Vorderindien: Coromandel (ZMB); Delhi, Genji (Diagn.); Madras (E); Taniore Distr. Bhadravati (E).

Eophileurus platypterus WIEDEMANN

WIEDEMANN, Zool. Mag., 2, 1, 1823, p. 5 *(Geotrupes)*. – ARROW, Trans. Ent. Soc. London, 1908, p. 332 *(Eophileurus)*; Fauna Brit. Ind., Col. Lam. I, 1910, p. 289. – PRELL, Mém. Soc. Ent. Belg., 22, 1913, p. 112, t. 1, 2, f. 5.

♂: Der Kopf ist fein und mehr oder weniger spärlich punktiert. Die Punkte des Halsschildes sind groß, mäßig dicht, bei manchen Exemplaren auf der Scheibe sogar fast spärlich, die meisten Punkte sind einfach, andere wieder genabelt; die Hinterecken sind scharf, aber meist nur schwach nach außen gerichtet. Die Oberseite ist einfach gewölbt, hinter dem Vorderrand mit einer unscheinbaren Vertiefung. Die Punktreihen der Flügeldecken sind nicht ganz regelmäßig, oft sogar mehr oder weniger verworren, die seitlichen bestehen aus auffallend kleinen Punkten. Auf den Zwischenräumen sind zahlreiche Mikropunkte zu finden. Das Pygidium ist hinter der Mitte der Quere nach leicht eingedrückt, dicht mit mäßig starken Punkten besetzt, die auch in der Spitzengegend nur wenig spärlicher werden. Die Vordertarsen sind stark verdickt. Die Parameren sind von der Seite gesehen breit, die Spitze ist aber nicht so steil abgebogen wie bei der vorigen Art, sondern die obere Linie ist von der Basis an fast regelmäßig gebogen.

♀: Der Kopf ist stark und dicht punktiert. Die Punktierung des Halsschildes ist auch hinter dem Vorderrand nicht gerunzelt. Die hintere Hälfte des Pygidiums ist der Quere nach stark vertieft, vor der Spitze steht ein kleiner Tuberkel, die Punktierung ist ähnlich wie beim Männchen.

Länge: 16–17,5 mm. – Untersuchtes Material 9 Exemplare.

Typen: Die Typen aus „Bengalia" befinden sich im KUM in Kopenhagen.

Verbreitung: Indien: Bengalen (KUM); Mangalore (ZMB); Sikkim (ZMB); ohne nähere Angaben (E).

Eophileurus variolipennis PRELL

PRELL, Mém. Soc. Ent. Belg., 12, 1913, p. 117 *(Eophileurus)*.

Ich muß dem Autor rechtgeben, wenn er schreibt: „Die Stellung der Art muß vorläufig unentschieden bleiben, bis die Untersuchung eines Männchens darüber Aufschluß gibt." Auch bei der Diagnose können nur ganz wenige Eigenschaften entdeckt werden, die eine Unterscheidug andeuten könnten, diese habe ich in der Bestimmungstabelle angeführt. Die Deutung der Form wird auch noch dadurch erschwert, daß der angegebene Fundort „Patadalu" – wenigstens für mich – unauffindbar ist. Ich halte es für sehr leicht möglich, daß die Form mit *E. pectoralis* ARROW zusammenfällt.

Es ist nur ein einziges Weibchen bekannt.

Länge: 21,5 mm.

Typen: Holotype ♀: Patadalu; im ZMB in Berlin.

Eophileurus pectoralis ARROW

ARROW, Ann. Mag. Nat. Hist., (8) XIV, 1914, p. 260, t. 13, f. 4 *(Eophileurus)*.

♂: Die Art wurde auf Grund eines einzigen Männchens aus Manipur (Assam) beschrieben. Sie zeichnet sich durch die folgenden Eigenschaften aus: Die Halsschildgrube ist sehr groß, bis weit über die Mitte reichend. Die Punktierung der Flügeldecken ist grob, auch an den Seiten nicht viel feiner. Das Pygidium ist gleichmäßig und fein punktiert. Das Metasternum ist überall, an den Seiten auffallend dicht, rötlich behaart.

Länge: 24 mm. – Ich sah keine Exemplare.

Typen: Holotype ♂: Assam, Manipur (W. Doherty); im BM in London.

Eophileurus nilgirensis ARROW

ARROW, Trans. Ent. Soc. London, 1908, p. 334 *(Eophileurus)*; Fauna Brit. Ind., Col. Lamell., I, 1910, p. 291. – PRELL, Mém. Soc. Ent. Belg., 22, 1913, p. 110, t. 1, 2, f. 3.

♂: Der Kopf ist glatt, mit vereinzelten sehr kleinen Punkten, das Kopfhorn ist ziemlich lang, etwa so lang wie der Kopf bis zum Hinterrand der Augen. Die Hinterecken des Halsschildes sind scharf, sehr schwach nach außen gebogen; der Vorderrand ist leicht konvex gebogen, hinter diesem die Grube groß, kreisrund, oder sogar ein wenig queroval, ziemlich stark vertieft, hinten durch eine seichte Rinne mit dem Basalrand verbunden; die Punktierung ist in der Gegend der Vorderecken und in der Grube gedrängt, sie wird nach hinten zu allmählich lockerer und ist in der Mitte vor dem Basalrand fast als spärlich zu bezeichnen. An der Basis des Schildchens sind sehr feine Punkte zu finden. Die Streifen der Flügeldecken bestehen aus ziemlich großen, geringelten Punkten, sie sind dicht, fast regelmäßig punktiert, gerade, deutlich zu unterscheiden; an den Seiten sind die Punktreihen sehr fein. Das Pygidium ist stark gewölbt, an der Basis und in den Seitenecken äußerst dicht und fein gerunzelt, die Scheibe fein und ziemlich dicht, die Spitzengegend spärlich punktiert.

♀: Der Kopf ist dicht gerunzelt-punktiert, die Punktierung des Halsschildes stärker, hinter dem Vorderrand deutlich quergerunzelt. Das Pygidium ist der Länge nach fast flach, der Tuberkel vor der Spitze ziemlich stark, fast die ganze Oberfläche dicht gerunzelt-punktiert, meist nur der Tuberkel glatt.

Länge: 21–27 mm. – Untersuchtes Material 8 Exemplare.

Typen: Syntypen aus Nilgiri Hills, 6000 ft; im BM in London.

Verbreitung: Indien: Nilgiri Hills (BM); Shembaganur (ZMB, E); Trichonopoly (ZMB); Madura (ZMB); Hodaikanal (ZMB).

Eophileurus confinis PRELL

PRELL, Mém. Soc. Ent. Belg., 22, 1913, p. 114, t. 1, 2, f. 8 *(Eophileurus)*.

decipiens PRELL, Mém. Soc. Ent. Belg., 22, 1913, p. 115, t. 1, 2, f. 13 *(Eophileurus)*.

siamensis ARROW, Ann. Mag. Nat. Hist., (8) XIV, 1914, p. 261, t. 13, f. 7 *(Eophileurus)*.

♂: Der Kopf ist praktisch glatt, die Vorderseite des Hornes und die Augenkiele sind sehr deutlich punktiert. Die Punktierung des Halsschildes ist mäßig stark, in den Vorderecken und in der Grube gerunzelt, an den breiten Seiten sehr dicht und nur längs der Mitte viel feiner und sehr spärlich, die Punkte sind überall einfach, nicht geringelt. Die Hinterecken des Halsschildes sind sehr stumpf, fallweise fast sehr kurz abgerundet. Die apikale Grube ist klein, sehr seicht, die Längsrinne hinter der Grube stark, weiter hinten sehr schwach. Die Punktierung der Fülgeldecken ist fast verworren, nur stellenweise sind mehr oder weniger deutliche Spuren von Doppelreihen zu entdecken; die meisten Punkte sind einfach eingestochen, nur wenige in der Basalgegend schwach geringelt; die Punkte sind an den Seiten und an der Spitze zwar bedeutend kleiner als auf der Scheibe, aber nicht mikroskopisch klein, Mikropunkte sind besonders auf der Scheibe, zwischen den normalen Punkten zahlreich zu finden. Das Pygidium ist der Länge nach regelmäßig und nicht sehr stark gewölbt, überall mäßig dicht und stärker als die Spitze der Flügeldecken punktiert.

♀: Der Kopf ist überall dicht punktiert. Die Hinterecken des Halsschildes sind meist schärfer, die Oberseite einfach gewölbt. Das Pygidium ist der Länge nach regelmäßig, aber schwächer als beim Männchen gewölbt, am Hinterrand beiderseits der Mitte breit eingedrückt, viel dichter punktiert als beim Männchen.

Länge: 20–24 mm. – Untersuchtes Material 17 Exemplare.

Typen: Holotype ♂ von *E. continis* PRELL aus China und Holotype ♂ von *E. decipiens* PRELL (falsch mit „Casamanca" etikettiert) im MD in Dresden. Holotype ♂ von *E. siamensis* ARROW (aus Siam) im BM in London.

Verbreitung: China: Shanghai (MD); Annam: Phuc-Son (ZMB, E); Cambodja (Kambodscha) (ZMB); Siam (Thailand) (BM).

Eophileurus quadrigeminatus ARROW

ARROW, Ann. Mag. Nat. Hist., (8) XIV, 1914, p. 260, t. 13, f. 3 *(Eophileurus)*.

Von dieser Art ist bisher nur ein Männchen bekannt, sie gehört zu den kontinentalen Arten mit fein skulptierten Flügeldecken. Die Halsschildgrube ist breit vertieft und reicht bis weit hinter die Mitte und ist mit der Basis durch eine tiefe Furche verbunden. Die vier Doppelreihen der Flügeldecken sind deutlich ausgeprägt, die Zwischenräume sind ziemlich breit, verworren punktiert. Das Pygidium ist glatt, stark glänzend. Das Metasternum ist sehr dicht punktiert und rot behaart.

Länge: 24 mm. – Untersuchtes Material 1 Exemplar.

Typen: Holotype ♂: Tonkin, Chapa, Lao Kay, 3000 feet, VITALIS DE SALVAZA; im BM in London.

Verbreitung: Weitere Fundorte sind nicht bekannt.

Eophileurus assamensis FAIRMAIRE

FAIRMAIRE, Ann. Soc. Ent. France, 67, 1898, p. 384 *(Trionychus)*. – ARROW, Trans. Ent. Soc. London, 1908, p. 332 *(Eophileurus)*. – PRELL, Mém. Soc. Ent. Belg., 22, 1913, p. 113.

Obwohl ARROW und PRELL diese Form für ein Synonym des *E. planatus* WIEDEMANN hielten, beurteile ich ihn doch als eine eigene Art, da alle mir vorliegenden Männchen der beiden Arten in der Form der Parameren deutlich abweichen: bei der Serie von *E. planatus* sind die beiden Hörnchen vor der Spitze stets dem Körper angeschmiegt, bei *E. assamensis* dagegen stets nach außen gerichtet, ohne Übergänge zu bilden.

♂: Der Kopf ist an den Seiten spärlich, an den Augenkielen dicht punktiert. Die Punktierung des Halsschildes ist in der Gegend der Vorderecken und in der Grube ziemlich stark, aber nicht genabelt, sehr dicht, aber nur stellenweise gerunzelt, nach hinten zu werden die Punkte kleiner und spärlicher, in der Mitte der Scheibe sind diese sehr fein. Die Hinterecken sind mäßig scharf stumpfeckig, die apikale Grube ist groß, die Mitte des Halsschildes erreichend, rund, am Vorderrand ohne Tuberkel, der Hinterrand bei starken Männchen stumpf eckig vortretend, die hintere Längsfurche ist schwach. Die Flügeldecken sind ziemlich stark punktiert (etwa in der Mitte zwischen den grob und fein punktierten Arten), die Punkte sind auf der Scheibe kreisförmig und genabelt, an den Seiten und an der Spitze viel kleiner, teilweise einfach eingestochen. Die Doppelreihen sind mehr oder weniger deutlich zu entnehmen. Auf den Zwischenräumen sind zahlreiche Mikropunkte zu finden. Das Pygidium ist stark gewölbt, die Basis und die Seitenecken sind dicht und fein punktiert, sonst sind auf der Scheibe nur vereinzelte größere Punkte zu beobachten.

♀: unbekannt.

Länge: 22–24 mm. – Untersuchtes Material 4 Exemplare.

Typen: Holotype ♂: Assam; im MP in Paris.

Verbreitung: Assam (MP, ZMB, E); Lamin-Assam (ZMB).

Eophileurus montanus PRELL

PRELL, Mém. Soc. Ent. Belg., 22, 1913, p. 113, t. 1, 2, f. 7 *(Eophileurus)*.

PRELL vergleicht seine Art in der Diagnose mit *E. planatus* WIED. und hält es für möglich, daß sie eine Gebirgsform der letzteren darstellt. Ich verglich die Parameren der Type mit den Typen von *E. planatus* und *E. assamensis* und fand zwischen diesen erhebliche Unterschiede, die auch bei weiteren Exemplaren nachgewiesen werden konnten. Die Form der Parameren ist ähnlich wie bei *E. assamensis*, aber diese sind stärker asymmetrisch und die Spitzen sind gerade abgestutzt, bei den beiden Vergleichsarten außen abgerundet. Das ♀ konnte bisher nicht identifiziert werden.

Länge: 20,5–24 mm. – Untersuchtes Material 12 Exemplare.

Typen: Lectotype ♂ (des. ENDRÖDI): Sikkim; sie ist im ZMB in Berlin aufbewahrt.

Verbreitung: Indien: Sikkim (Typen); Darjeeling (ZMB).

Eophileurus himalayanus sp. n. (Tafel, Abb. 3)

♂: Der Kopf ist glatt, die Augenkiele und vorn das Kopfhorn sind fein punktiert. Der Halsschild ist vorn und auch in der Grube mäßig grob und nicht gerunzelt punktiert, nach hinten zu werden die Punkte kleiner, in der Mitte der Scheibe sehr klein und sehr spärlich. Die Hinterecken sind scharf zähnchenförmig, die Grube ist groß, die Mitte des Halsschildes erreichend, stark vertieft, vorn ohne Spur von einem Tuberkel, der Hinterrand ist beiderseits der Mitte stumpfeckig vortretend, die Längsfurche sehr deutlich. Die mäßig starke Punktierung der Flügeldecken ist verworren, die Kreispunkte sind ziemlich klein, schwach geringelt, an den Seiten und an der Spitze kleiner, fast alle einfach eingestochen, Mikropunkte sind an den Zwischenräumen zahlreich zu finden. Das Pygidium ist stark gewölbt, überall fein und vereinzelt punktiert. Die Vordertarsen sind sehr stark verdickt, die innere Klaue breit, innen fein gespalten. Die Parameren sind in Fig. 12 abgebildet.

♀: unbekannt.

Länge: 23 mm. – Untersuchtes Material 1 Exemplar.

Typen: Holotype ♂: Tukvar, Darjeeling; in meiner Sammlung.

Eophileurus planatus WIEDEMANN

WIEDEMANN, Zool. Mag., II, 1. 1823, p. 5 *(Geotrupes)*. – ARROW, Trans. Ent. Soc. London, 1908, p. 332 *(Eophileurus)*; Fauna Brit. Ind., Col. Lamell., I, 1910, p. 288; Ann. Mag. Nat. Hist., (8) XIV, 1914, t. 13, f. 5. – PRELL, Mém. Soc. Ent. Belg., 22, 1913, p. 112, t. 1, 2, f. 6.

♂: Der Kopf ist praktisch glatt, nur die Augenkiele und die Vorderseite des Kopfhornes sind deutlich punktiert. Die Punktierung des Halsschildes ist fein, an den Seiten dicht, nur stellenweise gerunzelt, in der Grube und in der Mitte der Scheibe viel lockerer und etwas feiner; die Punkte sind überall einfach eingestochen. Die Hinterecken sind scharf zähnchenartig, leicht nach außen gerichtet. Die apikale Grube ist groß, tief, hinten durch eine seichte Furche mit der Basis verbunden, der Hinterrand der Grube ist beiderseits der Mitte leicht stumpfkielig erhöht. Die Punktierung der Flügeldecken ist gleichförmig dicht, Längsreihen sind stellenweise deutlich zu erkennen; die Punkte sind klein, die größten fein gerunzelt (etwa wie bei *E. chinensis*), an den Seiten nur wenig kleiner und spärlicher; zwischen den Punkten sind auch Mikropunkte zu finden. Das Pygidium ist regelmäßig und auch der Länge nach stark gewölbt, mit spärlichen, etwa so großen Punkten, wie an der Spitze der Flügeldecken, nur auf der Scheibe sind die Punkte viel kleiner.

♀: Der Kopf ist – wie bei den meisten Arten – überall dicht punktiert, auch sonst ist die Punktierung etwas stärker als beim Männchen. Am Pygidium steht fast in der Mitte ein kleiner konischer Tuberkel, beiderseits von diesem ist die Spitzenhälfte verflacht, nur am Pygidium sind die Punkte kleiner als beim Männchen, tiefer eingestochen.

Länge: 20–24 mm. – Untersuchtes Material 11 Exemplare.

Typen: Holotype ♂: Bengalia; im KUM in Kopenhagen.

Verbreitung: Indien: Bengalia (KUM); Calcutta (ZMB); N. Manipur (ZMB); Khasia Hills (ZMB); Khasis (ZMB); Assam (ZMB, E); Ober-Assam (ZMB).

Eophileurus forsteri ENDRÖDI

ENDRÖDI, Khumbu Himal, 4/1, 1971, p. 13, Abb. 1–4 *(Eophileurus).*

♂: Der Kopf ist fast glatt, nur mit vereinzelten, sehr kleinen Punkten, die Punktierung ist an den Augenkielen und an der Basis des Kopfhorns dichter. Die Punktierung des Halsschildes ist in der Gegend der Vorderecken stark, sehr dicht, leicht gerunzelt, sie wird nach hinten zu allmählich feiner und spärlicher, hinten in der Mitte nur vereinzelt. Die Hinterecken erscheinen als kleine, scharfe, nach außen gerichtete Zähnchen. Die apikale Grube ist rundlich, hinten die Mitte des Halsschildes reichlich erreichend, mäßig tief, vorn ohne Tuberkel, der Hinterrand beiderseits der Mitte leicht stumpfeckig erhoben. Die Längsrinne ist sehr seicht. Die Flügeldecken sind fein punktiert, die genabelten Kreispunkte sind auf der Scheibe etwas kleiner als bei *E. chinensis,* sie sind an den Seiten und an der Spitze erheblich kleiner, aber ebenso dicht und deutlich geringelt; in den Zwischenräumen sind vereinzelte Mikropunkte zu finden. Das Pygidium ist stark gewölbt, glänzend, auf der Scheibe mäßig dicht, an den Seiten sehr dicht und fein punktiert.

♀: Die Punktierung der ganzen Oberseite ist etwas stärker als beim Männchen. Das Pygidium ist der Länge nach fast flach, überall viel dichter punktiert als beim Männchen.

Länge: 22–23 mm. – Untersuchtes Material 4 Exemplare.

Typen: Holotype ♂ aus Nepal, Kathmandu-Chauni; im MM in München.

Verbreitung: Nur aus Nepal bekannt.

Eophileurus gracilis PRELL

PRELL, Mém. Soc. Ent. Belg., 22, 1913, p. 116, t. 1, 2, f. 9 *(Eophileurus).*
andamanicus ARROW, Ann. Mag. Nat. Hist., (8) XIV, 1914, p. 261, t. 13, f. 6 *(Eophileurus).*

♂: Der Kopf ist glatt, nur die Augenkiele und das kurze Horn sind punktiert. Die Punktierung des Halsschildes ist fein, besonders in den Vorderecken sehr dicht, aber nicht oder kaum gerunzelt, die Punkte sind einfach eingestochen, in der hinteren Hälfte noch kleiner und spärlicher. Die Hinterecken sind mäßig scharf stumpfeckig. Die apikale Grube ist auch bei starken Männchen klein, sie erreicht nicht die Mitte, ist mäßig tief, der hintere Rand beiderseits der Mitte mit kleiner stumpfer Ecke, auch die hintere Längsrinne ist schwach. Bei schwächeren Männchen ist die Grube sehr klein und seicht, die Längsrinne nur angedeutet. Die Punktierung der Flügeldecken ist sehr dicht, die Punkte sind an den Seiten viel kleiner als auf der Scheibe, die Doppelreihen sind stellenweise zu erkennen; an den Zwischenräumen sind die Mikropunkte sehr zahlreich. Das Pygidium ist regelmäßig und ziemlich stark gewölbt, überall spärlich punktiert, die Punkte sind annähernd so groß wie die an der Flügeldeckenspitze.

♀: unbekannt.

Länge: 20–21 mm. – Untersuchtes Material 2 Exemplare.

Typen: Lectotype ♂ (des. ENDRÖDI): Andamanen; im ZMB in Berlin.

Verbreitung: Endemisch auf den Andamanen.

Eophileurus nicobarensis sp. n.

♂: Der Kopf ist glatt, nur die Augenkiele sind fein punktiert. Die Punktierung des Halsschildes ist sehr fein, auch vorn nicht gedrängt, nicht gerunzelt, in der hinteren Hälfte und besonders in der umfangreichen Mitte der Scheibe sind die spärlichen Punkte sehr klein. Die Hinterecken sind scharf stumpfeckig. Die apikale Grube ist klein, rund, ziemlich tief, hinten geschlossen, von der starken Längsrinne getrennt. Die Punktierung der Flügeldecken ist fein, alle Punkte sind einfach eingestochen, mäßig dicht, die Doppelreihen deutlich zu erkennen; an der Spitze und besonders an den Seiten sind die Punkte viel kleiner als auf der Scheibe; in den Zwischenräumen sind die Mikropunkte sehr zahlreich. Das Pygidium ist stark gewölbt, fast ganz glatt, nur an der schmalen Basis und in den Seitenecken sehr fein punktiert. Die Form der Parameren ist in Fig. 16 abgebildet.

♀: Der Kopf ist dicht punktiert. Die Punktierung des Halsschildes ist ein wenig stärker und dichter als beim Männchen; die Längsfurche ist sehr schwach. Das Pygidium ist sehr stark gewölbt, längs der Mitte bis zu dem kleinen, stumpfen präapikalen Tuberkel sowie beiderseits an der Spitze eingedrückt, viel reichlicher punktiert als beim Männchen.

Länge: 19,5–23 mm. – Untersuchtes Material 2 Exemplare.

Typen: Holotype ♂ und Allotype ♀: Nicobar Oerne; in meiner Sammlung.

Verbreitung: Endemisch auf den Nikobaren.

Eophileurus javanus PRELL

PRELL, Mém. Soc. Ent. Belg., 22, 1913, p. 118, t. 1, 2, f. 10 *(Eophileurus)*. – ARROW, Ann. Mag. Nat. Hist., (8) XIV, 1914, p. 259, t. 13, f. 2.

♂: Der Kopf ist dicht punktiert, nur die Spitze des kurzen Horns und die Grube des Scheitels fast glatt. In der Mitte des Vorderrandes des Halsschildes steht ein kleiner Tuberkel, hinter diesem eine rundliche, kleine und seichte Vertiefung; die ganze Oberseite ist dicht punktiert, in der Gegend der Vorderecken sogar gerunzelt, in der Mitte der Scheibe sind die Punkte kleiner und ein wenig spärlicher. Die Hinterecken sind mäßig scharf. Die Punktierung der Flügeldecken besteht aus kleinen Nabelpunkten, zwischen diesen mit Mikropunkten, die Doppelreihen sind schwach zu erkennen. An den Seiten sind die Punkte viel kleiner. Das Pygidium ist der Länge nach regelmäßig gewölbt, an der Basis und in den Seitenecken sehr dicht, auf der Scheibe und an der Spitze sehr spärlich und viel feiner punktiert.

♀: Der Clypeus ist deutlicher zugespitzt. Die Hinterecken des Halsschildes sind schärfer, leicht nach außen gerichtet, hinter der Spitze fast wie beim Männchen eingedrückt. Das Pygidium ist stärker gewölbt, hinten beiderseits der Mitte schwach vertieft.

Länge: 21–27 mm. – Untersuchtes Material 16 Exemplare.

Typen: Die Typen des *E. javanus* PRELL aus Java, Tjibadas, werden im MD in Dresden, die Syntypen von *E. javanus* ARROW aus Buitenzorg werden im BM in London aufbewahrt.

Verbreitung: Java (Djawa): Tjibadas (MD); Buitenzorg (BM); Mons Gedeh (ZMB, E): Montes Tengger, 4000 ft. (E); G. Tengger, Nangkodjadjar (ZMB); Senggoro, Zuider Geb., Pasoeroesan (AKM). Nias: Goenoeng, Sitoli (ZMB).

Eophileurus sondaicus PRELL

PRELL, Mém. Soc. Ent. Belg., 22, 1913, p. 118, t. 1, 2, f. 11 *(Eophileurus)*.

♂: Der Kopf ist auch vorn deutlich punktiert. Die Punktierung des Halsschildes ist fein, die Punkte sind auch in der vorderen Hälfte nicht genabelt, in den Vorderecken teilweise leicht gerunzelt, an den Seiten und in der Grube freistehend, in der Mitte der Scheibe feiner und bedeutend spärlicher. Die apikale Grube ist klein, mäßig tief, die Längsrinne sehr schwach. Die Hinterecken sind scharf, fast rechteckig. Die Punktierung der Flügeldecken ist mäßig stark, die Kreispunkte sind ziemlich groß, aber seicht, die an den Seiten bedeutend kleiner, fast alle deutlich gereiht, an der Spitze wieder größer und verworren; an den Zwischenräumen sind zahlreiche Mikropunkte zu finden. Das Pygidium ist sehr stark gewölbt, an den Seiten dicht, auf der Scheibe und auf der Spitze vereinzelt punktiert, die Punkte sind sehr klein, viel kleiner als jene der Flügeldeckenspitze.

♀: Der Kopf ist überall dichter punktiert, sonst ist die Punktierung der Oberseite sehr ähnlich wie beim Männchen. Die Spitzenhälfte des Pygidiums ist breit furchenartig vertieft, etwa wie beim Männchen punktiert.

Länge: 20–23 mm. – Untersuchtes Material 3 Exemplare.

Typen: Lectotype ♂ (des. ENDRÖDI): Lombok (Handschrift), Lecto-Allotype ♀: Lombok, Sapit 2000', April 1896, H. FRUHSTORFER; beide im ZMB in Berlin.

Verbreitung: Bisher nur von Lombok bekannt.

Eophileurus sumbaianus ENDRÖDI (Tafel, Abb. 4)

ENDRÖDI, Ent. Basil., 1976 (im Druck)

♂: Die Spitze des Clypeus ist stumpf zugespitzt, von oben fast abgerundet erscheinend. Das kurze Kopfhorn ist beiderseits abgeflacht, die Scheitelgrube ist tief. Der Vorderkopf ist fein und spärlich, die Augenkiele und der Scheitel sind ein wenig gröber und viel dichter punktiert. Am Halsschild steht in der Mitte des Vorderrandes kein Tuberkel, und auch die apikale Grube ist klein und seicht, die Längsrinne ist nur in Spuren zu entdecken. Die Oberseite vorn sowie auch die Grube sind fein gerunzelt, die Runzelung geht nach hinten zu in eine allmählich feiner und spärlicher werdende Punktierung über. Die Scheibe der Flügeldecken ist grob, sehr dicht, fast gerunzelt punktiert, die Punkte sind undeutlich geringelt und nur stellenweise in Reihen geordnet, an den Seiten sind die Punkte viel feiner. Das Pygidium ist der Länge nach stark und regelmäßig gewölbt, in den Seitenecken dicht und stärker, auf der Scheibe sehr fein und spärlich punktiert.

♀: Die Punktierung des Halsschildes ist bedeutend gröber und dichter als beim Männchen, auch hinten in der Mitte sehr deutlich und dicht. Am Pygidium verläuft fast in der Mitte ein stumpfer Querkiel, vor und hinter diesem ist die Oberfläche abgeflacht, die Punktierung ist auch hier dichter als beim Männchen.

Länge: 17–19 mm. – Untersuchtes Material 4 Exemplare.

Typen: Holotype ♂: W. Sumba, Waimangura, 18. 8. 1949, Dr. BÜHLER, Dr. SUTTER; Allotype ♀: C. Sumba, Langgaliru, 5. 10. 1949, Dr. BÜHLER, Dr. SUTTER; 1 Paratype (♀): C. Sumba, Lindivatju, 29. 9. 1949, Dr. BÜHLER, Dr. SUTTER; alle diese werden im Naturhistorischen Museum in Basel aufbewahrt. 1 Paratype (♀): W. Sumba, Pogobina, 16. 9. 1949, Dr. BÜHLER, Dr. SUTTER, in meiner Sammlung.

Verbreitung: Wahrscheinlich nur auf Sumba heimisch.

Eophileurus borneensis sp. n.

♂: Der Kopf ist überall fein und ziemlich dicht punktiert, nur hinter der Spitze ist die Punktierung noch feiner, fast glatt erscheinend. Die Punktierung des Halsschildes ist ziemlich fein, dicht, in den Vorderecken und in der Grube leicht gerunzelt, in der Mitte der Scheibe etwas feiner und lockerer, die Punkte sind nicht genabelt. Die Hinterecken sind sehr stumpf, fast kurz abgerundet. Die apikale Grube ist klein, tief, etwa dreieckig, am Vorderrand mit einem sehr kleinen Tuberkel, die Längsfurche sehr deutlich. Die Punktierung der Flügeldecken ist viel gröber; auf der Scheibe sind die meisten Punkte kreisrund und genabelt, an den Seiten und an der Spitze ähnlich, aber viel kleiner, die Mikropunkte auf den Zwischenräumen spärlich, an den Seiten dichter und an der Spitze sehr dicht. Das Pygidium ist stark gewölbt, nur an der schmalen Basis und in den Seitenecken dicht, auf der Scheibe vereinzelt punktiert. Die Parameren siehe Fig. 20.

♀: Die Punktierung der Oberseite ist überall, besonders aber am Halsschild, bedeutend gröber als beim Männchen, hier sind die Punkte gedrängt, teilweise gerunzelt, an den Seiten sind sie kleiner als auf der Scheibe, wo auch genabelte Punkte zu finden sind, die Zwischenräume der Punkte sind größtenteils kantenartig schmal. Auf der Scheibe der Flügeldecken bilden große Kreispunkte mehr oder weniger regelmäßige Reihen, diese bestehen an den Seiten aus viel kleineren, einfach eingestochenen Punkten. Das Pygidium besitzt vor der Spitze einen stumpfen Tuberkel, beiderseits von diesem ist die breite basale Hälfte abgeflacht, die Punktierung ist ähnlich wie beim Männchen.

Länge: 18,5–22 mm. – Untersuchtes Material 2 Exemplare.

Typen: Holotype ♂ und Allotype ♀: Kina Balu; in meiner Sammlung.

Verbreitung: Endemisch auf Borneo (Kalimantan).

Eophileurus celebensis ARROW

ARROW, Ann. Mag. Nat. Hist., (8) XIV, 1914, p. 259, t. 13, f. 1 *(Eophileurus)*.

♂: Am Vorderrand des Halsschildes ist ein kleiner Tuberkel zu finden, hinter diesem ist die vordere Hälfte vertieft, der hintere Rand der Vertiefung beiderseits der Mitte leicht erhöht, die Längsfurche ist bis zur Basis deutlich. Die Flügeldecken sind stark gereiht punktiert, die Zwischenräume sind glatt, ohne Mikropunkte, die Seiten hinten fast glatt. Die Spitze des Pygidiums ist glatt, die Scheibe schwach, die Basis und die Seitenecken sind stark punktiert.

♀: Mir unbekannt.

Länge: 23 mm. – Ich sah keine Exemplare.

Typen: Holotype ♂: Celebes; im BM in London.

Verbreitung: Endemisch auf Celebes (Sulawesi).

Eophileurus fenicheli sp. n. (Tafel, Abb. 5)

♂: Der Kopf ist sehr fein und spärlich punktiert; die Punktierung des Halsschildes ist sehr fein, nur in der Grube deutlich gröber, hier und an den umfangreichen Vorderecken sehr dicht und gerunzelt, an den Seiten wird die Punktierung allmählich lockerer, bis in die Mitte der Scheibe, wo sie noch feiner und spärlich ist. Die Hinterecken des Halsschildes sind mäßig scharf stumpfeckig. Die apikale Grube ist groß und erreicht die Mitte des Halsschildes, sie ist fast rund, am Vorderrand mit einem sehr deutlichen Tuberkel, am Hinterrand sind die beiden Erhöhungen beiderseits der Mitte schwach, die Längsfurche ist seicht. Die Punktierung der Flügeldecken ist verhältnismäßig fein, die Kreispunkte sind auf der Scheibe klein, sehr seicht, fein geringelt, an den Seiten noch feiner, einfach eingestochen; die Punkte sind größtenteils in mehr oder weniger regelmäßigen Reihen angeordnet, in den Zwischenräumen sind die Mikropunkte spärlich. Das Pygidium ist regelmäßig gewölbt, an der Basis und in den Seitenecken stärker und dichter als an der Spitze der Flügeldecken, in der Mitte und an der Spitze äußerst fein und spärlich punktiert. Die Vordertarsen sind stark verdickt, die innere Klaue ist mäßig breit, innen fein gespalten. Die Parameren sind in Fig. 22 abgebildet.

♀: Der Kopf ist stark und dicht punktiert, die übrige Oberseite ist sehr ähnlich dem Männchen. Das Pygidium ist kurz, schwach gewölbt, ohne Spur von einem Tuberkel vor der Spitze, stärker und auch in der Mitte noch ziemlich dicht punktiert.

Länge: 24–25 mm. – Untersuchtes Material 3 Exemplare.

Typen: Holotype ♂: N. Guinea, Oriomo Riv., I–IV. 1960; Allotype ♀: New Guinea, Oriomo River, 5. II. 1964; beide in meiner Sammlung; 1 Paratype: D. N. Guinea, Pionierlager, 25. 5.–2. 6. (sic!) Kais. Augustafl. Exp., Bürgers S. G.; im ZMB in Berlin.

Verbreitung: Endemisch in Neuguinea.

Dem im vorigen Jahrhundert in Neuguinea verstorbenen Zoologen SAMUEL FENICHEL zu Ehren benannt.

Eophileurus dentatus BLACKBURNE

BLACKBURNE, Trans. Roy. Soc. S. Austr., 19, 1895, p. 43 *(Semanopterus)*. – ARROW, Ann. Mag. Nat. Hist., (8) XIV, 1914, p. 258 *(Eophileurus)*.

australicus PRELL, Mém. Soc. Ent. Belg., 22, 1913, p. 119, t. 1, 2, f. 12 *(Eophileurus)*.

♂: Der Kopf und das auffallend kurze Horn sind überall sehr deutlich punktiert. Die Punktierung des Halsschildes ist ziemlich fein, vorn und in der Grube gerunzelt, an den Seiten dicht, in der Mitte der Scheibe noch feiner und bedeutend spärlicher, die Punkte sind einfach eingestochen. Die Hinterecken sind mäßig stark stumpf-eckig. Die apikale Grube ist klein, erreicht kaum die Mitte, ist mäßig tief, die Längsrinne sehr schwach. Die Punktierung der Flügeldecken ist sehr dicht, ziemlich grob, die Punkte auf der Scheibe groß, stark geringelt, an den Seiten und an der Spitze viel kleiner, die meisten einfach eingestochen, Spuren von Doppelreihen sind stellenweise zu erkennen; die Mikropunkte sind auf den Zwischenräumen nur vereinzelt. Das Pygidium ist stark gewölbt, an den Seiten mäßig dicht und viel feiner als an der Spitze der Flügeldecken punktiert, in der Mitte und an der Spitze glatt. Die Vordertarsen sind weniger stark verdickt als bei den meisten Arten, die innere Klaue ist aber ebenfalls hackenförmig gekrümmt und innen fein gespalten.

♀: Die Allotype (Weibchen) von PRELLs *E. australicus* stammt wahrscheinlich nicht aus Australien, sie paßt überhaupt nicht zu der Lectotype ♂. Ich sah keine anderen Weibchen.

Länge: 23–25 mm. – Untersuchtes Material 2 Exemplare.

Typen: Die Typen von *E. dentatus* ARROW befinden sich im BM in London. Lectotype ♂ aus Carpentaria und Lecto-Allotype? ♀ von *E. australicus* PRELL im ZMB in Berlin.

? Eophileurus convexus ARROW

ARROW, Mon. Christmas Isl., 1900, p. 320 *(Phileurus)*; Trans. Ent. Soc. London, 1908, p. 332 *(Eophileurus)*. – PRELL, Mém. Soc. Ent. Belg., 22, 1913, p. 120.

Da die Weibchen dieser Gattung keine äußerlichen Merkmale aufweisen, die die artliche Zugehörigkeit mit Sicherheit entscheiden, kann das Exemplar nicht gedeutet werden. Es ist fast mit Sicherheit anzunehmen, daß es nicht von den Christmas-Inseln stammt, und wenn, dann wurde es dorthin eingeschleppt. Bis diese Frage geklärt wird, halte ich die Form für eine fragliche Art. Die Originaldiagnose lautet folgendermaßen:

„P. nitidus, angustus, haud depressus; capite rugose punctato, acuminato, fronte cornu parvo conico armata; prothorace subquadrato parum transverso, angulis posticis fere rectis, anticis parum approximatis, disco leviter punctato, lateribus paulo crebrius, medio antice et postice carinae vestigiis vix apparentibus; elytris longis, grosse lineato-punctatis, interstitiis minutissime punctatis; abdomine cum pygidio fere polito, propygidio coriaceo.

♀ long. 14,5 mm.

Hab. – Flying Fish Cove."

2. Gattung: CRYPTODUS MACLEAY

MACLEAY, Horae Ent., 1, 1819, p. 138 *(Cryptodus)*. – WESTWOOD, Trans. Ent. Soc. London, 4, 1845, p. 19. – BURMEISTER, Handb. d. Ent., V, 1847, p. 144. – LACORDAIRE, Gen. Col., III, 1856, p. 460. – FAIRMAIRE, Journ. Godeffr., 14, 1879, p. 87. – LEA, Trans. Roy. Soc. S. Austr., 1919, p. 232. – ARROW, Trans. Ent. Soc. London, 86, 1937, p. 53. – CARNE, Syst., Rev. Austral. Dynast., 1957, p. 194

Cryptodinus WESTWOOD, Trans. Ent. Soc. London, (2) IV, 1856, p. 3. – PRELL, Ent. Blätter, 32, 1936, p. 148.

Cryptodellus WESTWOOD, Trans. Ent. Soc. London, (2) IV, 1856, p. 6

Megalaemus MONTROUZIER, Ann. Soc. Ent. France, (3) VIII, 1860, p. 281.

Tafel.

1: *Eophileurus chinensis* FALD. ♂ (Hakodate) – 2: *E. cingalensis* ARROW ♂ (Ceylon) – 3: *E. himalayanus* sp. n. ♂ (Tukvar, Darjeeling), Holotype – 4: *E. sumbaianus* ENDR. ♀ (West-Sumba), Paratype – 5: *E. fenicheli* sp. n. ♂ (Neuguinea, Oriomo Riv.), Holotype – 6: *Cryptodus caviceps* WESTW. ♂ (Lake Aostin) – 7: *C. cycnorum* FAIRM. ♀ (Westaustralien, Dunsborough) – 8: *C. bilobus* LEA ♂ (Westaustralien, Wurarga) – 9: *C. costulipennis* FAIRM. ♂ (Adelaide).

1
2
3
4
5
6
7
8
9

Länglich gestreckte, mehr oder weniger abgeflachte, rotbraune bis schwarze Arten. Der Clypeus ist meist breit, die Spitze abgestutzt, oder schwach und selten tief ausgerandet. Die Stirn trägt zwei Tuberkel nebeneinander, nur bei *C. olivieri* MONTR. fehlen diese. Das Mentum ist sehr breit, die Wurzelglieder der Maxillen bedeckend. Die Mandibeln sind flach, unter dem Kopfschild verdeckt. Die Fühler sind 8–10gliedrig, das basale Glied ist außen plattenartig erweitert und bedeckt mehrere oder alle Geißelglieder, die Fahne ist bei beiden Geschlechtern kurz. Der Halsschild ist meist ganz unbewaffnet, nur bei wenigen Arten ist am Vorderrand ein Höckerchen und hinter diesem eine mehr oder weniger deutliche Vertiefung zu finden. Das Schildchen ist klein, dreieckig. Die Flügeldecken sind stets dicht skulptiert, die Rippen oft sehr deutlich erhöht. Der Prosternalzapfen ist kurz, dreieckig. Das Propygidium ist ohne Stridulationsapparat. Das Pygidium ist bei den Männchen stark oder sehr stark gewölbt, selten aber fast flach, und nur vor der Spitze gewölbt; bei den Weibchen ist es stets mehr oder weniger flach, fallweise mit einem Grübchen in der Mitte. Die Beine sind schlank, die Vorderschienen außen mit drei oder vier Zähnen, die hinteren in der Regel mit zwei Schrägkielen, von welchen der basale fallweise sehr schwach sein oder fehlen kann. Die Vordertarsen der Männchen sind bei einigen Arten schwach verdickt, bei solchen ist die innere Klaue breit, hackenförmig gekrümmt.

Nachdem P. B. CARNE 1957 (Syst. Rev. Austral. Dynast., 1957) in der Synonymie Ordnung geschaffen hat, konnte ich nur noch zwei Synonyma feststellen:

Bei der Untersuchung der Type von *C. cycnorum* FAIRM. konnte festgestellt werden, daß sie nicht 9gliedrige, sondern 10gliedrige Fühler besitzt. Die unrichtige Angabe in der Diagnose führte zur Beschreibung des *C. explanatus* CARNE, so muß der letztere Name eingezogen werden **(syn. n.)**.

Auf Grund der Untersuchung der beiden Typen hat sich herausgestellt, daß *C. protensus* FAIRMAIRE und *C. fraternus* FAIRMAIRE artlich nicht getrennt werden können. Die schwachen äußerlichen Unterschiede gehören in die Variabilität der Art, die Form der Parameren ist dieselbe; von den beiden Namen hat *C. fraternus* die Priorität. So muß *C. protensus* FAIRMAIRE als Synonym betrachtet werden **(syn. n.)**.

Mit der hier mitgeteilten neuen Art beträgt die Zahl der Arten heute 22, alle leben in Australien, nur *C. olivieri* MONTR. auf Neukaledonien. Sie bewohnen Termitenbauten.

CARNE gab in seiner oben erwähnten Arbeit alle Fundorte an, die er auf Grund eines sehr großen Materials festgestellt hat. Es ist überflüssig, diese hier zu wiederholen. Da ich im weiteren Material kaum solche wichtigeren Fundorte gefunden habe, die bei CARNE nicht vorkommen, gebe ich hier die Verbreitung der Arten nur durch die Bezeichnung der Staaten von Australien an.

Type der Gattung: *Cryptodus paradoxus* MACLEAY.

Bestimmungstabelle der Arten

1 (2) Stirn ohne Tuberkeln. Clypeus breit, die Wangen die Augen nicht überragend. Halsschild unbewaffnet, mit einer schwachen Längsfurche, die Hinterecken sind fast rechteckig. Vorderschienen mit drei Außenzähnen, der Spitzenrand der hinteren Schienen außen mit 7–8 kleinen Zacken, das Basalglied der Hintertarsen außen lang dornförmig ausgezogen. ♂ unbekannt. 15–21 mm. – Neukaledonien.

olivieri MONTR.

2 (1) Stirn mit zwei nebeneinandergestellten Tuberkeln. Nicht von Neukaledonien.

3 (10) Vorderschienen außen mit vier Zähnen, der basale Zahn oft klein, aber stets zu erkennen.

4 (5) Die beiden Stirntuberkeln als kurze Schrägkiele erscheinend, die nach vorn divergieren. Die Platte des Basalgliedes der Fühler nicht alle Geißelglieder be-

deckend. Das Mentum ist tief ausgerandet. Halsschild einfach gewölbt. Parameren (Fig. 24) breit und kurz, zur Spitze stark erweitert. 14–22 mm. **passaloides** GERM.

5 (4) Die Stirntuberkeln sind einfach, konisch.

6 (7) Die Flügeldecken sind kahl, ohne Mikrobörstchen. Basalglied der Fühler alle Geißelglieder bedeckend. Parameren (Fig. 25) schlank, die Seiten konkav gebogen, die Spitze stark erweitert. 16–23 mm. **cycnorum** FAIRM.

7 (6) In den Punkten der Flügeldecken sitzen mindestens in der Spitzenhälfte deutliche Mikrobörstchen.

8 (9) Die Punktierung des Halsschildes ist in der Mitte (besonders beim ♂) locker, viele Abstände zwischen den Punkten sind größer als die Punkte. Die Rippen der Flügeldecken sehr deutlich erhöht. Die Spitzengegend des Pygidiums beim Männchen fast glatt, die Scheibe beim Weibchen mit einem runden Grübchen. Die Parameren (Fig. 26) sind breit, die Spitzenhälfte erweitert, die Spitze breit schräg abgestutzt. 14–25 mm. **foveatus** LEA

9 (8) Die Punktierung des Halsschildes ist sehr dicht, alle Abstände sind kantenartig schmal. Die Rippen der Flügeldecken kaum erhöht. Pygidium des Männchens überall dicht punktiert, beim Weibchen ohne Grübchen. Die Parameren (Fig. 27) sind mäßig breit, in der Mitte leicht eingeschnürt. 15–20 mm. **fraternus** FAIRM.

10 (3) Vorderschienen außen mit drei Zähnen.

11 (12) Das Pygidium ist konzentrisch gerunzelt. Das Mentum hinten mäßig stark ausgerandet. Parameren (Fig. 28) in der basalen Hälfte parallel, die Spitzenhälfte erweitert, die Spitzen einwärts gebogen. 19–23 mm. **concentricus** LEA

12 (11) Das Pygidium ist nie konzentrisch gerunzelt, mehr oder weniger ausgedehnt punktiert.

13 (24) Das Mentum ist hinten lappenartig, konvex gebogen oder stumpf zugespitzt.

14 (15) Der Clypeus ist tief und fast dreieckig ausgerandet, der Rand überall stark aufgebogen; die beiden Stirntuberkeln sind einander stark genähert und miteinander durch eine Querfalte verbunden. Der Vorderrand des Halsschildes ist stark verdickt, in der Mitte mit einem schwachen Tuberkel; hinter diesem ist die Oberseite dreieckig vertieft; die Längsfurche ist sehr schwach. Spitzenrand der Hinterschienen mit 6–8 kleinen Zacken. Parameren (Fig. 29) zusammen breit, oval, außen mehrfach artikuliert. 15 mm. **bilobus** LEA

15 (14) Der Clypeus ist schwach ausgerandet oder abgestutzt.

16 (21) Am Vorderrand des Halsschildes steht ein Höckerchen und hinter diesem eine mehr oder weniger seichte Vertiefung. Die Oberseite ist mindestens stellenweise beborstet.

17 (18) Die Klauen der Vordertarsen sind bei beiden Geschlechtern einfach, gleichgeformt. Mentum hinten nicht herabgebogen, flach, die Scheibe mit spärlichen langen Haaren. Fühler 8gliedrig. Rippen der Flügeldecken stark. Pygidium beim Männchen in der basalen Hälfte mit großen Borstenpunkten, die Spitzenhälfte glatt. Parameren mir nicht bekannt (bei der Type fehlend). Das Weibchen ist unbekannt. 16 mm. **relictus** CARNE

18 (17) Die innere Klaue der Vordertarsen beim Männchen verdickt. Fühler 9- oder 10gliedrig. Mentum hinten stark herabgebogen.

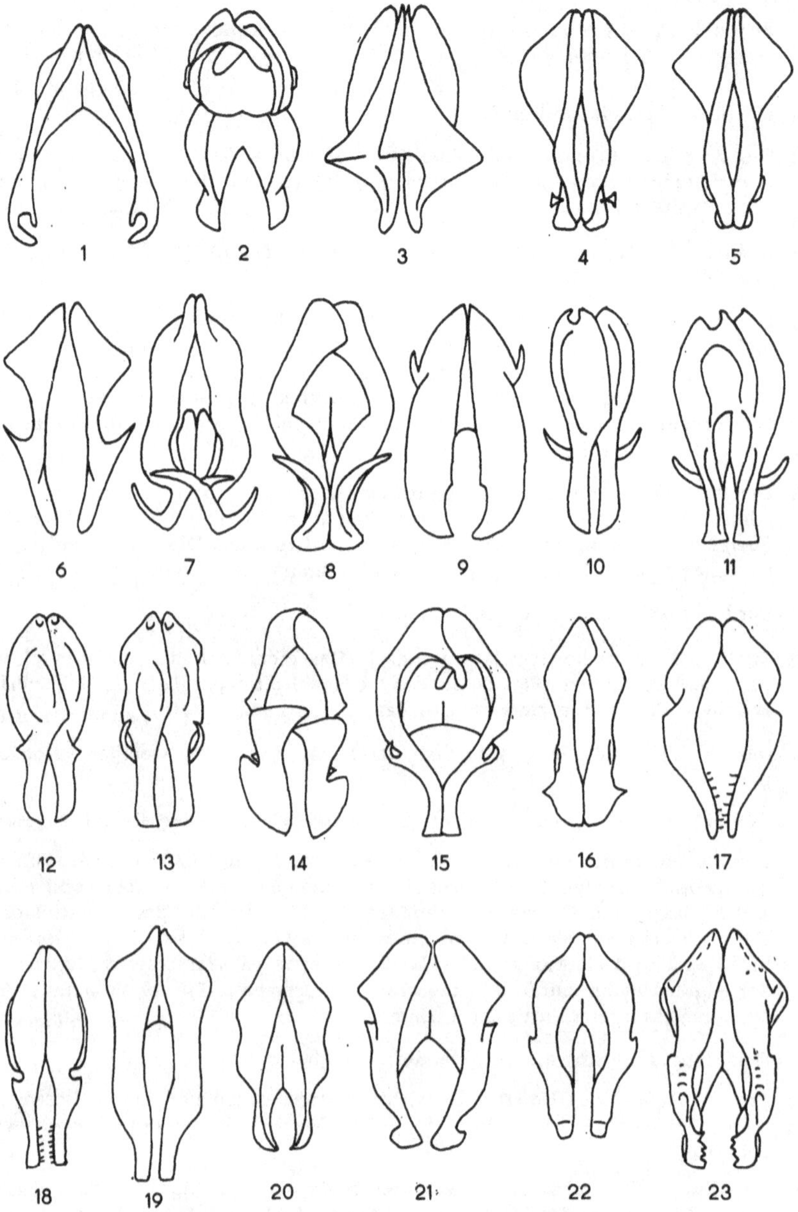

Fig. 1–23. Parameren der *Eophileurus*-Arten.

1: *E. chinensis* FALD. – 2: *E. perforatus* ARROW nach PRELL – 3: *E. cingalensis* ARROW – 4: *E. felschei* PRELL – 5: *E. platypterus* WIED. – 6: *E. pectoralis* ARROW nach ARROW – 7: *E. nilgirensis* ARROW – 8: *E. confinis* PRELL – 9: *E. quadrigeminatus* ARROW nach ARROW – 10: *E. assamensis* FAIRM. – 11: *E. montanus* PRELL – 12: *E. himalayanus* sp. n. – 13: *E. planatus* WIED. – 14: *E. forsteri* ENDR. – 15: *E. gracilis* PRELL – 16: *E. nicobarensis* sp. n. – 17: *E. javanus* PRELL – 18. *E. sondaicus* PRELL – 19. *E: sumbaianus* ENDR. – 20: *E. borneensis* sp. n. – 21: *E. celebensis* ARROW – 22: *E. fenicheli* sp. n. – 23: *E. dentatus* BLACKB.

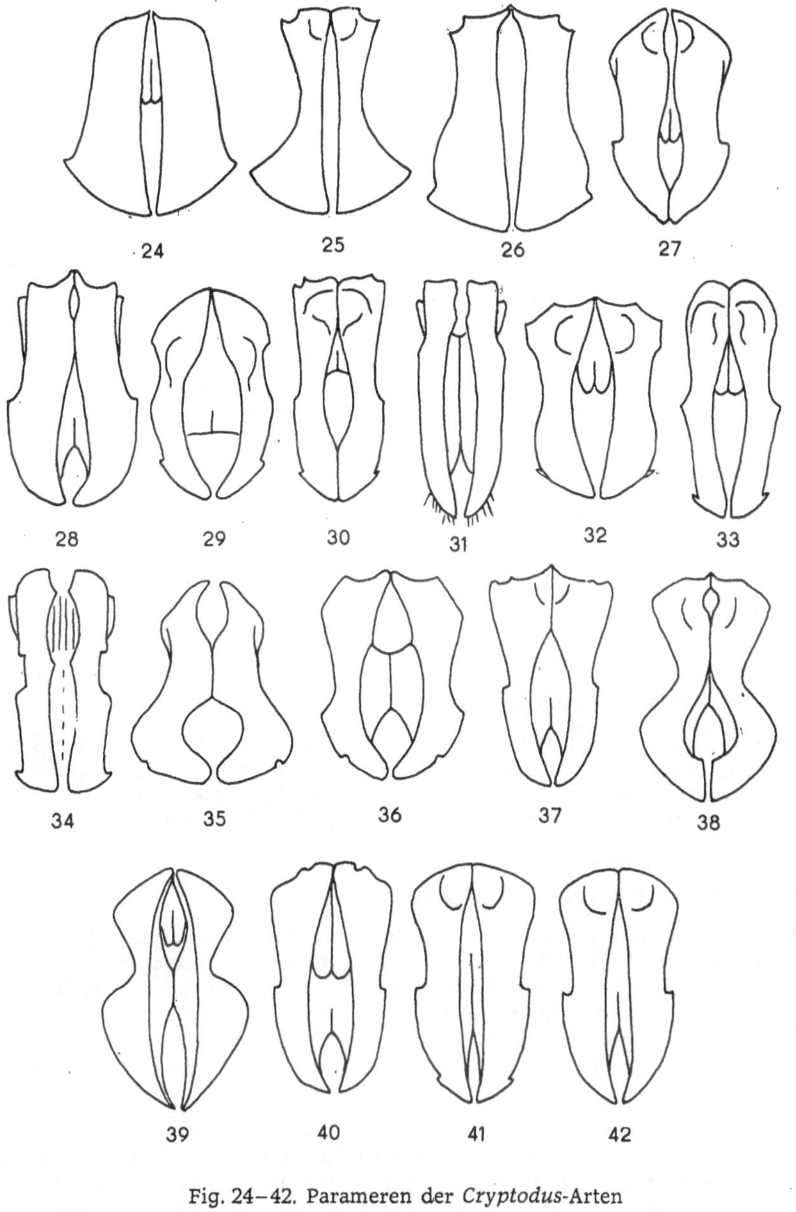

Fig. 24–42. Parameren der *Cryptodus*-Arten

24: *C. passaloides* GERM. – 25: *C. cycnorum* FAIRM. – 26: *C. foveatus* LEA – 27: *C. protensus* FAIRM. – 28: *C. concentricus* LEA – 29: *C. bilobus* LEA – 30: *C. caviceps* WESTW. – 31: *C. grossipes* FAIRM. nach CARNE – 32: *C. tasmannianus* WESTW. – 33: *C. gigas* LEA – 34: *C. goerlingi* CARNE nach CARNE – 35: *C. debilis* BLACKB. nach CARNE – 36: *C. piceus* GERM. – 37: *C. variolosus* WHITE – 38: *C. obscurus* MACL. – 39: *C. rotundicollis* FAIRM. – 40: *C. matthewsi* sp. n. – 41: *C. paradoxus* MACL. – 42: *C. costulipennis* FAIRM.

19 (20) Die Zwischenräume der Flügeldecken sind rippenartig erhöht, die Rippen dicht (beim Weibchen spärlicher) mit kurzen, hellen Schuppenborsten bedeckt. Kopf und Halsschild grob und dicht punktiert, der Halsschild mit deutlicher Längsfurche. Pygidium dicht mit tiefen Ringpunkten bedeckt. Parameren (Fig. 30) schlank, hinter der Mitte eckig erweitert. 16–20 mm. **caviceps** WESTW.

20 (19) Die Zwischenräume der Flügeldecken sind fast flach, nur die abwechselnden leicht gewölbt mit gelblichen Mikrobörstchen. Kopf und Halsschild fein punktiert, die Längsfurche sehr schwach. Das Pygidium ist fein und nicht gedrängt punktiert. Die Parameren (Fig. 31) sind lang und schlank, die Spitze ist behaart. 15–17 mm. **grossipes** FAIRM.

21 (16) Vorderrand des Halsschildes ohne Höcker und ohne Vertiefung. Die innere Klaue der Vordertarsen der Männchen auch bei den zwei folgenden Arten verdickt. Oberseite kahl.

22 (23) Der Halsschild ist fein punktiert, die Punkte einfach eingestochen. Das Mentum ist hinten nicht herabgewölbt. Die Rippen der Flügeldecken sind schwach gewölbt, glatt, ohne Mikropunkte. Pygidium des Männchens sehr stark gewölbt, die Spitze bauchwärts eingezogen, die basale Hälfte dicht und fein, die apikale vereinzelt punktiert, beim Weibchen flach, überall punktiert. Die Parameren (Fig. 32) sind breit, die hintere Hälfte ist leicht erweitert und sehr fein eingeschnitten. 16–27 mm. **tasmannianus** WESTW.

23 (22) Der Halsschild ist grob, ungleich und spärlich punktiert, die größten Punkte sind geringelt. Der Nahtstreif an der Spitze undeutlich werdend. Sonst wie die vorige Art, aber die Parameren (Fig. 33) schlank, in der Mitte außen mit einem deutlichen Zahn. 25–27 mm. **gigas** LEA

24 (13) Das Mentum ist hinten abgestutzt oder ausgerandet.

25 (26) Das Mentum ist nur leicht ausgerandet, kahl. Das erweiterte Basalglied der Fühler bedeckt nicht alle Geißelglieder. Spitzenrand der Hinterschienen mit 6–7 kleinen Zacken. Die Parameren (Fig. 34) außen stark artikuliert. Die Klauen der Vordertarsen des Männchens asymmetrisch. 15–20 mm. **goerlingi** CARNE

26 (25) Mit den obigen Angaben nicht übereinstimmend.

27 (30) Das Mentum ist auf der Scheibe lang behaart.

28 (29) Die Flügeldecken sind stark chagriniert. Die drei Außenzähne der Vorderschienen 90° zur Längsachse gestellt. Hinterschienen sehr schlank, mit einem Schrägkiel. Clypeus bis zu den Augenkielen regelmäßig gebogen, in der Mitte nicht abgestutzt. Mentum hinten nicht ausgerandet. Der Halsschild ist grob und dicht punktiert, ohne Längsfurche. Pygidium mäßig stark gewölbt. Die Parameren (Fig. 35) sind breit, vor der Spitze stark erweitert. 13 mm. **debilis** BLACKB.

29 (28) Die Flügeldecken sind glänzend. Die drei Außenzähne der Vorderschienen normal, stärker nach vorn gerichtet. Hinterschienen mit der Spur eines zweiten Schrägkiels. Clypeus an der Spitze leicht ausgerandet. Das Mentum ist hinten tief ausgerandet. Der Halsschild ist grob und dicht punktiert, mit tiefer Längsfurche. Pygidium stark gewölbt. Die Parameren (Fig. 36) sind breit, vor der Spitze eckig erweitert. 14–19 mm. **piceus** GERM.

30 (27) Das Mentum ist auf der Scheibe kahl oder nur mit Mikroborstchen versehen.

31 (32) Pygidium auch beim Männchen fast flach, nur an der Spitze kurz gewölbt. Die beiden Stirntuberkeln leicht quer. Die Platte des Basalgliedes der Fühler alle Geißelglieder bedeckend. Vorderrand des Halsschildes wulstartig verdickt, die

Punktierung sehr dicht, an den Seiten feiner als auf der Scheibe. Flügeldecken sehr dicht gerunzelt-punktiert, mit dichter und sehr feiner Zwischenpunktierung, die vier Rippen sind ziemlich stark. Spitzenrand der Hinterschienen mit drei größeren und einem kleineren Zacken. Parameren (Fig. 37) mäßig breit, zur Spitze verjüngt, in der Mitte schwach erweitert. 15–18 mm. **variolosus** WHITE

32 (31) Das Pygidium ist nicht nur an der Spitze gewölbt; oder sonst von den obigen Angaben abweichend.

33 (36) Die Punkte des Halsschildes sind groß, seicht, kreisförmig.

34 (35) Die geringelten Punkte der Flügeldecken fließen auf der Scheibe nicht zusammen, durchaus rund, nicht gerunzelt, die Rippen sehr deutlich erhöht. Die Parameren (Fig. 38) sind in der Mitte stark eingeschnürt, die Spitzenhälfte ist sehr stark erweitert. 22 mm. **obscurus** MACL.

35 (34) Unter den runden geringelten Punkten der Flügeldecken sind zahlreiche lange, ovale Punkte zu finden, die Punktierung fließt auf der Scheibe zusammen, gerunzelt, die Rippen schwächer erhöht. Das Männchen ist unbekannt. 16 mm. **oblongoporus** FAIRM.

36 (33) Die Punkte des Halsschildes sind kleiner, einfach eingestochen oder mit sehr kleinen Kreispunkten.

37 (40) Die Punktierung des Halsschildes ist gröber, weniger dicht, in der Mitte der Scheibe sind die meisten Abstände größer als die Punkte.

38 (39) Die Seitenränder des Clypeus sind deutlich schwächer aufgebogen als der Spitzenrand. Die Kreispunkte sind auf der Scheibe der Flügeldecken kaum größer als die einfach eingestochenen Punkte in den Vorderecken des Halsschildes. Die Parameren (Fig. 39) sind vor der Mitte stark eingeschnürt, der größere Spitzenteil ist stark erweitert, die Spitzen sind scharf. 11–21 mm. **rotundicollis** FAIRM.

39 (38) Die Seitenränder des Clypeus sind ebenso stark aufgebogen wie der Vorderrand. Auf der Scheibe der Flügeldecken sind die Kreispunkte viel größer als die kleinen, einfach eingestochenen Punkte in den Vorderecken des Halsschildes. Die Parameren (Fig. 40) sind außen in der Mitte kaum eingeschnürt, der Spitzenteil ist nur sehr wenig erweitert. 20–22 mm. **matthewsi sp. n.**

40 (37) Die Punktierung des Halsschildes ist feiner, sehr dicht, die Abstände zwischen den Punkten auch in der Mitte der Scheibe nur kantenartig schmal.

41 (42) Der Clypeus ist kürzer und breiter. Das Pygidium ist beim Männchen stark gewölbt. Die Parameren (Fig. 41) sind länger, außen vor der Spitze mit je einem kleinen Zähnchen. 16–20 mm. **paradoxus** MACL.

42 (41) Der Clypeus ist länglicher. Das Pygidium des Männchens ist weniger stark gewölbt. Die Parameren (Fig. 42) sind sehr ähnlich der vorigen Art, aber außen vor der Spitze ohne Zähnchen. 14–19 mm. **costulipennis** FAIRM.

Cryptodus olivieri MONTROUZIER

MONTROUZIER, Ann. Soc. Ent. France, (3) VIII, 1860, p. 281 *(Megalaemus)*. – CARNE, Syst. Rev. Austral. Dynast., 1957, p. 207 *(Cryptodus)*.

♀: Der Clypeus ist breit, an der Spitze ausgerandet. Der Kopf ist gerunzelt-punktiert; die Stirnnaht deutlich, ohne Spur von einem Tuberkel. Das Mentum ist lang und aufstehend behaart. Die Fühler sind 9gliedrig, das Basalglied nur an der Spitze erweitert, die Geißelglieder nicht bedeckend. Am Vorderrand des Halsschildes ist kein Tuberkel zu finden, die Längsfurche ist aber deutlich. Die Scheibe ist gleichmäßig und ziemlich fein punktiert, vorn ist die Punktierung dichter. Auf der Scheibe der Flügeldecken sind die genabelten Kreispunkte groß, stark vertieft, in den Zwischenräumen sind zahlreiche Mikropunkte zu finden. Das Pygidium ist der Länge nach flach, stark und etwas unregelmäßig punktiert. Die Vorderschienen tragen drei Außenzähne, am Spizenrand der Hinterschienen befinden sich 7–8 kleine Zacken. Das Basalglied der hinteren Tarsen ist stark dornförmig ausgezogen.

♂: Unbekannt.

Länge: 15 mm. – Untersuchtes Material 1 Exemplar.

Typen: Die Type konnte bisher nicht vorgefunden werden.

Verbreitung: Endemisch auf Neukaledonien (MP, ZMB).

Cryptodus passaloides GERMAR

GERMAR, Linn. Ent., 3, 1848, p. 189 *(Cryptodus)*. – WESTWOOD, Trans. Ent. Soc. London, (2) IV, 1856, p. 5, t. 1, f. 5. – FAIRMAIRE, Journ. Mus. Godeffr. 14, 1879, p. 91. – CARNE, Syst. Rev. Austral. Dynast., 1957, p. 201, 3 Abb.

decipiens FAIRMAIRE, Bull. Soc. Ent. France, 1877, p. 129 *(Cryptodus)*; Journ. Mus. Godeffr., 14, 1879, p. 90. – CARNE, Syst. Rev. Austral. Dynast., 1957, p. 201.

Glänzend braunrot, oben kahl, unten schwach behaart.

♂: Die Spitze des Clypeus ist sehr schwach konvex gebogen oder fast abgestutzt, die Vorderecken mit den gebogenen Seiten kontinuierlich verrundet. Die Augenkiele nicht abgesetzt, nicht vorstehend. Die Ränder sind überall breit aufgebogen, aber an der Spitze höher als an den Seiten. Die beiden Stirntuberkeln sind ziemlich schwach, stumpf, die Fläche zwischen diesen und die Mitte des Scheitels leicht vertieft. Die Punktierung ist äußerst dicht und sehr fein. Das Mentum ist hinten leicht herabgebogen, bogenförmig ausgerandet. Die Fühler sind 9gliedrig, die Platte des Basalgliedes fast alle Geißelglieder bedeckend.

Halsschild breiter als lang (etwa 6:4,5), ein wenig hinter der Mitte am breitesten, die Seiten sind nach vorn stark, nach hinten viel schwächer konvergierend, regelmäßig gebogen. Die Spitze ist bogenförmig ausgerandet, die fast gerade Basis mit feinem Rand. Die Vorderecken sind scharf, die hinteren abgerundet. Hinter dem Vorderrand ist kein Tuberkel oder keine Vertiefung zu finden, die Längsfurche ist aber ziemlich tief. Die Punktierung ist auf der Scheibe stark und spärlich, an den Seiten sehr fein und ein wenig dichter.

Die Flügeldecken sind länger als zusammen breit (etwa 10,3:7), nach hinten sehr schwach erweitert. Auf der Scheibe sind drei schwache Rippen zu beobachten, in den Zwischenräumen sind teilweise regelmäßig gereihte, sehr seichte und dichtgestellte Ringpunkte zu finden; an den Seiten ist die Punktierung sehr fein.

Der Prosternalzapfen ist sehr kurz, dreieckig. Das Pygidium sehr stark gewölbt, bauchwärts stark eingezogen, mäßig dicht, in der Spitzengegend sehr spärlich punktiert, die Punkte sind etwa so groß wie die an der Spitze der Flügeldecken. Die Vorderschienen sind außen vierzähnig, der basale Zahn ist klein. Der Spitzenrand der Hinterschienen ist außen mit vier kleinen Zacken bewaffnet. Die Vordertarsen sind dünn, alle Klauen einfach, gleichgeformt. Parameren: Fig. 24.

♀: Das Pygidium ist der Länge nach leicht und nur die schmale Spitze stärker gewölbt, längs den Seiten nur undeutlich vertieft.

Länge: 14–22 mm. – Untersuchtes Material 9 Exemplare.

Typen: Die Typen beider Formen sind mir unbekannt.

Verbreitung: Queensland, Neusüdwales, Victoria, Südaustralien, Westaustralien.

Cryptodus cycnorum FAIRMAIRE (Tafel, Abb. 7)

FAIRMAIRE, Bull. Soc. Ent. France, 1877, p. 129 *(Cryptodus)*; Journ. Mus. Godeffr., 14, 1879, p. 90.
explanatus CARNE, Syst. Rev. Austral. Dynast., 1957, p. 203, 2 Abb. *(Cryptodus)*.
Glänzend dunkelbraun bis fast schwarz. Die Oberseite und fast die ganze Bauchseite kahl, nur am Pygidium sind mikroskopisch kleine Börstchen zu erkennen.

♂: Der Clypeus ist an der Spitze abgestutzt, die Vorderecken breit abgerundet, die Seiten fast gerade, bis zu den kaum abgesetzten Augenkielen divergierend. Die Wangen sind nicht vorstehend. Die Ränder sind mäßig stark aufgebogen, an der Spitze etwas höher als an den Seiten. Die Stirntuberkeln sind stark, die Vertiefung zwischen diesen und am Scheitel schwach. Die Punktierung ist fein, äußerst dicht, oft der Quere nach leicht gerunzelt. Das Mentum ist flach, hinten tief ausgerandet. Die Fühler sind 10gliedrig, die Platte des Basalgliedes bedeckt alle Geißelglieder.

Der Halsschild ist breiter als lang (etwa 9:6), in der Mitte am breitesten, nach vorn stark, nach hinten schwach konvergierend. Die Spitze ist sehr schwach, die gerandete Basis deutlich doppelbuchtig. Die Vorderecken sind scharf spitzwinklig, die hinteren abgerundet. Der Vorderrand ist dick, aber ohne Spur von einem Tuberkel oder einer Grube. Die Punktierung ist nur in den Vorderecken und an den Seiten sehr dicht und fein, auf der Scheibe viel größer und spärlicher, viele Abstände sind zwischen den Punkten so groß wie oder größer als die Punkte, diese sind einfach eingestochen.

Die Flügeldecken sind länger als zusammen breit (etwa 12:9), nach hinten schwach erweitert. Auf der Scheibe sind die drei Rippen schwach, aber deutlich, die Zwischenräume sind mit Kreispunkten dicht besetzt, die Punkte sind gereiht, nur im ersten, breiten Zwischenraum verworren. An den Seiten und an der Spitze sind die Punkte sehr klein.

Der Prosternalzapfen ist ziemlich hoch, dreieckig, zugespitzt. Das Pygidium ist sehr stark gewölbt, bauchwärts stark eingezogen, sehr dicht und fein, aber in der eingezogenen Spitzengegend viel spärlicher punktiert. Die Vorderschienen sind vierzähnig, der Spitzenrand der Hinterschienen außen mit vier kleinen Zacken. Die Vordertarsen sind dünn, alle Klauen einfach, gleichgeformt. Parameren: Fig. 25.

♀: Das Pygidium ist flach, nur die schmale Spitze gewölbt.

L ä n g e: 16–23 mm. – Untersuchtes Material 4 Exemplare.

T y p e n: Lectotype (des. DECHAMBRE): Swan R., *Cryptodus cycnorum* n. sp. ex Museo Mniszech; im MP in Paris. Holotype ♂ von *C. explanatus* CARNE: Adelaide; im CSIRO in Canberra.
V e r b r e i t u n g: Süd- und Westaustralien.

Cryptodus foveatus LEA

LEA, Trans. Roy. Soc. S. Austr., 43, 1919, p. 234, t. 27, f. 85 *(Cryptodus)*. – CARNE, Syst. Rev. Austral. Dynast., 1957, p. 202, 3 Abb.
quadridentatus, LEA, Proc. Linn. Soc. N. S. Wales, 44, 1920, p. 748 *(Cryptodus)*. – CARNE, Syst. Rev. Austral. Dynast., 1957, p. 202 (syn.).

Glänzend braunrot. In den Punkten der Oberseite, des Mentums und der Brust sind mikroskopisch kleine Börstchen zu sehen, besonders an der Spitze der Flügeldecken und am Pygidium deutlich.

♂: Die Spitze des Clypeus ist kurz abgestutzt, die Vorderecken mit den Seiten verrundet. Die Augenkiele sind nicht abgesetzt, die Wangen nicht vorstehend. Die Ränder sind überall gleich breit aufgebogen. Die Stirntuberkeln sind mäßig stark, die Mitte des Scheitels schwach vertieft. Die Punktierung ist sehr dicht, überall gleichmäßig verteilt. Das Mentum ist hinten herabgebogen, stark ausgerandet, die Hinterecken mit längeren Borsten gerandet. Die Fühler sind 10gliedrig, die Platte des Basalgliedes die Geißel fast ganz bedeckend.

Der Halsschild ist breiter als lang (etwa 8 : 6), in der Mitte am breitesten, die Seiten sind gleichmäßig gebogen, nach hinten fast so stark eingezogen wie zur Spitze. Die Spitze ist fast gerade, die fein gerandete Basis schwach doppelbuchtig. Die Vorderecken sind spitzwinklig, die hinteren abgerundet. Am Vorderrand ist weder ein Tuberkel noch eine Vertiefung zu finden, die Längsfurche ist sehr deutlich. Die Punktierung ist in den Vorderecken und an den Seiten dicht, etwa so fein wie die des Kopfes, auf der Scheibe viel gröber und viel spärlicher, hier sind viele Abstände zwischen den Punkten viel größer als die Punkte.

Die Flügeldecken sind ziemlich breit, aber länger als zusammen breit (etwa 12 : 9), nach hinten kaum erweitert. Auf der Scheibe sind die Rippen sehr deutlich, die Zwischenräume sind mit großen Kreispunkten sehr dicht besetzt, die Punkte sind teilweise gereiht, sie sind an den Seiten und an der Spitze viel kleiner.

Der Prosternalzapfen ist dreieckig. Das Pygidium ist stark gewölbt, aber bauchwärts nicht stark eingezogen, sehr fein, sehr dicht punktiert, die Spitzengegend fast glatt. Die Vorderschienen sind vierzähnig, der Spitzenrand der Hinterschienen außen mit vier kleinen Zacken. Die Vordertarsen sind nicht verdickt. Parameren: Fig. 26.

♀: Die Punktierung des Halsschildes ist dichter. Das Pygidium ist flach, nur die Spitze kurz gewölbt, auf der Scheibe mit einem mehr oder weniger tiefen, runden Grübchen, auch die Spitze ist punktiert.

Länge: 14–25 mm. – Untersuchtes Material 11 Exemplare.

Typen: Lectotype LEA ♀ (des. ENDRÖDI): *foveatus* LEA Type, Darwin, sowie Typenbezeichnung von LEA. Lectotype ♀ von *C. quadridentatus* LEA (des. ENDRÖDI): *quadridentatus* LEA Type, Cunnamulla, sowie Typenbezeichnung von LEA; beide sind im SAM in Adelaide.

Verbreitung: Queensland, Südaustralien, Westaustralien, Nordterritorium.

Cryptodus fraternus FAIRMAIRE

FAIRMAIRE, Bull. Soc. Ent. France, 1877, p. 129 (*Cryptodus*); Journ. Mus. Godeffr., 14, 1879, p. 90. – LEA, Trans. Roy. Soc. S. Austr., 43, 1919, p. 233. – CARNE, Syst. Rev. Austral. Dynast., 1957, p. 202, 3 Abb.

protensus FAIRMAIRE, Journ. Mus. Godeffr., 14, 1879, p. 89 (*Cryptodus*), **syn. n.**

fairmairei MACLEAY, Proc. Linn. Soc. N. S. Wales, (2) III, 1888, p. 923 (*Cryptodus*). – CARNE, Syst. Rev. Austral. Dynast., 1957, p. 202 (syn.).

angustus LEA, Trans. Roy. Soc. S. Austr., 43, 1919, p. 235, t. 27, f. 87 (*Cryptodus*). – CARNE, Syst. Rev. Austral. Dynast., 1957, p. 202 (syn.).

Diese Art ist mit *C. foveatus* dermaßen nahe verwandt, daß es genügt, sie durch die Abweichungen von der Diagnose des ersteren zu schildern:

♂: Schlanker gebaut. Die Börstchen der Oberseite und des Pygidiums sind deutlicher. Die Ränder des Kopfes sind schmäler aufgebogen. Das Mentum ist hinten sehr schwach herabgebogen, die Hinterecken sind kürzer, ohne längere Borsten an den Rändern. Der Halsschild ist weniger breit, die Punktierung ist auch in der Mitte sehr dicht, alle Abstände nur kantenartig schmal. Die Flügeldecken sind viel schlanker (etwa 11 : 7), nach hinten schwach erweitert, die Rippen sind kaum erhöht, die Kreispunkte in den Zwischenräumen sehr seicht, stellenweise fast verschwommen. Das Pygidium ist ein wenig stärker gewölbt, die Spitze deutlicher bauchwärts eingezogen, die Punktierung auch an der Spitze sehr dicht, nicht feiner als an der Basis. Der vierte, basale Zahn der Vorderschienen ist meistens sehr schwach, ebenso der unterste Zacken der Hinterschienenspitze. Parameren: Fig. 27.

♀: Die dichte Punktierung des Halsschildes ist viel feiner als bei der Vergleichsart. Das Pygidium ist der Länge nach fast flach, auch die Spitze nicht gewölbt, stets ohne Grübchen in der Mitte.

L ä n g e : 15–20 mm. – Untersuchtes Material 6 Exemplare.

T y p e n : Lectotype ♀ (des. DECHAMBRE) von *C. fraternus* FAIRMAIRE: der Name steht in FAIRMAIRES Handschrift auf einem Zettel, auf einem zweiten: „Ex Museo Mniszech". Es kann nicht mit Sicherheit angenommen werden, daß das Exemplar eine Type darstellt, da ein Fundortetikett fehlt, in der Diagnose ist aber „Cleveland-Bay" angegeben. Lectotype ♂ von *C. protensus* FAIRMAIRE (des. ENDRÖDI) ähnlich etikettiert, ebenfalls fraglich, beide müßten eher als Neotypen bezeichnet werden. Die Type von *C. fairmairei* MACLEAY wird im Universitätsmuseum in Sydney, die von *C. angustus* LEA im SAM in Adelaide aufbewahrt.

V e r b r e i t u n g : Queensland, Westaustralien, Nordterritorium.

Cryptodus concentricus LEA

LEA, Proc. Linn. Soc. N. S. Wales, 44, 1920, p. 747 *(Cryptodus)*. – ARROW, Trans. Ent. Soc. London, 86, 1937, p. 53. – CARNE, Syst. Rev. Austral. Dynast., 1957, p. 198, 2 Abb.

reginae ARROW, Trans. Ent. Soc. London, 86, 1937, p. 53 *(Cryptodus)*. – CARNE, Syst. Rev. Austral. Dynast., 1957, p. 198 (syn.).

Glänzend dunkel rotbraun. Oben und unten kahl, das Pygidium mit mikroskopisch kleinen Härchen.

♂: Clypeus an der Spitze abgestutzt, die Vorderecken mit den Seiten kontinuierlich verrundet. Die Augenkiele sind vom Kopfrand nicht abgesetzt, seitlich schwach vorstehend. Die Ränder sind mäßig hoch und mäßig breit aufgebogen. Die Stirn ist mit zwei stumpfen und breiten Längserhabenheiten versehen, zwischen diesen ist die Oberseite breit längsgerinnt. Die ganze Oberseite ist dicht und fein gerunzelt–punktiert. Das Mentum ist der Länge nach eingedrückt, zweispitzig. Die Fühler sind 10gliedrig, die erweiterte Platte des Basalgliedes einen großen Teil der Geißel bedeckend.

Der Halsschild ist breiter als lang (etwa 8,2 : 5,6), die breiteste Stelle liegt ein wenig näher zur Spitze als zur Basis. Der stark gerandete Spitzenrand ist sehr seicht konkav gebogen, die fein gerandete Basis fast gerade. Die Seiten sind vorn konvex gebogen, hinten fast gerade. Die Vorderecken sind spitzwinklig, die hinteren abgerundet. Längs der Mitte verläuft eine tiefe Furche, die sich an der Spitze dreieckig erweitert, ein apikaler Tuberkel fehlt. Die Oberseite ist auf der Scheibe grob und mäßig dicht, hinter dem Vorderrand und an den Seiten dichter und feiner punktiert.

Die Flügeldecken sind länger als an der breitesten Stelle zusammen breit (etwa 12 : 9), nach hinten leicht erweitert. Die Scheibe ist mit dichten Längsreihen von großen, seichten, fein geringelten Punkten besetzt, die Punkte sind an den Seiten kleiner, oft kaum wahrnehmbar geringelt, an der Spitze gerunzelt. Die Rippen sind auf der Scheibe mehr oder weniger deutlich.

Der Prosternalzapfen ist herzförmig mit der Spitze nach vorn, horizontal liegend, leicht konkav. Das Pygidium ist an der Basis abgeflacht, dann sehr stark gewölbt, die Spitze stark bauchwärts eingezogen, die fast kegelförmige, stumpfe Spitze ist fast glatt, die feinen Runzeln umrahmen konzentrisch diese Spitze. Die Vorderschienen tragen außen drei Zähne, die hintersten am Spitzenrand vier kurze Zacken. Die Vordertarsen sind kurz, stark verdickt, die Glieder 2–4 breiter als lang, das Klauenglied dick, die Spitze unten kurz dornförmig ausgezogen, die innere Klaue sehr breit, stark gekrümmt. Parameren: Fig. 28.

♀: Mir unbekannt.

L ä n g e : 19–23 mm. – Untersuchtes Material 1 Exemplar.

T y p e n : Die Type von *C. concentricus* LEA aus Albury befindet sich im SAM in Adelaide; die Type von *C. reginae* im BM in London.

V e r b r e i t u n g : Queensland, Neusüdwales.

Cryptodus bilobus LEA (Tafel, Abb. 8)

LEA, Trans. Roy. Soc. S. Austr., 41, 1917, p. 574, t. 34, f. 41 *(Cryptodus)*. – CARNE, Syst. Rev. Austral. Dynast., 1957, p. 208, 2 Abb.

Glänzend dunkel braunrot. Oberseite und Pygidium kahl, auch die Bauchseite fast kahl.

♂: Der Kopf ist klein, die Ränder überall stark aufgebogen, an der Spitze des Clypeus stark ausgerandet, beiderseits der Ausrandung lappenartig abgerundet. Die Seiten sind fast gerade, die Augenkiele deutlich abgesetzt. Die beiden Stirnhöcker sind sehr stark, durch eine niedrige Querplatte verbunden. Die Oberfläche ist sehr fein und sehr dicht punktiert. Das Mentum ist flach, hinten abgerundet, lang behaart. Die Fühler sind 9gliedrig, die Platte des Basalgliedes ist schmal und kurz, die Geißelglieder nicht bedeckend.

Der Halsschild ist breiter als lang (etwa 7:4,5), in der Mitte am breitesten, die Seiten zur Spitze stark gebogen, nach hinten zu fast gerade, weniger stark konvergierend. Die fein gerandete Basis ist schwach doppelbuchtig. Die Vorderecken sind scharf, die hinteren abgerundet. Der Vorderrand ist in der Mitte stark verdickt, fast höckerartig, hinter diesem liegt eine kleine, tiefe Grube, die Längsfurche ist sehr seicht. Die Punktierung ist vorn fein, sehr dicht, gerunzelt, nach hinten zu etwas lockerer, aber doch dicht.

Die Flügeldecken sind nicht viel länger als zusammen breit (etwa 9,5:8), nach hinten deutlich erweitert. Die Punktierung ist an den Seiten etwa so fein wie am Halsschild, auf der Scheibe beträchtlich gröber. Die Punkte sind rundlich, im ersten, breiten Zwischenraum verworren, sonst dichtgestellte Reihen bildend, die Zwischenräume sind schmäler als die Punktstreifen, Doppelreihen und Rippen sind nicht zu unterscheiden; die verworrene Punktierung an der Spitze ist fast so fein wie die der Seiten.

Der Prosternalzapfen ist sehr kurz, dreieckig. Das Pygidium ist stark, regelmäßig gewölbt, bauchwärts nicht eingezogen, an der Basis und in den Seitenecken sehr fein gerunzelt, sonst dicht, an der Spitze spärlicher punktiert, die Punkte sind kaum kleiner als die an den Flügeldeckenspitzen. Vorderschienen mit drei Außenzähnen, die beiden apikalen einander stark genähert; der Spitzenrand der Hinterschienen außen mit 6–7 kleinen Zacken. Parameren: Fig. 29.

♀: Das Pygidium ist flach.

L ä n g e : 12–15 mm. – Untersuchtes Material 2 Exemplare.

T y p e n : Holotype ♂: auf einem grünen Etikett steht: *bilobus* LEA Type, Beverley; im SAM in Adelaide.

V e r b r e i t u n g : Westaustralien.

Cryptodus relictus CARNE

CARNE, Syst. Rev. Austral. Dynast., 1957, p. 211, 2 Abb.

Glänzend rotbraun. Auf dem Kopf, dem Halsschild und an der Spitzengegend der Flügeldecken entspringen aus den Punkten mikroskopisch kleine, helle Börstchen.

♂: Der Clypeus ist an der Spitze fast gerade abgestutzt, die Vorderecken sind mit den Seiten sehr breit abgerundet. Die Augenkiele sind vom Kopfrand nicht abgesetzt, aber sie überragen die Augen stark, stumpfeckig. Die Ränder des Kopfes sind überall stark aufgebogen. Die beiden Stirnhöcker sind leicht quer. Die Oberseite ist sehr dicht und ziemlich stark punktiert, nur der Scheitel ist glatt, mit vereinzelten kleinen Punkten. Die Fühler sind 8gliedrig, die Platte des Basalgliedes läßt die beiden letzten Geißelglieder unbedeckt. Das Mentum ist hinten nicht herabgebogen, abgerundet.

Der Halsschild ist nicht viel breiter als lang (etwa 6,25:5), in der Mitte am breitesten. Die Seiten sind regelmäßig gebogen, nur vor den abgerundeten Hinterecken mäßig tief ausgerandet; die Vorderecken sind stumpf. Die Oberseite ist viel gröber punktiert als der Kopf, die Punkte sind nur in der Gegend der Vorder- und Hinterecken klein, sonst groß, kreisförmig, dicht, nur längs der Mitte spärlich. In der Mitte des Vorderrandes steht ein sehr kleiner Tuberkel, die Längsfurche ist seicht. Das Schildchen ist dreieckig, ein wenig breiter als lang.

Die Flügeldecken sind länger als zusammen breit (etwa 10,5:8), ziemlich stark gewölbt, nach hinten nicht erweitert, in der Mitte am breitesten. Die Doppelreihen der Punkte sind leicht gefurcht, kaum paarweise angeordnet, die Punkte sind etwa so groß wie die der Scheibe des Halsschildes, an den Seiten und an der Spitze sind sie viel kleiner; in den Zwischenräumen sind zahlreiche Mikropunkte zu finden.

Der Prosternalzapfen ist kurz. Das Pygidium ist regelmäßig gewölbt, an der breiten Basis und in den Seitenecken dicht und etwas feiner als die Spitze der Flügeldecken punktiert, die Scheibe und die Spitze glatt. Vorderschienen mit drei Außenzähnen, die Spitze der Hinterschienen außen mit 1–2 Einkerbungen. Die Vordertarsen sind nicht verdickt. Die Parameren sind mir unbekannt.

♀: Unbekannt.

Länge: 16 mm.

Typen: Holotype ♂: Everard Rgs. to Warburton Rgs.; im SAM in Adelaide.

Verbreitung: Von Süd- bis Westaustralien.

Cryptodus caviceps WESTWOOD (Tafel, Abb. 6)

WESTWOOD, Trans. Ent. Soc. London (2) IV, 1856, p. 6, t. 1, f. 6 (*Cryptodus*). – FAIRMAIRE, Journ. Mus. Godeffr., 14, 1879, p. 91. – CARNE, Syst. Rev. Austral. Dynast., 1957, p. 210, 8 Abb.

Sehr schwach glänzend, rotbraun bis schwarzbraun. Ober- und Unterseite mit spärlichen bis dichten, sehr kleinen Schuppenborsten, nur auf den Zwischenräumen der Flügeldecken bilden solche Borsten dichte, vorwiegend einreihige Streifen.

♂: Der Clypeus ist mit den Seiten kontinuierlich verrundet, die Ränder, besonders vorn, stark aufgebogen. Die Augenkiele sind sehr schwach abgesetzt, die Wangen überragen weit die Augen. Die Stirnhöcker sind klein, scharf. Die Oberseite ist dicht mit sehr seichten, ziemlich großen Kreispunkten besetzt. Das Mentum ist hinten senkrecht herabgebogen, scharf zugespitzt. Die Fühler sind 9gliedrig, die Platte des Basalgliedes ist kurz, dreieckig, mehrere Geißelglieder unbedeckt lassend.

Der Halsschild ist viel breiter als lang (etwa 7,5:5), in der Mitte am breitesten, die Seiten sind regelmäßig gebogen, der Spitzen- und Basalrand ist fast gerade, alle vier Seiten sind gerandet. Die Vorderecken sind abgerundet, die hinteren stumpfeckig, kurz nach hinten ausgezogen. In der Mitte des Vorderrandes steht ein starker Tuberkel und hinter diesem eine kleine runde Grube, bei kleinen Exemplaren können diese reduziert werden. Die Kreispunkte der Oberseite sind größer als jene des Kopfes, an den Seiten gedrängt, in der Mitte viel spärlicher.

Die Flügeldecken sind viel länger als zusammen breit (etwa 11:7), nach hinten kaum erweitert, die Seiten fast gerade. Auf jeder Decke sind 11 Punktreihen zu zählen, von welchen nur die beiden innersten nicht ganz regelmäßig sind. Die Punkte sind in der Mitte fast so groß wie die größten des Halsschildes, nach den Seiten zu werden sie allmählich kleiner, die seitlichsten schon sehr klein. Die Zwischenräume sind so breit wie die Punktstreifen, leicht rippenförmig erhöht.

Der Prosternalzapfen ist kurz, zugespitzt. Das Pygidium ist der Länge nach anfangs sehr schwach, weiter nach hinten stark gewölbt, sehr dicht mit beborsteten Kreispunkten bedeckt. Vorderschienen mit drei, der Spitzenrand der hinteren mit 4 Zähnen bewaffnet. Die Vordertarsen sind verdickt, die innere Klaue ist stark gekrümmt. Parameren: Fig. 30.

♀: Der Halsschild ist fast einfach gewölbt, der Tuberkel und die Grube sind nur angedeutet. Das Pygidium ist fast so stark gewölbt wie beim Männchen.

Länge: 16–20 mm. – Untersuchtes Material 27 Exemplare.

Typen: Lectotype ♂ (des. ENDRÖDI): Swan River, sowie ein Typenetikett der HOPE-Sammlung mit No. Col. 660 212; im UO in Oxford.

Verbreitung: Queensland, Neusüdwales, Victoria, Süd- und Westaustralien, Nordterritorium.

Cryptodus grossipes FAIRMAIRE

FAIRMAIRE, Pet. Nouv., 2, 1877, p. 166 *(Cryptodus)*; Journ. Mus. Godeffr., 14, 1879, p. 91. – LEA, Trans. Roy. Soc. S. Austral., 43, 1919, p. 233. – CARNE, Syst. Rev. Austral. Dynast., 1957, p. 210, 5 Abb.

Diese Art ist mir unbekannt geblieben, FAIRMAIRE führte sie in seiner Gruppe „C. Mentum basi laminatum. Prothorace antice tuberculo minuto armatus. Corpus angustus, magis parallelum / subg. Cryptodellus Westw." an. Die Diagnose lautet:

„19. C. grossipes. Long. 16 mm. – Oblongo-subelongatus, magis convexus, parallelus, nigro-fuscus, nitidus, punctatus, punctis sat parvis, tenuiter luteo-setosis, capite magno, semicirculari, reticulato-punctato, margine valde reflexo, vertice bituberculato, utrinque linea tenui elevata; prothorace elytris haud angustiore, subquadrato, lateribus arcuato et sat late marginato, margine postice utrinque leviter sinuato, angulis vix prominulis, laxe punctulato, medio obsolete canaliculato; scutello tenuiter punctato; elytris oblongis, punctato-strialis, punctis sat mediocribus, intervallis subplanis, alternatim leviter convexiusculis; pygidio convexo, punctis elevatis minusculis laxe sparsuto; tarsis crassis fere cylindricis. – Cleveland-Bay (Coll. Mniszech).

„Cette espèce est plus étroite, plus convexe et bien plus finement ponctuée que le précédente" *(caviceps)* „dont elle diffère aussi par la sculpture du pygidium et la conformation des tarses; enfin le menton qui se prolonge en une lame anguleuse chez le caviceps, est ici arrondi a l'extrémité."

CARNE gibt noch auf Grund eines Exemplars die folgenden Unterschiede gegenüber von *C. caviceps* an:

Steht sehr nahe zu *caviceps*, die Wangen sind stärker gewinkelt; die Stirnhöcker stehen weiter voneinander entfernt; die Seiten des Halsschildes sind fast parallel. Der Halsschild ist weniger stark gewölbt, nur schwach punktiert; die Zwischenräume der Flügeldecken sind flach und kahl. Clypeus ohne anteroventrale Leiste. Die äußere Klaue beim Männchen reduziert, fast undeutlich. Parameren nach CARNE: Fig. 31.

Die Type ist verschollen.

Verbreitung: Queensland, Westaustralien, Nordterritorium.

Cryptodus tasmannianus WESTWOOD

WESTWOOD, Proc. Ent. Soc. London, 1841, p. 34 *(Cryptodus)*; Trans. Ent. Soc. London, 4, 1845, p. 21, t. 1, f. 1; 1. c. (2) IV, 1856, p. 3, t. 1, f. 3. – BURMEISTER, Handb. d. Ent., V, 1847, p. 144. – LACORDAIRE, Gen. Col. Atlas, 1856, t. 37, f. 4. – FAIRMAIRE, Journ. Mus. Godeffr., 14, 1879, p. 90. – CARNE, Syst. Rev. Austral. Dynast., 1957, p. 199, 2 Abb.

anthracinus ERICHSON, Arch. f. Naturg., 13, 1842, I, p. 160 *(Cryptodus)*.

politus WESTWOOD, Trans. Ent. Soc. London, (2) IV, 1856, p. 4, t. 1, f. 4 *(Cryptodus)*. – FAIRMAIRE, Journ. Mus. Godeffr., 14, 1879, p. 90. – CARNE, Syst. Rev. Austral. Dynast., 1957, p. 199 (syn).

ater LEA, Proc. Linn. Soc. N. S. Wales, 44, 1920, p. 746 *(Cryptodus)*. – CARNE, Syst. Rev. Austral. Dynast., 1957, p. 199 (syn.).

elongatus ARROW, Trans. Ent. Soc. London, 86, 1937, p. 53 *(Cryptodus)*. – CARNE, Syst. Rev. Austral. Dynast., 1957, p. 199 (syn.).

Glänzend schwarz. Oberseite kahl, nur in der Spitzengegend der Flügeldecken sind mikroskopisch kleine und am Pygidium etwas deutlichere Börstchen zu entnehmen. Auch die Brust ist fast kahl.

♂: Die Spitze des Clypeus ist mit den Seiten kontinuierlich verrundet, die Ränder sind an den Seiten schwach, an der Spitze etwas höher aufgebogen. Die Augenkiele sind vom Kopfrand kaum merklich abgesetzt, die Wangen überragen nur schwach die Augenwölbung. Die beiden Stirnhöcker sind stumpf, zwischen diesen ist die Oberfläche wie auch die Mitte des Scheitels vertieft. Die Punktierung ist sehr fein und überall sehr dicht. Das Mentum ist hinten nicht herabgebogen, nicht ausgerandet, konvex gebogen. Die Fühler sind 10gliedrig, die erweiterte Platte des Basalgliedes die letzten Geißelglieder nicht bedeckend.

Der Halsschild ist breiter als lang (etwa 8:6), in der Mitte am breitesten, nach hinten schwächer verengt als nach vorn. Die Spitze ist leicht bogenförmig ausgerandet, die Basis schwach doppelbuchtig. Alle vier Seiten sind gerandet, der Rand in der Mitte der Spitze ist verdickt, ohne Tuberkel. Die Vorderecken sind spitzwinklig, die hinteren abgerundet. Die Längsfurche ist seicht, vorn ohne Grube. Die Gegend der Vorderecken ist sehr dicht und fein punktiert, die Punktierung wird nach hinten zu spärlicher, die Punkte werden allmählich etwas größer.

Die Flügeldecken sind stark abgeflacht, länger als zusammen breit (etwa 12,5:9,5), nach hinten deutlich erweitert. Die Scheibe ist mit verworrenen, großen, rundlichen, stellenweise zusammenfließenden Punkten besetzt, zwischen diesen sind drei Rippen leicht erhöht und gewölbt. Die Punktierung ist an den Seiten und an der Spitze feiner und lockerer.

Der Prosternalzapfen ist ziemlich hoch und breit, die Spitze abgestumpft. Das Pygidium ist sehr stark gewölbt, stark bauchwärts eingezogen, dicht, etwa so fein wie die Vorderecken des Halsschildes punktiert, in der Spitzengegend ist die Punktierung etwas stärker und viel spärlicher. Die Vorderschienen sind mit drei Außenzähnen, der Spitzenrand der Hinterschienen mit vier kleinen Zacken bewaffnet. Die Vordertarsen sind sehr kurz, verdickt, die innere Klaue ist breit, stark gekrümmt. Parameren: Fig. 32.

♀: Das Pygidium ist der Länge nach sehr schwach gewölbt, die Vordertarsen sind dünn.

Länge: 16–27 mm. – Untersuchtes Material 22 Exemplare.

Typen: Die Typen von *C. tasmannianus* WESTWOOD und *C. politus* WESTWOOD sind in der HOPE-Sammlung im UO in Oxford. Die Type von *C. ater* LEA befindet sich in Adelaide, die Type von *C. elongatus* ARROW im BM in London. Die Type von *C. anthracinus* ERICHSON ist mir unbekannt.

Verbreitung: Queensland, Neusüdwales, Victoria, Südaustralien, Tasmanien, Lord-Howe-Insel.

Cryptodus gigas LEA

LEA, Trans. Roy. Soc. S. Austr., 41, 1917, p. 573, t. 34, f. 40 (*Cryptodus*). – CARNE, Syst. Rev. Austral. Dynast., 1957, p. 199.

Glänzend rotbraun. Oberseite und Pygidium kahl, auch auf der Bauchseite sind nur wenige Haare zu finden.

♂: Die Spitze des Clypeus ist abgestutzt, die Vorderecken mit den Seiten sind breit abrundet. Die Augenkiele sind vom Kopfrand kaum abgesetzt, die Wangen überragen stumpfwinklig die Augen. Die Ränder des Kopfes sind an den Seiten nur wenig schwächer aufgebogen als vorn. Die Stirntuberkeln sind leicht quer, zwischen diesen verläuft eine Längsvertiefung, die am Scheitel eine hinten wulstig begrenzte Grube bildet. Der Vorderkopf ist dicht und fein gerunzelt-punktiert, die Punktierung wird nach hinten zu spärlicher, der Scheitel ist hinter der Grube fast glatt. Die Fühler sind 10gliedrig, die erweiterte Platte des Basalgliedes ist kurz und läßt die vier letzten Geißelglieder unbedeckt. Das Mentum ist hinten nicht herabgebogen und nur seicht ausgerandet.

Der Halsschild ist viel breiter als lang (etwa 11:7,5), in der Mitte am breitesten, die Seiten bilden hier einen schwachen, stumpfen Winkel, nach vorn und nach hinten fast gerade verlaufend. Die Vorder- und Hinterwinkel sind kurz abgerundet, der Vorderrand ist mäßig tief ausgerandet, die Basis schwach doppelbuchtig. Alle vier Seiten sind gerandet. Vorn ohne Tuberkel oder Vertiefung, eine schwache Längsfurche ist nur in der hinteren Hälfte zu beobachten. Die Punktierung ist vorn und an den Seiten dicht, die Punkte sind etwa so groß wie die am Hinterkopf, in den Vorderecken gerunzelt, nach hinten zu werden die Punkte allmählich größer und ein wenig spärlicher, aber auch hier sind die Punkte einfach eingestochen. Das Schildchen ist dreieckig, wenig breiter als lang, vorn dicht punktiert.

Die Flügeldecken sind mäßig stark abgeflacht, länger als zusammen breit (etwa 16:12), nach hinten schwach erweitert, weit hinter der Mitte am breitesten. Die Rippen sind deutlich erhöht und gewölbt, die Zwischenräume sind mit ähnlich großen, geringelten Punkten dicht besetzt (wie die Doppelreihen), an den Seiten sind sie kaum kleiner, nur an der Spitze viel kleiner als auf der Scheibe.

Der Prosternalzapfen ist kurz, dreieckig; das Pygidium stark gewölbt, sehr dicht und fein punktiert, nur längs der Mitte fast glatt. Vorderschienen mit drei Außenzähnen, der Spitzenrand der hintersten mit vier kleinen Zacken bewaffnet. Parameren: Fig. 33.

♀: Das Pygidium ist fast flach, überall dicht punktiert.

Länge: 25–27 mm. – Untersuchtes Material 1 Exemplar.

Typen: Holotype ♂ aus Billingen; im SAM in Adelaide.

Verbreitung: Queensland, Neusüdwales.

Cryptodus goerlingi CARNE

CARNE, Syst. Rev. Austral. Dynast., 1957, p. 200, 2 Abb. (*Cryptodus*).

Diese Art ist mir in natura unbekannt, CARNE schreibt u. a. folgendes:

Rotbraun bis schwarz. Oberseite und Pygidium kahl.

♂: Die Wangen sind vor den Augenkielen mäßig stark vorgewölbt. Kopf fein, zusammenfließend punktiert. Das Mentum ist kahl, hinten schwach ausgerandet. Die Fühler sind 10gliedrig, die Platte des Basalgliedes bedeckt nicht alle Geißelglieder.

Die Seiten des Halsschildes sind in den basalen zwei Dritteln fast parallel. Der Vorderrand weist keine Spur von einem Tuberkel auf. Die Vorderecken sind scharf, die hinteren angedeutet. Die Scheibe ist mit kleinen genabelten Kreispunkten dicht besetzt, in der Mitte sind die Abstände zwischen den Punkten größer als die Punkte selbst. Die Längsfurche ist schwach.

Die Punktstreifen der Flügeldecken bestehen aus regelmäßig gereihten Kreispunkten, in den Zwischenräumen befinden sich ähnliche Punkte, die teilweise gereiht sind. Die Punkte werden nach außen zu allmählich kleiner.

Das Pygidium ist sehr stark gewölbt, unregelmäßig punktiert. Die Vorderschienen sind dreizähnig, der Spitzenrand der Hinterschienen mit 6–7 kleinen Zacken bewaffnet. Parameren: Fig. 34.

♀: Das Pygidium ist flach.

Länge: 15–20 mm. – Ich sah keine Exemplare.

Typen: Die Holotype ♂ wird im Museum of Comparative Zoology der Harvard-Universität in Cambridge aufbewahrt.

Verbreitung: Südwestaustralien.

Cryptodus debilis BLACKBURNE

BLACKBURNE, Proc. Linn. Soc. N. S. Wales, 14, 1890, p. 307 (*Cryptodus*). – CARNE, Syst. Rev. Austral. Dynast., 1957, p. 209, 4 Abb.

aberrans LEA, Proc. Linn. Soc. N. S. Wales, 43, 1919, p. 723 (*Cryptodus*). – CARNE, Syst. Rev. Austral. Dynast., 1957, p. 209 (syn.).

Glänzend, die Flügeldecken aber fast matt, schwarz. Stärker gewölbt als die meisten Arten.

♂: Die schwach konvex gebogene Spitze des Clypeus ist deutlich breiter aufgebogen als die Seiten. Die Vorderecken sind abgerundet. Die Augenkiele sind nicht abgesetzt, die Wangen die Augen stark überragend. Stirn mit einer schwachen Beule, die hinten durch eine seichte, gebogene Furche begrenzt ist. Der Vorderkopf ist grob und dicht, der Hinterkopf ist feiner punktiert. Der Hinterrand des Mentums ist leicht ausgerandet. Die Fühler sind 9gliedrig, das Basalglied zur Spitze schwach verdickt, nicht eine dreieckige Platte bildend.

Halsschild breiter als lang (etwa 4,7:3,5), in der Mitte am breitesten. Der sehr fein gerandete Vorderrand ist ziemlich tief bogenförmig ausgerandet; die Seiten sind regelmäßig gebogen, die leicht konvex gebogene, sehr fein gerandete Basis ist schwach doppelbuchtig. Die Vorderecken sind fast rechteckig, die hinteren sind breit abgerundet. Die Oberseite ist einfach gewölbt, ohne apikale Tuberkel und ohne Längsfurche. Die Scheibe ist ein wenig gröber und ein wenig spärlicher punktiert als der Vorderkopf.

Die Flügeldecken sind etwas länger als zusammen breit (etwa 7:6). Die ganze Oberseite ist dicht chagriniert, daher fast matt. Im ersten, breiten Zwischenraum ist die Punktierung sehr dicht und grob, die Punkte sind hier größer als die größten des Halsschildes. Die Punktreihen sind auf der Scheibe feiner, an den Seiten und an der Spitze noch feiner. Die Rippen sind sehr schwach.

Der Prosternalzapfen ist sehr klein, das Pygidium leicht, regelmäßig gewölbt, an der Basis ziemlich dicht gerunzelt, auf der Scheibe löst sich die Runzelung in allmählich kürzere Querpunkte auf, die Spitze ist fast glatt. Die Vorderschienen sind dreizähnig, der basale und der mittlere Zahn stehen von der Achse der Schienen rechteckig ab. Der Spitzenrand der Hinterschienen ist außen gezähnelt, in den Kerben mit je einem feinen Härchen. Die Tarsen sind lang behaart, die vordersten nicht verdickt. Parameren: Fig. 35.

♀: Mir unbekannt.

Länge: 13 mm. – Untersuchtes Material 1 Exemplar.

Typen: Die Holotype ♀ von *C. debilis* BLACKBURNE wird im BM in London, die Type von *C. aberrans* LEA ♂ im SAM in Adelaide aufbewahrt.

Verbreitung: Nordterritorium.

Cryptodus piceus GERMAR

GERMAR, Linn. Ent., 3, 1848, p. 190 *(Cryptodus)*. – WESTWOOD, Trans. Ent. Soc. London, (2) IV, 1856, p. 2, t. 1, f. 2. – FAIRMAIRE, Journ. Mus. Godeffr., 14, 1879, p. 89. – CARNE, Syst. Rev. Austral. Dynast., 1957, p. 208, 2 Abb.

convexicollis WESTWOOD, Trans. Ent. Soc. London, (2) IV, 1856, p. 3 *(Cryptodus)*.

Glänzend rotbraun. Die Oberseite und das Pygidium sind kahl, die Bauchseite nur stellenweise und unscheinbar behaart.

♂: Der Clypeus ist an der Spitze gerade abgestutzt, die Vorderecken sind mit den schwach gebogenen Seiten verrundet, der Rand ist überall stark aufgebogen. Die Augenkiele sind kaum abgesetzt, die Wangen mäßig stark vorstehend. Die Stirntuberkeln sind konisch. Die Oberseite ist gedrängt und ziemlich stark punktiert, mehr oder weniger deutlich gerunzelt. Die Fühler sind 9gliedrig, die erweiterte Platte des Basalgliedes läßt die letzten Geißelglieder frei. Die Basis des Mentums ist leicht bogenförmig ausgerandet, nicht herabgebogen.

Der Halsschild ist breiter als lang (etwa 5,5:3,5), in der Mitte am breitesten, die Seiten sind regelmäßig gebogen, auch zur Basis deutlich eingezogen, vor den breit abgerundeten Hinterecken nicht ausgerandet. Die Vorderecken sind scharf stumpfeckig. Der Vorderrand ist bogenförmig ausgerandet, der Rand in der Mitte stark verdickt und erhöht, hinter diesem die Oberfläche schwach abgeflacht und bei stärkeren Exemplaren sehr seicht längsgefurcht. Die Basis ist sehr fein, fallweise undeutlich gerandet. Die ganze

Oberseite ist grob, in der vorderen Hälfte gedrängt, in der hinteren lockerer punktiert. Das dreieckige Schildchen ist fein punktiert.

Die Flügeldecken sind nicht viel länger als zusammen breit (etwa 8,5:7), nach hinten leicht erweitert. Die Punktreihen sind sehr schwach gefurcht, die Doppelreihen wegen den ähnlichen Punktreihen in den Zwischenräumen kaum zu unterscheiden; die Punkte sind auf der Scheibe rund, seicht, größer als die größten des Halsschildes, an den Seiten und auf der Spitze sind diese viel kleiner, an den glatten Stellen sind auch Mikropunkte vorzufinden.

Der Prosternalzapfen ist sehr klein. Das Pygidium ist der Länge nach regelmäßig und stark gewölbt, überall, an der Basis sehr dicht, an der Spitze spärlicher punktiert, die Punkte sind kreisförmig, sehr seicht. Die Vorderschienen sind dreizähnig, der Spitzenrand der Hinterschienen außen mit vier kleinen Zacken bewaffnet. Die Vordertarsen sind nicht verdickt. Parameren: Fig. 36.

♀: Mir unbekannt.

Länge: 13–22 mm. – Untersuchtes Material 7 Exemplare.

Typen: Holotype ♂ von *C. piceus* GERMAR aus Adelaide; im ZMB in Berlin. Die Type von *C. convexicollis* WESTWOOD im UO in Oxford.

Verbreitung: Queensland, Südaustralien.

Cryptodus variolosus WHITE

WHITE, in GRAY, Journ. Austr., 2, 1841, p. 459 *(Cryptodus)*. – WESTWOOD, Trans. Ent. Soc. London, (2) IV, 1856, p. 2, t. 1, f. 1. – FAIRMAIRE, Journ. Mus. Godeffr., 14, 1879, p. 88. – CARNE, Syst. Rev. Austral. Dynast., 1957, p. 207, 2 Abb.

paradoxus WESTWOOD, Trans. Ent. Soc. London, 4, 1845, p. 22, t. 2, f. 1 *(Cryptodus)*. – BURMEISTER, Handb. d. Ent., V, 1847, p. 145 (syn).

Fettglänzend, fast schwarz. Kahl erscheinend, aber aus vielen Punkten der Ober- und Unterseite wachsen mikroskopische Börstchen heraus.

♂: Der Clypeus ist an der Spitze abgestutzt, die Vorderecken mit den Seiten kontinuierlich verrundet. Die Augenkiele sind kaum abgesetzt, die Wangen kaum die Augen überragend. Nur der Spitzenrand ist aufgebogen, die Seitenränder nicht. Die Stirntuberkeln sind stark; der Scheitel ist vertieft. Die Oberseite ist überall äußerst dicht und fein punktiert. Das Mentum ist hinten herabgewölbt, tief und breit ausgerandet. Die Fühler sind 9gliedrig, die Platte des Basalgliedes ist sehr breit, lang, die Geißelglieder bedeckend.

Der Halsschild ist breiter als lang (etwa 7:4,5), in der Mitte am breitesten, die Seiten sind gerundet, zur kaum sichtbar gerandeten, doppelbuchtigen Basis schwächer konvergierend als zur Spitze. Die Vorderecken sind spitzwinklig, die hinteren abgerundet. Der Vorderrand ist im mittleren Drittel wulstartig verdickt, ohne Tuberkel. Die Oberseite ist einfach gewölbt, auch die Längsfurche nur seicht, überall gedrängt punktiert.

Die Flügeldecken sind länger als zusammen breit (etwa 10,5:8), nach hinten kaum erweitert. Die Punktierung ist überall stark gerunzelt, nur an den Seiten feiner als auf der Scheibe, je vier Rippen sind deutlich zu erkennen, auch diese sind gerunzelt-punktiert. Der Prosternalzapfen ist sehr kurz dreieckig. Das Pygidium ist schwach, nur an der Spitze plötzlich stark gewölbt, ähnlich wie der Halsschild punktiert, nur ein wenig lockerer, nur an der Spitze sind die Punkte spärlich. Vorderschienen mit 3 Außenzähnen, der Spitzenrand der Hinterschienen mit vier kleinen Zacken. Die Vordertarsen sind nicht verdickt. Parameren: Fig. 37.

♀: Das Pygidium ist der Länge nach ganz flach.

Länge: 15–18 mm. – Untersuchtes Material 8 Exemplare.

Typen: Die Typen von *C. variolosus* WHITE werden im BM in London aufbewahrt; die von *C. paradoxus* WESTWOOD (non MACLEAY) im UO in Oxford.

Verbreitung: Queensland, Westaustralien.

Cryptodus obscurus MACLEAY

W. S. MACLEAY, Trans. Ent. Soc. N. S. Wales, 1, 1871, p. 203 *(Cryptodus)*. – FAIRMAIRE, Journ. Mus. Godeffr., 14, 1879, p. 92. – CARNE, Syst. Rev. Austral. Dynast., 1957, p. 204, 3 Abb.

subcostatus MACLEAY, Trans. Ent. Soc. N. S. Wales, 2, 1873, p. 201 *(Cryptodus)*. – FAIRMAIRE, Journ. Mus. Godeffr., 14, 1879, p. 91.

neuter FAIRMAIRE, Bull. Soc. Ent. France, 1877, p. 128 *(Cryptodus)*; Journ. Mus. Godeffr., 14, 1879, p. 87. – CARNE, Syst. Rev. Austral. Dynast., 1957, p. 204 (syn.).

platessa FAIRMAIRE, Bull. Soc. Ent. France, 1877, p. 129 *(Cryptodus)*; Journ. Mus. Godeffr., 14, 1879, p. 88. – CARNE, Syst. Rev. Austral. Dynast., 1957, p. 204 (syn.).

antennalis LEA, Trans. Roy. Soc. S. Austr., 43, 1919, p. 234, t. 25, f. 34, 35, t. 27, f. 86 *(Cryptodus)*. – CARNE, Syst. Rev. Austral. Dynast., 1957, p. 204 (syn.).

Schwach glänzend, fast schwarz, Mikroskopisch kleine Börstchen sind meist nur am Pygidium und an der Brust zu finden.

♂: Die Spitze des Clypeus ist leicht konvex gebogen, mit den Vorderecken und mit den Seiten kontinuierlich verrundet. Die Augenkiele sind kaum abgesetzt, die Wangen nicht vorstehend. Der Spitzenrand ist viel stärker aufgebogen als die Seitenränder. Die Stirntuberkeln sind stark, der Scheitel hinter diesen nur schwach vertieft. Die Oberseite ist fein, überall gedrängt oder gerunzelt punktiert. Das Mentum ist hinten sehr schwach herabgebogen, tief und halbkreisförmig ausgerandet. Die Fühler sind 9- oder 10gliedrig (teste CARNE), die Platte des Basalgliedes die Geißelglieder bedeckend.

Der Halsschild ist breiter als lang (etwa 7:5), sehr ähnlich wie bei *C. variolosus*, aber die Scheibe ist mit großen, teilweise genabelten Kreispunkten bedeckt, an den Seiten sind die Punkte viel kleiner, die meisten fast einfach eingestochen. Die Basis ist nur in der Mitte ungerandet.

Auch die Flügeldecken sind sehr ähnlich wie bei *C. variolosus* skulptiert, aber die Punkte sind deutlich kreisförmig, nicht verrunzelt, an den Seiten sehr fein und sehr dicht; die Rippen sind auch bei dieser Art deutlich.

Der Prosternalzapfen ist länger. Das Pygidium ist der Länge nach stark gewölbt, sehr fein und dicht gerunzelt-punktiert, nur an der Spitze sind dicht gestellte, freie Punkte zu finden. Die Beine sind wie bei *C. variolosus* gebaut. Parameren: Fig. 38.

♀: Das Pygidium ist der Länge nach flach.

Länge: 14–22 mm. – Untersuchtes Material 5 Exemplare.

Typen: Die Typen von *C. obscurus* MACL. und *subcostatus* MACL. werden im Austral. Museum in Sydney; die von *C. neuter* FAIRMAIRE und *platessa* FAIRMAIRE im MP in Paris; die von *C. antennalis* LEA im SAM in Adelaide aufbewahrt.

Verbreitung: Queensland, Neusüdwales, Victoria, Südaustralien.

Cryptodus oblongoporus FAIRMAIRE

FAIRMAIRE, Bull. Soc. Ent. France, 1877, p. 128 *(Cryptodus)*; Journ. Mus. Godeffr., 14, 1879, p. 87. – CARNE, Syst. Rev. Austral. Dynast., 1957, p. 211.

Glänzend dunkelbraun. In den genabelten und einfachen Punkten der Flügeldecken sitzt je ein winziges Börstchen.

♀: Die schwach konvex gebogene Spitze des Clypeus ist bedeutend breiter aufgebogen als die Seitenränder. Die Augenkiele sind vom Kopfrand nicht abgesetzt, die Wangen überragen kaum die Augen. Die Stirn mit zwei erloschenen Beulen. Der Vorderkopf ist feiner punktiert als die Stirn und der Scheitel, die Punktierung ist überall sehr dicht. Die Fühler sind 9gliedrig, die Platte des Basalgliedes ist schmal. Der Hinterrand des Mentums ist tief ausgerandet.

Der Halsschild ist breiter als lang (etwa 7:5,5), in der Mitte am breitesten. Die Vorderecken sind scharf, die hinteren abgerundet. Der Vorderrand ist stark, die Seitenränder sind schmal, die Basis ist undeutlich gerandet. Die Oberseite ist einfach gewölbt, an den Seiten etwa so fein wie der Scheitel, gedrängt, auf der Scheibe gröber und weniger dicht punktiert; die Punkte sind kreisrund, seicht.

Die Flügeldecken sind deutlich länger als zusammen breit, die Seiten gerade, parallel. Die drei Rippen sind sehr schwach, die Zwischenräume mit runden, genabelten und unter diesen mit größeren ovalen, geringelten, an den Seiten mit viel kleineren und viel dichter gestellten Borstenpunkten. Die Doppelreihen sind in der dichten Skulptur schwer zu erkennen.

Der Prosternalzapfen ist kurz, beulenförmig. Das Pygidium ist der Länge nach sehr schwach gewölbt, überall dicht mit rundlichen Punkten besetzt. Die Vorderschienen sind mit drei Außenzähnen, der Spitzenrand der Hinterschienen ist mit vier scharfen Zacken bewaffnet.

♂: Unbekannt.

Länge: 16 mm. – Untersuchtes Material 1 Exemplar.

Typen: Die Lectotype ♀ (des. DECHAMBRE) aus Queensland ist im MP in Paris vorzufinden.

Verbreitung: Queensland.

Cryptodus rotundicollis FAIRMAIRE

FAIRMAIRE, Bull. Soc. Ent. France, 1877, p. 129 *(Cryptodus);* Journ. Mus. Godeffr. 14, 1879, p. 89. – CARNE, Syst. Rev. Austral. Dynast., 1957, p. 205, 2 Abb.

platyceroides FAIRMAIRE, Journ. Mus. Godeffr., 14, 1879, p. 89 *(Cryptodus).* – CARNE, Syst. Rev. Austral. Dynast., 1957, p. 205 (syn.).

Glänzend rotbraun. Kopf und Halsschild kahl, an den Seiten und an der Spitze der Flügeldecken sind zahlreiche mikroskopisch kleine Börstchen zu finden, seltener auch auf der Scheibe.

♂: Die Spitze des Clypeus ist fast gerade abgestutzt, die Vorderecken sind mit den Seiten kontinuierlich verrundet. Die Seitenränder sind breit und schwach, der Spitzenrand ebenfalls breit, aber viel stärker aufgebogen. Die Augenkiele sind nicht abgesetzt, seitlich schwach abgerundet. Die Stirn ist zwischen den beiden Tuberkeln seicht eingedrückt. Die runden Punkte stehen auf der Oberseite dermaßen dicht, daß sie voneinander nur durch scharfe Kiele getrennt sind; an den Rändern ist die Punktierung schwächer. Das Mentum ist nur sehr kurz und spärlich behaart, hinten stark ausgerandet. Die Fühler sind 9gliedrig, das basale Glied ist sehr stark verbreitert, fast viereckig, alle Geißelglieder bedeckend.

Der Halsschild ist viel breiter als lang (etwa 8,5:6), stark gewölbt, in der Mitte am breitesten, die Seiten sind in der vorderen Hälfte schwach gebogen, hinten mit den Hinterecken breit abgerundet. Die Vorderecken sind stumpf. Die gerandete Spitze ist ausgerandet, in der Mitte mit der Spur eines Höckerchens. Die leicht doppelbuchtige Basis ist sehr fein gerandet, der Rand in der Mitte kurz unterbrochen. Die Längsfurche ist meist sehr deutlich. Die Punktierung ist viel stärker als am Kopf, die Punkte stehen auf der Scheibe lockerer als in der Gegend der Vorderecken, wo die runden Punkte größer, seichter und voneinander fast nur durch scharfe Kanten getrennt sind.

Die Flügeldecken sind länger als zusammen breit (etwa 13:9,5), nach hinten leicht erweitert, der Grund nicht chagriniert, auf der Scheibe sind die meisten Punkte ähnlich groß wie in den Vorderecken des Halsschildes, rund und geringelt, sie sind in Reihen geordnet, nur im ersten, breiten Zwischenraum verworren. Die Rippen sind nur schwach angedeutet. An den Seiten und an der Spitze sind die Ringpunkte viel kleiner, vereinzelte Mikropunkte sind überall anzutreffen.

Die Stelle des Prosternalzapfens ist nur leicht gewölbt, das Pygidium ist der Länge nach stark gewölbt, die Spitze bauchwärts eingezogen, die gedrängten Punkte sind rundlich, etwa so groß und so seicht wie die Punkte an der Spitze der Flügeldecken, nur die Spitze ist viel feiner und vereinzelt punktiert. Die Vorderschienen sind mit drei Außenzähnen, der Spitzenrand der Hinterschienen ist mit vier kleinen Zacken bewaffnet. Parameren: Fig. 39.

♀: Das Pygidium ist fast flach.

Länge: 11–21 mm. – Untersuchtes Material 13 Exemplare.

Typen: Die Typen von *C. rotundicollis* FAIRMAIRE und *platyceroides* FAIRMAIRE sind mit unbekannt.

Verbreitung: Queensland, Victoria, Neusüdwales.

Cryptodus matthewsi sp. n.

Die neue Art ist mit *C. rotundicollis* FAIRMAIRE sehr nahe verwandt, sie unterscheidet sich von der Diagnose des letzteren in den folgenden Eigenschaften:

♂: Die Seitenränder des Clypeus sind ebenso breit und hoch aufgebogen wie der Spitzenrand. Die Augenkiele sind vom Kopfrand deutlich abgesetzt. Die Mitte des Scheitels ist stärker vertieft, und die Punktierung ist hier mehr oder weniger deutlich quergerunzelt. Die Flügeldecken sind stärker abgeflacht, die Kreispunkte auf der Scheibe sind viel größer als die kleinen, einfachen Punkte in den Vorderecken des Halsschildes. Die Rippen sind sehr deutlich erhöht und gewölbt. Parameren: Fig. 40.

♀: Die Mitte des Scheitels ist schwächer vertieft, die Punktierung ist hier gedrängt, aber nicht deutlich quergerunzelt. Das Pygidium ist der Länge nach schwach gewölbt; wie beim Männchen, aber auch an der Spitze mit genabelten Kreispunkten dicht besetzt.

Länge: 20–22 mm. – Untersuchtes Material 2 Exemplare.

Typen: Holotype ♂ und eine Paratype ♀ aus Sea Lake, Gaudie; im SAM in Adelaide, die Paratype in meiner Sammlung.

Verbreitung: Victoria.

Cryptodus paradoxus MACLEAY

MACLEAY, Horae Ent., 1, 1819, p. 139 *(Cryptodus)*. – WESTWOOD, Trans. Ent. Soc. London, (2) IV, 1856, p. 2. – W. S. MACLEAY, Trans. Ent. Soc. N. S. Wales, 2, 1873, p. 202. – LEA, Trans. Roy. Soc. S. Austr., 43, 1919, p. 233. – CARNE, Syst. Rev. Austral. Dynast., 1957, p. 205, 3 Abb.

incornutus W. S. MACLEAY, Trans. Ent. Soc. N. S. Wales, 2, 1873, p. 202 *(Cryptodus)*. – FAIRMAIRE, Journ. Mus. Godeffr., 14, 1879, p. 92. – LEA, Trans. Roy, Soc. S. Austr., 43, 1919, p. 233. – CARNE, Syst. Rev. Austral. Dynast., 1957, p. 205 (syn.).

diffinis FAIRMAIRE, Bull. Soc. Ent. France, 1877, p. 128 *(Cryptodus)*; Journ. Mus. Godeffr., 14, 1879, p. 87. – CARNE, Syst. Rev. Austral. Dynast., 1957, p. 205 (syn.).

creberrimus FAIRMAIRE, Bull. Soc. Ent. France, 1877, p. 129 *(Cryptodus)*; Journ. Mus. Godeffr., 14, 1879, p. 88. – LEA, Trans. Roy. Soc. S. Austr., 43, 1919, p. 233.

Schwach glänzend dunkelbraun. Die Flügeldecken und das Pygidium mit mikroskopisch kleinen Schuppenbörstchen. Körper stark abgeflacht.

♂: Die Spitze des Clypeus ist fast gerade abgestutzt, der Spitzenrand breiter und stärker aufgebogen als die Seitenränder. Die Vorderecken sind breit abgerundet. Die Augenkiele sind nicht abgesetzt, die Wangen stehen nicht vor. Die Stirn ist zwischen den beiden Höckern schwach eingedrückt. Der ganze Kopf ist gleichmäßig und sehr dicht punktiert. Das Mentum ist hinten breit ausgerandet, kahl. Die Fühler sind 9gliedrig, die Platte des Basalgliedes bedeckt alle Geißelglieder.

Der Halsschild ist wenig breiter als lang (etwa 6:5), in der Mitte am breitesten, die Seiten von hier nach vorn und nach hinten fast gerade konvergierend. Die Spitze und die Seiten sind fein gerandet, die doppelbuchtige Basis ist praktisch ungerandet. Die Vorderecken sind scharf, die hinteren abgerundet. Die Längsfurche ist sehr schwach. An den Seiten und vorn ist die Punktierung ähnlich wie am Kopf, auf der Scheibe deutlich gröber, aber ebenso gedrängt, alle Punkte sind rund.

Die Flügeldecken sind länger als zusammen breit (etwa 10:7), nach hinten sehr schwach erweitert. Die Skulptur besteht auf der Scheibe aus sehr verschieden großen, scharf eingeprägten runden oder ovalen, vorwiegend gereihten Punkten, zwischen diesen sind auch zahlreiche kleine, einfach eingestochene Punkte vorzufinden. An den Seiten und an der Spitze sind die großen Punkte seichter, hinten entspringen die Börstchen aus den kleinen Punkten. Die drei Rippen sind schwach angedeutet.

Der Prosternalzapfen ist kurz, breit, beulenartig. Das Pygidium ist im letzten Drittel stark gewölbt, nach unten eingezogen, überall mit großen, genabelten Ringpunkten dicht besetzt, nur an der Spitze stehen diese lockerer. Die Vorderschienen tragen außen drei Zähne, der Spitzenrand der Hinterschienen vier kleine Zacken. Alle Tarsen sind ziemlich kurz und dick, auch die vordersten nicht stärker verdickt. Parameren: Fig. 41.

♀: Das Pygidium ist flach.

L ä n g e : 16–20 mm. – Untersuchtes Material 26 Exemplare.

T y p e n : Die Typen von *C. paradoxus* MACLEAY und *incornutus* MACLEAY werden im Austr. Museum in Sydney, die Type von *C. diffinis* FAIRMAIRE und *creberrimus* FAIRMAIRE im MP in Paris aufbewahrt.

V e r b r e i t u n g : Queensland, Neusüdwales, Victoria, Südaustralien.

Cryptodus costulipennis FAIRMAIRE (Tafel, Abb. 9)

FAIRMAIRE, Bull. Ent. Soc. France, 1877, p. 129 *(Cryptodus);* Journ. Mus. Godeffr., 14, 1879, p. 88. – ARROW, Trans. Ent. Soc. London, 86, 1937, p. 53. – CARNE, Syst. Rev. Austral. Dynast., 1957, p. 206, 1 Abb.

Diese Art ist mit *C. paradoxus* MACLEAY dermaßen nahe verwandt, daß sie vielleicht artlich nicht getrennt werden können; um das festzustellen, müßte eine möglichst große Serie untersucht werden.

♂: Die ganz wenigen Unterschiede sind die folgenden: das Pygidium ist etwas weniger stark gewölbt und die Parameren (Fig. 42) sind ein wenig kürzer, die Außenseite ist auch vor der Spitze einfach gebogen, meist ohne Spur von einem Zähnchen.

♀: Das Pygidium ist der Länge nach flach, längs den Seiten deutlich vertieft.

L ä n g e : 15–20 mm. – Untersuchtes Material 9 Exemplare.

T y p e n : Die Typen sind wahrscheinlich im MP in Paris vorzufinden, ich sah sie nicht.

V e r b r e i t u n g : Westaustralien.

Zusammenfassung

Diese Arbeit ist ein Teil der „Monographie der Dynastinae" des Autors, welcher die paläarktischen, orientalischen und australischen Arten des VIII. Tribus der Unterfamilie *Phileurini* bespricht. Die Untersuchung der Typen sowie eines umfangreichen Materials ergab, daß einige Formen als Synonyme eingezogen werden müssen, und zwar: *Eophileurus siamensis* ARROW (zu *E. confinis* PRELL), *E. andamanicus* ARROW (zu *E. gracilis* PRELL), *E. javanus* ARROW (zu *E. javanus* PRELL) (die beiden letzten Arten wurden unabhängig voneinander beschrieben), *E. decipiens* PRELL (zu *E. confinis* PRELL), *E. irregularis* PRELL (zu *E. chinensis* FALD.) und *Cryptodus explanatus* CARNE (zu *C. cycnorum* FAIRM.) (syn. n.). *Eophileurus decatenatus* ARROW wurde als eine geographische Rasse zu *E. cingalensis* ARROW gestellt (comb. n.). Als neu werden die folgenden Arten beschrieben: *Eophileurus himalayanus* sp. n. aus Indien (Darjeeling), *E. nicobarensis* sp. n. von den Nikobaren, *E. sumbaianus* sp. n. von den Sumba-Inseln, *E. borneensis* sp. n. von Borneo, *E. fenicheli* sp. n. von Neuguinea sowie *Cryptodus matthewsi* sp. n. aus Australien. Somit enthalten die beiden Gattungen der besprochenen Regionen zusammen 46 Arten.

Summary

MONOGRAPH OF DYNASTINAE (VIIIth TRIBE: PHILEURINI)

The present article is one part of the author's "Monograph of Dynastinae" which deals with the Palearctic, Oriental, and Australian species of tribe VIII of the subfamily, i. e. the *Phileurini*. Investigation of type specimens represented by an extensive material shows that some of taxonomic units have to be reduced to synonyms, namely *Eophileurus siamensis* ARROW (to *E. confinis* PRELL), *E. andamanicus* ARROW (to *E. gracilis* PRELL), *E. javanus* ARROW (to *E. javanus* PRELL) (the latter two have been described irrespective of each other), *E. decipiens* PRELL (to *E. confinis* PRELL), *E. irregularis* PRELL (to *E. chinensis* FALD.), and *Cryptodus explanatus* CARNE (to *C. cycnorum* FAIRM.) (syn. n.). *Eophileurus decatenatus* ARROW has to be considered as geographic subspecies of *E. cingalensis* ARROW (comb. n.). The following subspecies are described as new ones: *Eophileurus himalayanus* sp. n. from India (Darjeeling), *E. nicobarensis* sp. n. from the Nicobar Islands, *E. sumbaianus* sp. n. from the Sumba Islands, *E. borneensis* sp. n. from Borneo, *E. fenicheli* sp. n. from New Guinea, and *Cryptodus matthewsi* sp. n. from Australia. Thus, the two genera in the regions in question include 46 species altogether.

Namenverzeichnis

Synonyme sind *kursiv*, Neubeschreibungen sind **halbfett** gesetzt

Anschrift des Autors:

Dr. S. Endrödi, Ungarisches Naturwissenschaftliches Museum,
Baross utca 13, 1088 Budapest VIII., Ungarn.

Entom. Abh. Mus. Tierk. Dresden, Bd. 41, 1976, 1. Teilband
Akadem. Verlagsgesellschaft Geest & Portig K.–G. Leipzig
Genehm.: Min. f. Kultur, Nr. 105/24/75 u. 105/29/76 III-19-2

Staatliches Museum für Tierkunde in Dresden

Übersicht über die herausgegebenen Publikationen

Reichenbachia

Fachgebiet: Taxonomie (Neubeschreibungen, Revisionen und andere taxonomische Arbeiten mit geringem Umfang).

Tiergruppen: Insecta, Myriapoda, Arachnida.

Entomologische Abhandlungen

Fachgebiete: Taxonomie (Bestimmungstabellen, Monographien und andere taxonomische Arbeiten mit größerem Umfang), Phylogenie, Evolution, Morphologie, Anatomie, Biologie, Ökologie, Zoogeographie.

Tiergruppen: Insecta, Myriapoda, Arachnida.

Faunistische Abhandlungen

Fachgebiet: Faunistik. Diese Reihe dient auch zur Veröffentlichung faunistischer Kurzmitteilungen.

Tiergruppen: alle Gruppen mit Ausnahme der Protozoa.

Zoologische Abhandlungen

Fachgebiete: Taxonomie, Phylogenie, Evolution, Morphologie, Anatomie, Biologie, Ökologie, Zoogeographie.

Tiergruppen: Vertebrata; daneben Evertebrata mit Ausnahme der Insecta, Myriapoda, Arachnida, Mollusca und Protozoa.

Malakologische Abhandlungen

Fachgebiete: Taxonomie, Phylogenie, Evolution, Morphologie, Anatomie, Biologie, Ökologie, Zoogeographie.

Tiergruppe: Mollusca.

Übersicht über die erschienenen Publikationen

Nach 1945 erschienen folgende Bände:

Abhandlungen und Berichte aus dem Staatlichen Museum für Tierkunde in Dresden

Bände 21 (1953) – 25 (1960)
(Band 21 ist vergriffen).

Ab 1961 wurden die „Abhandlungen und Berichte aus dem Staatlichen Museum für Tierkunde in Dresden" in zwei Reihen unterteilt:

Entomologische Abhandlungen

Ab Band 26 (1961–1962) ff.
Zu den Bänden 36, 37, 39 und 40 erschienen Supplementbände.

Zoologische Abhandlungen

Ab Band 26 (1961–1964) ff.
Ab Band 26 ohne Insecta, ab Band 27 ohne Mollusca.
(Bände 26–29 sind vergriffen).

Im Zeitraum von 1962–1964 wurden zusätzlich die folgenden Reihen neu eingerichtet:

Reichenbachia

Ab Band 1 (1962–1963) ff.

Faunistische Abhandlungen

Ab Band 1 (1963–1966) ff.

Malakologische Abhandlungen

Ab Band 1 (1964–1967) ff.

Alle genannten Reihen erscheinen fortlaufend, jedoch zwanglos und ohne feste Bindung an das Kalenderjahr.

III-9-16 Jt 1943/75 10 T. (30045/9)

FSC
www.fsc.org
MIX
Papier | Fördert gute Waldnutzung
FSC® C083411

Zeitfracht Medien GmbH
Ferdinand-Jühlke-Straße 7
99095 Erfurt, Deutschland
produktsicherheit@kolibri360.de